高等教育"十二五"规划教材

多媒体技术

（修订本）

王庆荣　主　编

扫描二维码，免费获取课件！

北京交通大学出版社

·北京·

内 容 简 介

本书对多媒体技术的各个方面进行了比较全面、系统的介绍，内容包括多媒体技术概述、多媒体计算机系统结构、多媒体数据压缩编码技术、音频信息处理技术、视频信息处理技术、多媒体软件系统、多媒体程序设计、动画制作技术、多媒体通信技术和虚拟现实技术基础。本书内容翔实，图文并茂，实例生动，实用性和可操作性强，可作为大学本科及专科计算机、通信、自动控制、电子技术等专业的教材，也可作为各种培训班的教材，同时还可供从事多媒体技术开发的科技工作者参考使用。

图书在版编目（CIP）数据

多媒体技术 / 王庆荣主编. —北京 ：北京交通大学出版社，2012.8（2021.3重印）
（高等教育"十二五"规划教材）
ISBN 978 - 7 - 5121 - 1132 - 5

Ⅰ．①多… Ⅱ．①王… Ⅲ．①多媒体技术-高等学校-教材 Ⅳ．①TP37

中国版本图书馆 CIP 数据核字（2012）第 194090 号

责任编辑：严慧明
出版发行：北京交通大学出版社　　　邮编：100044　　　电话：010 - 51686414
地　　址：北京市海淀区高梁桥斜街 44 号
印 刷 者：北京虎彩文化传播有限公司
经　　销：全国新华书店
开　　本：185×260　　印张：16.5　　字数：412 千字
版　　次：2020 年 1 月第 1 版第 1 次修订　　2021 年 3 月第 3 次印刷
书　　号：ISBN 978 - 7 - 5121 - 1132 - 5/TP · 703
定　　价：46.00 元

本书如有质量问题，请向北京交通大学出版社质监组反映。对您的意见和批评，我们表示欢迎和感谢。
投诉电话：010 - 51686043，51686008；传真：010 - 62225406；E-mail：press@bjtu.edu.cn。

前　言

多媒体技术是一门前景广阔的计算机应用技术，它使计算机具备综合处理图像、音频、视频、动画和文字的能力，可帮助人们创作许多丰富多彩、赏心悦目的作品，给人们的生活、工作和学习增添色彩和乐趣。目前，多媒体技术已广泛应用到社会各个领域，同时也是当今世界许多大众文化产业发展的新技术。

随着科技的发展和社会的进步，社会对高素质、高科技人才的需求日益增加。新闻出版、影视广告、艺术设计等行业对多媒体和网络应用能力的要求尤为显著。学习多媒体技术知识，掌握多媒体应用软件工具，利用多媒体高科技手段进行专业设计和创作已成为许多专业学生必备的基本能力。多媒体技术课程正是为高校计算机、通信、自动控制、电子技术等专业设置的计算机基础教育的核心课程，旨在全面提高学生的多媒体技术综合应用能力。多媒体技术是一门综合的跨学科的交叉技术，它综合了计算机通信以及多种信息科学领域的技术成果，它的研究涉及计算机硬件、软件和体系结构、图像处理、语音处理、数字信号处理、通信技术等多方面。

本书的特点在于对多媒体技术的各个方面进行了比较全面、系统的介绍，特别是根据先修课程安排的特点加强了对各类媒体信息基础知识的介绍，对许多现在比较成熟的新技术也作了相应介绍；同时，注重理论联系实际，采样通俗易懂的方式结合多个实例，使学生能很好地理解理论知识的同时，加强学生实际动手能力的培养，做到学以致用。

本书由王庆荣主编，李楠参与编写，其中，第1、2、3、4、5、6章由王庆荣编写，第7、8、9、10章由李楠编写，全书由王庆荣统稿和审定。在本书的内容安排方面，张忠林、吴辰文老师提出了许多好的建议。在本书的编写过程中，编者查阅了大量的论文和图书资料，在此对上述文献资料的原作者表示衷心的感谢。

由于多媒体技术本身尚在快速发展过程中，且编者水平有限，还存在许多不尽如人意的地方，衷心希望读者提出宝贵的意见和建议。

编者
2012 年 7 月

目　录

I

第1章

多媒体技术概述

经过十几年的不断摸索和研究，人们对"多媒体"的认识进一步加深，在多媒体的概念、定义、媒体类型、多媒体系统的特征等方面逐渐达成了共识，并推出了大量多媒体应用系统，使之渗透到了人们生活的各个方面，以至于如今的多媒体计算机变成了家用计算机的代名词。

本章将对媒体、多媒体、多媒体技术等基本概念以及相关技术加以简要介绍，并回顾和展望多媒体技术的发展及应用。

1.1 多媒体的基本概念

1.1.1 媒体与多媒体

媒体（Media）：媒体是信息表示和传输的载体。媒体可以是图形、图像、声音、文字、视频、动画等信息表示形式，也可以是显示器、扬声器、电视机等信息的展示设备，或传递信息的光纤、电缆、电磁波、计算机等中介媒质，还可以是存储信息的磁盘、光盘、磁带等存储实体。

多媒体（Multimedia）：一般而言，不仅指多种媒体信息本身的有机组合，而且指处理和应用多媒体信息的相应技术。因此，"多媒体"实际上常常被当做"多媒体技术"的同义词。通常可把多媒体看做是先进的计算机技术与视频、音频和通信等技术融为一体而形成的新技术或新产品。

多媒体计算机技术（Multimedia Computer Technology）：指计算机综合处理文本、图形、图像、音频和视频等多种媒体信息，使这些信息建立逻辑连接，集成为一个交互式系统的技术。简而言之，多媒体计算机技术就是用计算机实时地综合处理图、文、声、像等信息的技术。

1.1.2 多媒体技术的特点

1. 信息载体的多样性

信息载体的多样性即信息媒体的多样性，是相对于传统计算机所能够处理的简单数据类型而言的，早期的计算机只能处理数值、文本和经过特别处理的图形和图像信息。多媒体把机器处理的信息多样化或多维化，通过对信息的捕捉、处理和再现，使之在信息交互的过程中具有更加广阔和更加自由的空间，满足人类感官方面全方位的多媒体信息需求。

2．信息载体的交互性

信息载体的交互性是指用户与计算机之间进行数据交换、媒体交换和控制权交换的一种特性。多媒体载体如果具有交互性，将能够提供用户与计算机间信息交换的机会。事实上，信息载体的交互性是由需求决定的，多媒体技术必须实现这种交互性。

根据需求，信息交互具有不同层次。简单的低层次信息交互的对象主要是数据流，由于数据具有单一性，因此交互过程较为简单。较复杂的高层次信息交互的对象是多样化信息，包括作为视觉信息的文字、图形、图像、动画、视频信号，以及作为听觉信息的语音、音频信号等。多样化信息的交互模式比较复杂，可在同一属性的信息之间进行交互动作，也可在不同属性的信息之间交叉进行交互动作。

3．信息载体的集成性

信息载体的集成性首先是指多种不同的媒体信息，如文字、声音、图形、图像等有机地进行同步组合，从而成为完整的多媒体信息，共同表达事物，做到图、文、声、像一体化，以便媒体的充分共享和操作使用。集成性还指处理这些媒体信息的设备或工具的集成，强调与多媒体相关的各种硬件和软件的集成。硬件方面，具有能够处理多媒体信息的高速及并行的 CPU 系统、大容量的存储设备、适当的多媒体多通道的输入输出能力及宽带的通信网络接口。软件方面，有集成一体化的多媒体操作系统、适当的多媒体管理和使用的软件系统和创作工具、高效的各类应用软件等，作用是为多媒体系统的开发和实现创建一个理想的集成环境。

4．信息处理的实时性

信息载体的实时性是指多媒体系统中的声音和活动的视频图像是与时间密切相关的，甚至是强实时的，多媒体技术必然要支持对这些时间媒体的实时处理。图像和声音既是同步的也是连续的。实时多媒体系统应该把计算机的交互性、通信的分布性和电视、音频的真实性有机地结合在一起，达到人和环境的和谐统一。

1.1.3 多媒体计算机及其特殊性

多媒体计算机（Multimedia Personal Computer，MPC）：一般而言，能够综合处理多种媒体信息（包括对多种媒体信息进行捕获采集、存储、加工处理、表现、输出等），使多种媒体信息建立逻辑连接，集成为一个系统并具有交互性的计算机，称为多媒体计算机。从多媒体计算机技术组成结构的角度，一个多媒体计算机系统的结构可用图 1-1 表示。

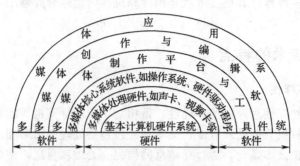

图 1-1　多媒体计算机系统结构

由图 1-1 可知，由于多媒体计算机具有集图、文、声、像等于一体的信息处理能力，故它与普通计算机相比，既有共性，又有其特殊性，两者主要的区别如下所述。

1．硬件系统方面的区别

多媒体计算机的主要硬件除了常规的硬件如主机、软盘驱动器、硬盘驱动器、显示器、网卡之外，还包括音频信息处理硬件、视频信息处理硬件及光盘驱动器等部分。

1）音频卡（Sound Card）

音频卡也称为声卡，主要功能是用来处理声音，包括采样、量化、编辑、D/A 转换、播放等，使多媒体计算机具有录制和播放各类声音（语音和音乐）的能力。音频卡可支持 11.025 kHz、22.05 kHz、44.1 kHz 三种采样频率，16 位采样精度和单、双声道，生成 WAVE 格式文件，并对数字化 WAVE 文件进行压缩和解压缩。音频卡具有 MIDI（乐器数字化接口）合成器，可以生成和播放 MIDI 文件，使其成为一架电子乐器。另外，音频卡还有 CD-ROM 音频输入和 CD-ROM 控制器，可以播放 CD 光盘音乐。

2）视频卡（Video Card）

视频卡也称为视频捕捉卡，是多媒体计算机获取图像和视频的主要接口部件。其主要功能是通过摄像机、录像机或电视获取视频信号，将其数字化后以文件形式存储在计算机内，且经过数/模转换后能将捕获的视频在 VGA 显示器上的视窗内播放。

视频卡采集静止图像时，以一定的时间间隔进行画面捕捉，即获取一些特定的图像，用 BMP、PCX、TGA 等多种图像格式保存所捕捉到的画面。有些高级的视频卡还可以对捕捉到的画面进行 JPEG 压缩后再存盘。

视频卡在 Video for Windows 软件的支持下可以连续对视频进行动态采集，并利用声卡对伴音进行同步捕捉，生成动态视频文件 AVI。具有动态视频捕捉功能的专业级视频卡一般都有硬件视频压缩功能。

3）视频解压缩卡

视频解压缩卡又称视频回放卡。由于 MPEG 标准是国际标准化组织颁布的运动图像的压缩标准，因此视频解压缩卡又称 MPEG 解压缩卡或 MPEG 回放卡。其主要功能是将由视频卡采集并数字化后的压缩视频数据通过解压缩还原成普通的数字视频信号，并在显示器上还原成影像。

当主机将压缩的 MPEG 数据传送到解压缩卡后，CPU 会将数据流分离成影像数据流和声音数据流，并将它们分别传送给各个解压缩芯片，进行解压缩处理，得到恢复的影像数据流和声音数据流，然后进行数/模转换，获得通常的视频与音频输出。

视频解压缩卡作为一种动态图像的播放部件，它可以支持全屏幕的 CD-I、Video CD、卡拉 OK CD 和 MPEG 文件所记录的视频的播放。因此在已配有 CD-ROM 驱动器和音箱的基础上，再配置一块视频解压缩卡，便能在多媒体计算机上欣赏丰富多彩的影视节目。

4）电视接收卡

电视接收卡简称电视卡，其主要功能是将电视信号转变成 VGA 信号，并在显示器上播放电视节目，使一台多媒体计算机兼作一台彩色电视机。由于计算机显示器分辨率高、色彩丰富、显示颗粒细，因此，在 MPC 上播放电视节目比在电视机上播放的画面更清晰、色彩更鲜艳、效果更好。

5）视频转换卡

视频转换卡又称为 VGA/TV 显示转播卡，其作用正好与电视卡相反，它将 VGA 显示信号重新编码后，转变成模拟视频信号，提供给电视机或录像机进行演示或录制。

因此，在计算机上配置一块视频转换卡后，可以把电视机作为显示器，把录像机作为图像存储设备，这样就可以在电视机上观看 VGA 画面，并把显示的字符、图像、动画等录制到录像带上保存起来。视频转换卡能输出复合视频、RGB 三色视频或 S‐Video 视频等多种类型的视频信号，能与 VGA、SVGA（640×480）等显示模式兼容，并支持 NTSC、PAL 制式等多种视频标准。

6）FAX/Modem 卡

在物理位置不同的计算机之间可以通过计算机网络进行数据交换（通信），即在计算机中安装一块网卡，使用通信协议就能使远离但联网的两台计算机之间进行信息传输。另外，在计算机上安装调制解调器（Modem），利用电话线路就能与另一地点安装有相同（或者兼容的）调制解调器的计算机进行数据交换。如果在 Modem 板上集成了传真（FAX）功能，则计算机将具有传真机的功能，使通信更快更有效。

2．操作系统方面的区别

多媒体操作系统也称为多媒体核心系统（Multimedia Kernel System），它具有实时任务调度、多媒体数据转换和同步算法，对多媒体设备进行驱动、控制，以及图形用户界面等功能，它不同于 DOS 和 UNIX，一般是重新设计或在已有操作系统的基础上扩充和改造出来的功能更强大的操作系统。

3．MPC 具有更加丰富多彩的软件

多媒体软件可以满足人们欣赏高质量的数字音响、合成音乐以及高清晰影视图像和动画的需要。多媒体计算机的应用几乎覆盖了计算机应用的绝大多数领域，而且还开拓了涉及人类生活、娱乐、学习等方面的新领域。多媒体计算机的显著特点是改善了人机交互方式，集图、文、声、像等处理于一体，更接近人们自然的信息交换方式。

1.1.4   多媒体技术的发展简介

多媒体技术经历了不断发展的过程。科学技术的进步和社会的需求是促进多媒体发展的基本动力。

1．启蒙发展阶段

1895 年，俄罗斯亚·斯·波波夫和意大利工程师马可尼（Gugliemo Marconi）分别在俄罗斯和意大利独立地实现了第一次无线电传输。

1901 年 12 月，马可尼又完成跨越大西洋、距离 3 700 千米的无线电越洋通信。无线电最初作为电报被发明，现在成了最主要的音频广播介质。

多媒体技术的一些概念和方法起源于 20 世纪 60 年代。

1965 年，纳尔逊（Ted Nelson）为计算机上处理文本文件提出了一种把文本中遇到的相关文本组织在一起的方法，并为这种方法杜撰了一个词，称为"hypertext（超文本）"。

1967 年，Nicholas Negroponte 在美国麻省理工学院（MIT）组织体系结构机器组（Architecture Machine Group）。

1968 年，Douglas Engelbart 在 SRI 演示了 NLS 系统。

1969 年，纳尔逊（Nelson）和 Van Dam 在布朗大学（Brown）开发出超文本编辑器。

1976 年，美国麻省理工学院体系结构机器组向 DARPA 提出多种媒体（Multiple Media）的建议。

多媒体技术实现于 20 世纪 80 年代中期。

1984 年，美国 Apple 公司在研制 Macintosh 计算机时，为了增加图形处理功能，改善人机交互界面，创造性地使用了位映射（bitmap）、窗口（window）、图符（icon）等技术。

1987 年，Apple 公司又引入了"超级卡"（Hypercard），使 Macintosh 计算机成为更容易使用、学习并且能处理多媒体信息的机器，受到计算机用户的一致赞誉。

1985 年，Microsoft 公司推出了 Windows，它是一个多用户的图形操作环境。Windows 使用鼠标驱动的图形菜单，从 Windows 1. x，Windows 3. x，Windows NT，Windows 9x，到 Windows 2000，Windows XP 等，都是一个具有多媒体功能、用户界面友好的多层窗口操作系统。

1985 年，美国 Commodore 公司推出了世界上第一台多媒体计算机 Amiga 系统。

1986 年，荷兰 Philips 公司和日本 Sony 公司联合研制并推出 CD - I（compact disc interactive，交互式紧凑光盘）系统，同时公布了该系统所采用的 CD - ROM 光盘的数据格式。

1987 年，国际第二届 CD - ROM 年会展示了交互式数字视频（DVI，Digital Video Interactive）相关的技术。这便是多媒体技术的雏形。

1989 年初，Intel 公司把 DVI 技术开发成为一种可普及商品，随后又和 IBM 公司合作推出 Action Media 750 多媒体开发平台。

1991 年，Intel 和 IBM 又合作推出了改进型的 Action Media II。Action Media II 在扩展性、可移植性、视频处理能力等方面均大大改善。

2. 标准化阶段

1989 年，Tim Berners - Lee 在日内瓦的 CERN 用 HTML 及 HTTP 开发了 WWW 网，随后出现了各种浏览器（网络用户界面），使互联网飞速发展起来；同年，Intel 推出 80486 处理器，集成 120 万个晶体管，并首次内置浮点运算器和 8KB 缓存，其速度比 8088 快 50 倍以上。

1990 年，Windows 3.0 推出。

1991 年，在日内瓦确定 HTML 格式，为 WWW 发展奠定了基础。

1992 年，经过改进的 Windows 3.1 推出，年销量 2 700 万套，席卷全球。由微软公司联合一些主要 PC 厂商和多媒体产品开发商组成了 MPC 联盟，制定了第一代多媒体计算机标准——MPC - 1 标准；同年，Intel 推出了 486DX2 - 66 处理器。

1993 年，美国伊利诺伊州大学推出了首个 WWW 浏览器 Mosaic。

1993 年，Intel 推出其第五代处理器，集成 310 万个晶体管，并首次放弃以数字命名的方式，取名 Pentium；同年，IBM、Motorola 和苹果公司合作开发 PowerPC 处理器；次年，苹果公司推出的 Power Macintosh 首次采用 PowerPC 处理器。

1993 年，MPC 联盟制定了第二代多媒体计算机标准——MPC - 2 标准，该标准提高了基本部件的性能指标。

1994 年，IBM 推出 OS/2 WARP 3.0 操作系统，1996 年，又推出 WARP 4 版本，但仍无法扭转微软在 PC 操作系统的优势。

1995 年，MPC 联盟制定了第三代多媒体计算机标准——MPC - 3 标准。该标准在进一步提高对基本部件的要求的基础上，增加了全屏幕、全动态（30 帧/秒）视频及增强版的 CD 音质的视频和音频硬件标准。MPC - 3 制定了一个更新的操作平台可以执行增强的多媒体功能，首次将视频播放的功能纳入 MPC 标准。

1995 年，Windows 95 推出，微软开发出 Internet Explorer（简称 IE）浏览器 1.0 版本，1996 年 8 月推出 3.0 版本，直接对 Netscape 公司造成威胁；IE 不仅可以免费下载，更免费供应 ISP，1998 年则内置在 Windows 98 中，蚕食 Navigator 浏览器的市场。

1995 年，Intel 推出其第六代处理器 Pentium PRO，集成 550 万个晶体管，出世一年半即被 Pentium II 取代。

1999 年，Intel 推出 Pentium III CPU，其中集成了 2 400 万个晶体管。

2000 年，Intel 推出 Pentium 4 CPU，其中集成了 4 200 万个晶体管。

2002 年，Intel 发布 3.06 GHz Pentium 4。这款具有创新意义的含超线程技术的新款英特尔奔腾 Pentium 4 处理器，主频为 3.06 GHz，是世界上第一款采用业界最先进的 0.13 μm 制造工艺、每秒计算速度超过 30 亿次的微处理器。

2003 年，Intel 正式发布名为迅驰（Centrino）的移动计算技术。迅驰是一项移动计算技术，它具有集成的无线局域网连接能力，突破性的移动计算性能，延长的电池使用时间，更轻、更薄的外形设计。

1.2　媒体的类型

1.2.1　常用媒体元素

1. 文本（Text）

文本是计算机文字处理程序的基础，由字符型数据（包括数字、字母、符号）和汉字组成，它们在计算机中都用二进制编码的形式表示。

计算机中常用的字符编码是 ASCII 码（American Standard Code for Information Interchange，美国标准信息交换码），它用 1 个字节的低 7 位（最高位为 0）表示 128 个不同的字符，包括大小写各 26 个英文字母，0~9 共 10 个数字，33 个通用运算符和标点符号，以及 33 个控制代码。

汉字相对西文字符而言其数量比较大，我国《信息交换使用汉字编码集》即国标码规定：一个汉字用两个字节表示，由于字节只用低 7 位，最高位为 0，因而为了与标准的 ASCII 码兼容，必须避免每个字节的 7 位中的个别编码与计算机的控制字符冲突。

由于国标码每个字节的最高位都是"0"，与国际通用的 ASCII 码无法区分，因此，在计算机内部汉字全用机内码表示。机内码就是将国标码的两个字节的最高位设定为"1"。

在文本文件中，如果只有文本信息，没有其他任何格式信息，则称该文本文件为非格式文本或纯文本文件。

2. 图形（Graphic）

在计算机科学中，图形一般指用计算机绘制（Draw）的直线、圆、圆弧、矩形、任意曲线和图表等。图形的格式往往是一组描述点、线、面等几何图形的大小、形状及其位置、维数的指令的集合。例如：line（x1，y1，x2，y2）表示点（x1，y1）到点（x2，y2）的一条直线；circle（x，y，r）表示圆心为（x，y），半径为 r 的一个圆等。在图形文件中，只记录生成图的算法和图上的某些特征点的图形称为矢量图形。

通过软件可以将矢量图形转换为屏幕上所显示的形状和颜色，这些生成图形的软件通常称为绘图程序。图形中的曲线是由短的直线逼近的（插补），封闭曲线还可以填充着色。通过图形处理软件，可以方便地将图形放大、缩小、移动和旋转等。图形主要用于表示线框型的图画、工程制图、美术字体等。绝大多数计算机辅助设计软件（CAD）和三维造型软件都使用矢量图形作为基本图形存储格式。

微机上常用的矢量图形文件有 3DS（3D 造型）、DXF（CAD）、WMF（桌面出版）等。图形技术的关键是制作和再现，图形只保存算法和特征点，占用的存储空间比较小，打印输出和放大时图形的质量较好。

3．图像（Image）

图像是指由输入设备录入的自然景观，或以数字化形式存储的任意画面。静止图像是一个矩阵点阵图，矩阵的每个点称为像素点，每个像素点的值可以量化为 4 位（15 个等级）或 8 位（255 个等级），表示该点的亮度，这些等级称为灰度。若是彩色图像，R（红）、G（绿）、B（蓝）三基色每色量化 8 位，则称彩色深度为 24 位，可以组合成 2^{24} 种色彩等级（即所谓的真彩色）；若只是黑白图像，每个像素点只用 1 位表示，则称为二值图。上述矩阵点阵图称为位图。

图像文件在计算机中的表示格式有多种，如 BMP、PCX、TIF、TGA、GIF、IPG 等，一般数据量比较大。对于图像，主要考虑分辨率（屏幕分辨率、图像分辨率和像素分辨率）、图像灰度以及图像文件的大小等因素。

随着计算机技术的进步，图形和图像之间的界限已越来越小，这主要是由于计算机处理能力提高了。无论是图形或图像，由输入设备扫描进计算机时，都可以看做是一个矩阵点阵图，但经过计算机自动识别或跟踪后，点阵图又可转变为矢量图。因此，图形和图像的自动识别，都是借助图形生成技术来完成的，而一些有真实感的可视化图形，又可采用图像信息的描述方法来识别。图形和图像的结合，更适合媒体表现的需要。

4．视频（Video）

若干有联系的图像数据按一定的频率连续播放，便形成了动态的视频图像。视频图像信号的录入、传输和播放等许多方面继承于电视技术。

国际上，电视主要有 3 种体制，即正交平衡调幅制（NTSC）、逐行倒相制（PAL）和顺序传送彩色与存储制（SECAM），当计算机对视频信号进行数字化处理时，就必须在规定的时间内（如 1/25 秒或 1/30 秒）完成量化、压缩和存储等多项工作。视频文件的格式有 AVI、MPG、MOV 等。

动态视频对于颜色空间的表示有 R、G、B（红、绿、蓝三维彩色空间），Y、U、V（Y 为亮度，U、V 为色差），H、S、I（色调、饱和度、强度）等多种，可以通过坐标变换相互转换。

对于动态视频的操作和处理，除了在播放过程中的动作和动画外，还可以增加特技效果，以增强表现力。动态视频的主要参数有帧速、数据量和图像质量等。

5. 音频 （Audio）

数字音频可分为波形音频、语音和音乐。波形音频实际上已经包括所有的声音形式，通过对音频信号的采样、量化可将其转变为数字信号，经过处理，又可恢复为时域的连续信号。语音信号也是一种波形信号。波形信号的文件格式是 WAV 或 VOC 文件。音乐是符号化了的声音，乐谱可转化为符号媒体形式，对应的文件格式是 MID 或 CMF 文件。

对音频信号的处理，主要是编辑声音和声音的不同存储格式之间的转换。多媒体音频技术主要包括音频信号的采集、量化、压缩/解压以及声音的播放。

6. 动画 （Animation）

动画就是运动的图画，是一幅幅按一定频率连续播放的静态图像。由于人眼有视觉暂留（惯性）现象，因而这些连续播放的静态图像视觉上是连续的活动的图像。计算机进行动画设计有两种方式：一种是造型动画，另一种是帧动画。造型动画就是对每个运动的物体分别进行设计，对每个对象的属性特征，如大小、形状、颜色等进行设置，然后由这些对象构成完整的帧画面。帧由图形、声音、文字、调色板等造型元素组成，动画中每一帧图的表演和行为由制作表组成的脚本控制。帧动画则是一幅幅位图组成的连续画面，每个屏幕显示的画面要分别设计，将这些画面连续播放就成为动画。

为了节省工作量，用计算机制作动画时，只需完成主动作画面，中间画面可以由计算机内插完成，不运动的部分直接拷贝过去，与主动作画面保持一致。当这些画面仅是二维的透视效果时，就是二维动画。如果通过 CAD 制造出立体空间形象，就是三维动画；如果加上光照和质感而具有真实感，就是三维真实感动画。计算机动画文件的格式有 FLC、MMM等，制作动画必须应用相应的工具软件。

1.2.2 媒体的种类和特性

人类利用视觉、听觉、触觉、味觉和嗅觉感受各种信息。其中通过视觉得到的信息是最多的，其次是听觉和触觉，三者得到的信息达人类感受到的信息的 95%。按照国际电联（ITU）电信标准部（TSS）建议的内容，媒体可分为六种媒体类型，即感觉媒体、表示媒体、显示媒体、存储媒体、传输媒体和交换媒体，如表 1 - 1 所示。在多媒体技术中研究的媒体主要是表示媒体。

表 1 - 1   媒体类型

媒体类型	内　容	表　现	作　用
感觉媒体 （Perception Media）	文字、图形、图像、动画、语音、声音、音乐等	听觉、视觉、触觉	用于人类感知客观环境
表示媒体 （Representation Media）	文本编码、图像编码、声音编码、视频编码等	计算机数据格式	用于定义信息的表达特征
显示媒体 （Perception Media）	鼠标、键盘、扫描仪、光笔、显示器、打印机等	输入、输出信息	用于表达信息
存储媒体 （Storage Media）	硬盘、软盘、CD - ROM 光盘、磁带、半导体芯片等	保存、取出信息	用于存储信息

续表

媒体类型	内　容	表　现	作　用
传输媒体 (Transmission Media)	同轴电缆、双绞线、光缆、无线电链路等	信息传输的网络介质	用于连续数据信息的传输
交换媒体 (Exchange Media)	网络、内存、电子邮件系统等	异地信息交换介质	用于存储和传输全部媒体形式

1. 表示媒体的种类

1）视觉媒体

视觉媒体包括位图图像、矢量图形、动画、视频、文本等，它们通过视觉传递信息。

2）听觉媒体

听觉媒体包括波形声音、语音和音乐等，它们通过听觉传递信息。

3）触觉媒体

触觉媒体就是环境媒体，温度、压力、湿度及人对环境的感觉，它们通过触觉传递信息。

2. 媒体的性质

1）各种媒体的传递信息

文本信息表现概念和细节，图形表达直观的信息，视频信息表现真实的场景，声音信息通过听觉传递，触觉则传递周围环境的信息以及系统对环境的反映。

各种媒体都从不同的侧面，并相互补充，综合反映自然信息，以不同的格式在计算机中进行存储、传递和处理。

2）媒体的空间性质

媒体的空间定义，一方面是指信息自身的空间概念，另一方面是各种媒体之间关系的空间意义。视觉空间、听觉空间、触觉空间三者既相互独立又相互结合。视觉空间的内容通过摄像机、显示器进行采集和表现，听觉空间通过拾音器、扬声器进行获取和表现，触觉空间则通过传感器和伺服机构进行采集和表现。三者结合就能在一定程度上仿真人与环境的关系。

3）媒体的时间性质

媒体的时间性质包括各种媒体信息随时间的变化和多种媒体之间的时间关系。多种媒体信息的运动变化都是时间的函数。

1.3　多媒体系统的关键技术

多媒体技术几乎涉及信息技术的各个领域。对多媒体的研究包括对多媒体技术的研究和对多媒体系统的研究。对于多媒体技术，主要是研究多媒体技术的基础，如多媒体信息的获取、存储、处理，信息的传输和表现以及数据压缩/解压技术等。对于多媒体系统，主要是研究多媒体系统的构成与实现以及系统的综合与集成。当然，多媒体技术与多媒体系统是相互联系、相辅相成的。

1. 存储与传输技术

由于多媒体信息特别是音频信息、图形图像信息的数据量大大超出了文本信息，因而存储和传输这些多媒体信息需要很大的空间和时间。解决的办法是必须建立大容量的存储设备，并构成存储体系。硬盘存储器和光存储技术的发展，为大量数据的存储提供了较好的物质基础。目前，硬盘和光盘的容量已达 10GB 以上。硬盘由于采用密封组合磁盘技术（温彻斯特技术）而取得了突破性的进展，光盘驱动器不仅容量增加，而且数据传输速率也可望达到或超出硬盘的水平。

计算机系统结构采用多级存储〔高速缓存（Cache）、主存储器（M）和外存储器〕构成存储系统，解决了速度、容量和价格的矛盾，为多媒体数据存储提供了较好的系统结构。

2. 压缩和解压缩技术

为了使现有计算机（尤其是微机）的性能指标能够达到处理音频和视频图像信息的要求，一方面要提高计算机的存储容量和数据传输速率，另一方面要对音频信息和视频信息进行数据压缩和解压缩。对人的听觉和视觉输入信号，可以对数据中的冗余部分进行压缩，再经过逆变换恢复为原来的数据。这种压缩和解压缩，对信息系统可以是无损的，也可以是有损的，但总要以不影响人的感觉为原则。数据压缩技术（或数据编码技术），不仅可以有效地减少数据的存储空间，还可以减少传输占用的时间，减轻信道的压力，这一点对多媒体信息网络具有特别重要的意义。

3. 多媒体软硬件技术

大容量光盘技术、硬盘技术、高速处理计算机、数字视频交互卡等技术的开发，直接推动了多媒体技术的发展。多媒体计算机系统的数据存储、数据处理、输入/输出和数据管理，包括各种技术和设备都是与多媒体技术相关的。在硬件方面，各种多媒体外部设备已经成了标准配置，如光盘驱动器、声音适配器、图形显示卡等；计算机 CPU 也加入了多媒体处理和通信的指令系统（MultiMedia eXtention，MMX），大大扩展了计算机的多媒体功能；扫描仪、彩色打印机、彩色绘图机、数码相机、电视机顶盒等一大批具有多媒体功能的设备已配置到计算机系统中。

在软件方面，随着硬件的进步，多媒体操作系统编辑创作软件、通用或专用开发软件以及大批多媒体应用软件，极大地促进了多媒体技术的发展。多媒体技术的发展也极大地促进了计算机软硬件技术、数据通信和计算机网络以及计算机图形图像处理技术的发展。

4. 多媒体数据库技术

多媒体的信息数据量巨大，种类格式繁多，每种媒体之间的差别很大但又具有种种关联，这些都给数据和信息的管理带来许多困难，因此，传统的数据库已不能适应多媒体数据的管理。

处理大批非规则数据主要有两个途径：一是扩展现有的关系数据库，通过在原来的关系数据库的基础上增加若干种数据类型来管理多媒体数据，还可以实现"表中有表"的数据模型，允许关系的属性也是一种关系；二是建立面向对象的数据库系统，以存储和检索特定信息。在多媒体信息管理中，最基本的是基于内容的检索技术，其中对图像和视频的基于内容的检索方法将是多媒体检索经常遇到的问题。

随着国际互联网 Internet 的发展，超文本和超媒体的数据结构被广泛应用，引起了信息管理方面的巨大变革。超文本（HyperText）在存储组织上通过"指针"将数据块链接在一起，是互连的网状结构，而不是顺序结构，比较符合人的记忆对信息的管理（可以联想）。由结点和链（指针）组成的超文本结构网络称为 Web，它是一个由结点和链组成的信息网络，用户可以在该信息网络中实现"浏览"功能。将多媒体信息引入超文本结构，称为超媒体。制作和管理超媒体的系统称为超媒体系统。

5．多媒体通信和网络技术

一般意义上的计算机都是指多媒体计算机或网络计算机，多媒体系统一般都是基于网络分布应用系统的。多媒体通信网络为多媒体应用系统提供多媒体通信手段。多媒体网络系统就是将多个多媒体计算机连接起来，以实现共享多媒体数据和多媒体通信的计算机网络系统。多媒体网络必须有较高的数据传输速率或较大的信道宽带，以确保高速实时地传输大容量数据的文本、音频和视频信号，并且必须制定相应的标准（如 H.251 远程会议标准、JPEG 静态图像压缩标准、MPEG 动态连续声音图像压缩标准等）。随着电子商务、远程会议、电子邮件等网络服务的发展，人们对网络安全与保密也提出了更高的要求。

6．虚拟现实技术（Virtual Reality）

从本质上讲，虚拟现实技术是一种崭新的人机界面，是三维的对物理现实的仿真。虚拟现实系统实际上是一种多媒体计算机系统，它利用多种传感器输入信息仿真人的各种感觉，经过计算机高速处理，再由头盔显示器、声音输出装置、触觉输出装置及语音合成装置等输出设备，以人类感官易于接受的形式表现给用户。虚拟现实技术能实现人与环境的统一，仿真"人在自然环境之中"。

人的感觉是多方面的，要想使处于虚拟现实中的人在各种感觉上都能仿真是很困难的，要达到智能就更困难了。但是，虚拟现实技术提供了一种崭新的人机界面设计的方向，在国民经济许多领域将会有重要应用，是多媒体系统重要的发展方向。

1.4 多媒体技术的应用

多媒体是一种实用性很强的技术，它一出现就引起许多相关行业的关注，由于其社会影响和经济影响都十分巨大，相关的研究部门和产业部门都非常重视产品化的工作，因此多媒体技术的发展和应用日新月异，产品更新换代的周期很短。多媒体技术及其应用几乎覆盖了计算机应用的绝大多数领域，而且还开拓了涉及人类生活、娱乐、学习等方面的新领域。多媒体技术的显著特点是改善了人机交互界面，集声、文、图、像处理于一体，更接近人们自然的信息交流方式。同时，由于其还具有直观、信息量大、易于接收和传播迅速等特点，近年来，随着国际互联网的兴起，多媒体技术也随着互联网络的发展和延伸而不断成熟和进步。多媒体技术的典型应用包括以下几个方面。

1．教育和培训

教育领域是应用多媒体技术最早，也是进展最快的领域。人们以最自然、最容易接受的多媒体技术开展培训、教学工作，寓教于乐，内容直观、生动活泼，不但扩展了信息量，还提高了知识的趣味性。多媒体技术在教育领域中的典型范例包括计算机辅助教学（CAI：Computer Assisted Instruction）、计算机辅助学习（CAL：Computer Assisted Learning）、计算机化教学（CBI：Computer Based Instruction）、计算机化学习（CBL：Computer Based Learning）、计算机辅助训练（CAT：Computer Assisted Training）、计算机管理（CMI：Computer Managed Instruction）等。

2. 信息管理系统

多媒体信息管理的基本内涵是多媒体与数据库相结合，用计算机管理数据、文字、图形、静动态图像和声音资料。以往的管理信息系统 MIS 都是基于字符的，多媒体的引入可以使之具有更强的功能，更大的实用价值。资料的内容很多，包括人事资料、文件、图样、照片、录音、录像等。利用多媒体技术，这些资料能通过扫描仪、录音机和录像机等设备输入计算机，存储于光盘。在数据库的支持下，需要时，便能通过计算机录音、放像和显示等手段实现资料的查询。

3. 娱乐和游戏

多媒体技术的出现给影视作品和游戏产品制作带来了革命性的变化，由简单的卡通片到声、文、图并茂的实体模拟，如设备运行、化学反应、火山喷发、海洋洋流、天气预报、天体演化、生物进化等诸多方面，画面、声音更加逼真，趣味性和娱乐性增加。随着多媒体技术的发展逐步趋于成熟，在影视娱乐业中，使用先进的计算机技术已经成为一种趋势，大量的计算机效果被应用到影视作品中，从而增加了艺术效果和商业价值。

4. 商业广告

多媒体在商业领域中可以提供最直观、最易于接受的宣传方式，在视觉、听觉、感觉等方面宣传广告意图；可提供交互功能，使消费者能够了解商业信息、服务信息及其他相关信息；可提供消费者的反馈信息，促使商家及时改变营销手段和促销方式；可提供商业法规咨询、消费者权益咨询、问题解答等服务。

5. 视频会议系统

随着多媒体通信和视频图像传输数字化技术的发展，以及计算机技术和通信网络技术的结合，视频会议系统成为一个最受关注的应用领域，与电话会议系统相比，视频会议系统能够传输实时图像，使与会者具有身临其境的感觉，但要使视频会议系统实用化，必须解决相关的图像压缩、传输、同步等问题。

6. 电子查询与咨询

在公共场所，如旅游景点、邮电局、商业咨询场所、宾馆及百货大楼等，提供多媒体咨询服务、商业运作信息服务或旅游指南等。使用者可与多媒体系统交互，获得感兴趣的对象的多媒体信息。

7. 计算机支持协同工作

多媒体通信技术和分布式计算机技术相结合所组成的分布式多媒体计算机系统能够支持人们长期梦想的远程协同工作，例如远程报纸共编系统可把身处多地的编辑组织起来共同编辑同一份报纸。

8．虚拟现实

虚拟现实是一项与多媒体技术密切相关的边缘技术，它通过综合应用计算机图像处理技术、模拟与仿真技术、传感技术以及显示系统等，以模拟仿真的方式，给用户提供一个真实反映操作对象变化与相互作用的三维图像环境，从而构成虚拟世界，并通过特殊设备（如头盔和数据手套）提供给用户一个与该虚拟世界相互作用的三维交互式用户界面。

9．家庭视听

其实多媒体最常见的应用，就是数字化的音乐和影像进入了家庭。由于数字化的多媒体具有传输储存方便、保真度非常高等特点，在个人计算机用户中广泛受到青睐，而专门的数字视听产品也大量进入家庭，如 CD、VCD、DVD 等设备。

1.5　多媒体技术的发展前景

总体来说，多媒体技术正向两个方面发展：一是网络化发展趋势，与宽带网络通信等技术相互结合，使多媒体技术进入科研设计、企业管理、办公自动化、远程教育、远程医疗、检索咨询、文化娱乐、自动测控等领域；二是多媒体终端的部件化、智能化和嵌入化，提高计算机系统本身的多媒体性能，开发智能化家电。

1．多媒体技术的网络化发展趋势

技术的创新和发展将使诸如服务器、路由器、转换器等网络设备的性能越来越高，包括用户端 CPU、内存、图形卡等在内的硬件能力空前扩展，人们将受益于无限的计算能力和充裕的带宽，它使网络应用者改变了以往被动地接收、处理信息的状态，并以更加积极主动的姿态参与眼前的网络虚拟世界。

交互的、动态的多媒体技术能够在网络环境创建出更加生动逼真的二维、三维场景，人们还可以借助摄像机等设备，把办公室和娱乐工具集合在终端多媒体计算器上，使在世界任何一个角落与千里之外的同行可以在实时视频会议上进行市场讨论、产品设计、欣赏高质量的图像画面等。新一代用户界面（UI）与智能人工（Intelligent Agent）等网络化、人性化、个性化的多媒体软件的应用还可使不同国籍、不同文化背景和不同文化程度的人们通过"人机对话"，消除他们之间的隔阂，自由地沟通与了解。

多媒体交互技术的发展，使多媒体技术在模式识别、全息图像、自然语言理解（语音识别与合成）和新的传感技术（手写输入、数据手套、电子气味合成器）等基础上，利用人的多种感觉通道和动作通道（如语音、书写、表情、姿势、视线和嗅觉等），通过数据手套和跟踪手语信息，提取特定人的面部特征，合成面部动作和表情，以并行和非精确方式与计算机系统进行交互。可以提高人机交互的自然性和高效性，实现以三维的逼真输出为标志的虚拟现实。

蓝牙技术的开发应用，使多媒体网络技术无线化。数字信息家电，个人区域网络，无线宽带局域网，新一代无线、互联网通信协议与标准，对等网络与新一代互联网络的多媒体软件开发，综合了原有的各种多媒体业务，将会使计算机无线网络如异军突起，掀起网络时代的新浪潮，使得计算机无所不在，各种信息随手可得。

2. 多媒体终端的部件化、智能化和嵌入化发展趋势

目前，多媒体计算机硬件体系结构、多媒体计算机的视频音频接口软件不断改进，尤其是采用了硬件体系结构设计和软件、算法相结合的方式，使多媒体计算机的性能指标进一步提高。但要满足多媒体网络化环境的要求，还需对软件作进一步的开发和研究，使多媒体终端设备更加部件化和智能化，为多媒体终端增加如文字的识别和输入、汉语语音的识别和输入、自然语言理解和机器翻译、图形的识别和理解、机器人视觉和计算机视觉等智能功能。

过去，CPU 芯片设计较多地考虑计算功能，随着多媒体技术和网络通信技术的发展，需要 CPU 芯片本身具有更高的综合处理声、文、图信息及通信的功能，因此可以将媒体信息实时处理和压缩编码算法做到 CPU 芯片中。从目前的发展趋势看，可以把这种芯片分成两类：一类是以多媒体和通信功能为主，融合 CPU 芯片原有的计算功能，它的设计目标是用在多媒体专用设备、家电及宽带通信设备上，可以取代这些设备中的 CPU 及大量专用集成电路（ASIC）和其他芯片；另一类是以通用 CPU 计算功能为主，融合多媒体和通信功能，它的设计目标是与现有的计算机系列兼容，同时具有多媒体和通信功能，主要用在多媒体计算机中。

近年来，随着多媒体技术的发展，TV 与 PC 技术的竞争与融合越来越引人注目，传统的电视主要用于娱乐，而 PC 重在获取信息。随着电视技术的发展，电视浏览收看功能、交互式节目指南、电视上网等功能应运而生。而 PC 技术在媒体节目处理方面也有了很大的突破，音频流功能的加强，搜索引擎的引入，网上看电视等技术相应出现。比较来看，收发 E-mail、聊天和视频会议终端功能更是 PC 与电视技术的融合点，而数字机顶盒技术适应了 TV 与 PC 融合的发展趋势，延伸出"信息家电平台"的概念，使多媒体终端集家庭购物、家庭办公、家庭医疗、交互教学、交互游戏、视频邮件和视频点播等全方位应用于一身，代表了当今嵌入式多媒体终端的发展方向。此外，嵌入式多媒体系统还在智能工业控制设备、POS/ATM 机、IC 卡、数字机顶盒、数字式电视、Web TV、网络冰箱、网络空调、医疗类电子设备、多媒体手机、掌上电脑、车载导航器、娱乐、军事等方面有着巨大的应用前景。

思考与练习题

一、名词解释

媒体   多媒体   多媒体计算机技术   多媒体计算机   文本   图形   图像
视频   音频   动画

二、不定项选择题

1. 请根据多媒体的特性判断，下列属于多媒体范畴的是（   ）。

A. 交互式视频游戏   B. 有声图书   C. 彩色画报   D. 彩色电视

2. 把一台普通的计算机变成多媒体计算机要解决的关键技术是（   ）。

A. 视频音频信号的获取   B. 多媒体数据压缩编码和解码技术

C. 视频音频数据的实时处理和特技   D. 视频音频数据的输出技术

3. 多媒体技术未来发展的方向是（   ）。

A. 高分辨率，提高显示质量　　　　　B. 高速度化，缩短处理时间

C. 简单化，便于操作　　　　　　　　D. 智能化，提高信息识别能力

三、填空题

1. 按照国际电联（ITU）电信标准部（TSS）建议的内容，媒体可分为六种，它们是 _____、_____、_____、_____、_____、_____。

2. 多媒体计算机技术指计算机综合处理文本、_____、_____、_____和视频等多种媒体信息，使这些信息建立逻辑连接，集成为一个交互式系统的技术。

3. 常用媒体元素有文本、_____、_____、_____、_____、动画。

四、简答题

1. 媒体的类型有哪些？各自具有什么特点？

2. 什么是多媒体技术？简述其主要特点。

3. 多媒体技术的定义说明了哪几个问题？多媒体技术的基本特性有哪些？

4. 多媒体计算机与普通计算机的区别有哪些？

第2章

多媒体计算机系统结构

多媒体信息处理对计算机提出了更多、更高的要求,促进了计算机技术的发展,使计算机系统结构与组成发生了很大的变化。

本章主要介绍多媒体计算机系统的结构与组成,主要设备的原理与性能,以及多媒体信息存储介质、层次化的存储结构。

2.1 多媒体计算机系统的组成

在一般传统计算机的基础上,技术的发展推动了多媒体计算机的产生。多媒体计算机系统同样由硬件、软件两大部分组成。

1. 硬件构成

多媒体计算机的硬件系统结构如图 2-1 所示,多媒体计算机的硬件系统可以看成是在一般传统计算机的基础上,增加一些硬件而构成的。但是,这只是表面上的理解。实际上,多媒体计算机对 CPU 的吞吐率、内存的大小以及各种外设也会提出更高的要求。早期的微型机,如 PC 机、PC/XT 等是无法构成多媒体计算机的。

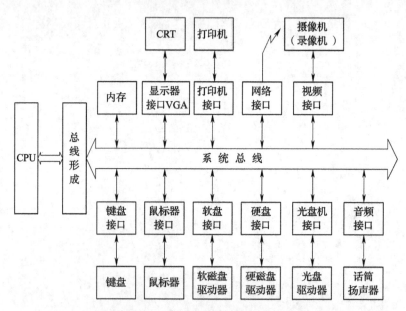

图 2-1 多媒体计算机的硬件构成

除传统计算机中的一些外设之外，CRT 显示必须是彩色的 VGA，打印机可配置彩色打印机。另外，最基本体现多媒体特征的是在硬件上增加音频接口、视频接口和光盘机接口。

音频接口通常又称为音频卡，它可以将话筒输入的音频模拟信号数字化，并送入计算机中存储或传送，也可以把从存储器或光盘读入的音频数字信号转换成模拟信号送到扬声器。音频信号可以是单通道信号，也可以是双通道的立体声信号，这些功能是一般传统计算机所没有的。

视频接口又称为视频卡，它能将来自于摄像机的视频信号按帧变换为数字信号并对数字化的图像信号进行压缩处理，而后进行存储或传送。同时，视频卡又能将存储的视频信号或由光盘读入的视频信号进行解压缩处理并在 CRT 显示器上回放视频信号。显然，这也是传统计算机所没有的功能。

光盘机接口连接光盘控制器和光盘驱动器。目前，大多数光盘是只读光盘（CD - ROM），一次写多次读光盘以及可读写的光盘正逐步普及。

2. 多媒体计算机软件

多媒体计算机软件主要包括如下三部分。

1）多媒体操作系统

传统计算机所用的操作系统或多或少支持多媒体，但在程度上有所差别，例如 Windows 3.1、Windows NT 及 Windows 95 在支持多媒体方面要比 DOS 强，尽管如此，它们还不是真正意义上的多媒体操作系统。

2）多媒体应用软件的开发工具

为了开发多媒体应用软件，很多厂家为用户提供了多种功能很强的应用软件开发工具。在前面所提到的硬件系统的基础上，配上多媒体操作系统，再加上应用软件的开发工具，就构成了多媒体应用软件的开发平台。在此平台上，用户可以比较方便地开发各种多媒体应用软件。

3）多媒体应用软件

支持多媒体计算机工作的软件还包括多媒体应用软件。这些软件用来支持多媒体计算机的使用要求，其中包括他人开发的大量应用软件，例如，各种多媒体教学软件、游戏软件、工具软件和各种电子图书等。

3. 多媒体计算机规范

随着世界经济和贸易的发展，各国政府和大公司都已认识到制定标准的重要性。多媒体技术作为新兴的信息技术，同样受到各方面的密切关注。国际上涉及多媒体标准的主要组织有以下三个。

ISO（International Organization for Standardization）：国际标准化组织。

ITU（International Telecommunication Union）：国际电信联盟（原 CCITT 国际电报电话咨询委员会）。

IEC（International Electrotechnical Commission）：国际电工技术委员会。

多媒体计算机（Multimedia PC，MPC）把数值计算、文字、图形、图像（静态、动态）、声音等有机综合在一起，具有集成性、交互性、多样性的特点。国际上，美国微软公司、商用机器公司、新加坡创通公司、日本 NEC 公司和荷兰飞利浦公司等大型计算机公司共同制定了统一的 MPC 标准：MPC - 1、MPC - 2、MPC - 3、MPC - 4，其中 MPC - 4 标准 PC 的基本配置如表 2 - 1 所示。

表 2 - 1　MPC - 4 标准 PC 的基本配置

硬件	硬件配置	软件
内存	16MB	
CPU	Intel Pentium/133 MHz Intel Pentium/200 MHz	
硬盘	1.6 GB	Windows 3.2 Windows NT Windows 95 单用户/多用户
光盘驱动器	10～16 倍速	
音效卡	16 位数字音频采样 44.1 kHz/48 kHz 带波表	
图形加速显示卡	1 204×1 024～1 600×1 900 24 位/32 位真彩色	
视频卡	Modem 卡、视频采集卡等	
显示器	38～43 cm	

多媒体计算机在达到一定性能的微机的基础上增加了以下四类设备。

① 声/像输入设备：普通光驱、刻录光驱、音效卡、麦克风、扫描仪、录音机、摄像机和电子乐器等。

② 功能接口卡：视频采集卡、Modem 卡，特技编辑卡、视频会议卡、视频输出卡、VCD 压缩卡和网卡等。

③ 声/像输出设备：刻录光驱、音效卡、视频输出卡、喇叭、立体声耳机、录音/录像机和打印机等。

④ 软件支持：操作系统及各种支持软件。

2.2　多媒体处理器

多媒体技术，如高性能视频、三维图形、动画、音频、虚拟现实、网络通信技术对计算机提出了更新、更高的要求。使用个人计算机完成大量复杂数据的多媒体信息处理极大地促进了高性能处理器的发展。此外，还出现了各种各样的专用数字信号处理器（DSP），以及用这些专用处理芯片构成的插板（卡），如音频卡、视频卡、3D 图形加速卡、网络卡以及 Modem 卡等，以辅助主处理器的功能，降低主处理器的负担。当然，这又使得计算机中的芯片和插卡越来越多，从而使结构变得复杂。

为了加快多媒体信息处理的速度，Intel 公司推出了 MMX Pentium 处理器芯片。MMX（MultiMedia eXtention，多媒体扩展指令系统）技术包括新的用于多媒体处理的指令及数据类型，支持并行处理。由于多媒体信息处理包含有大量的并行算法，因此，MMX 技术提高了计算机在多媒体及通信领域中的应用能力，使计算机的性能达到了一个新的水平。同时，MMX 保持了与现有操作系统、应用程序的完全兼容性，使得 DOS、Windows 3.1、Windows 95、Windows 98、OS/2、UNIX 以及 Intel 结构软件都能在使用 MMX 技术的微处理器系统上运行。

MMX 技术具有一套基本的、通用的整数指令，可以比较容易地满足各种多媒体应用程序和多媒体通信程序的需要。MMX 处理器在原来的 Pentium 处理器的基础上增加了 57 条指令，CPU 中为此添加了 8 个 64 位宽的 MMX 寄存器和 4 种新的数据类型，大大增强了处理视频信号、音频信号和图像的能力。

MMX 技术在原处理器系统结构的基础上，增强了整型数据并行操作能力，加入了单指令流多数据流（SIMD）技术，允许一条指令处理多个信息，这种超标量结构的技术增强了PC 机的多媒体处理功能。

2.2.1 现代高档微机的新技术

1. 微程序控制技术

计算机 CPU 控制器的结构主要有两种类型：组合逻辑控制器和微程序控制器。

1）组合逻辑控制器

在组合逻辑控制器中，取指令、指令译码、取操作数和指令执行过程所需的控制信号全由硬件逻辑实现。组合逻辑控制器运行速度高，但电路复杂，功能的改变不灵活。

2）微程序控制器

将原来由硬件电路控制的指令操作步骤改用微程序控制，一条指令的完成对应一个微程序的执行过程，这就是微程序控制器。一个微程序是存储在 ROM 中的一个微指令序列，一条指令的执行过程，就是依次从 ROM 中取出微指令并译码，生成并执行各种微操作命令的过程。一段微程序或微指令序列称为指令解释器。

应用微程序控制技术便于改变和扩充机器的功能，因为只要改写 ROM 的内容，即可改变微程序。中央处理机中控制器的微程序控制器与组合逻辑实现是计算机系统结构中软、硬件功能分配的典型例子，二者只是功能完成的方式不同，而且是可以互相转变的。Pentium 处理器将常用指令，如 MOV、INC、DEC、PUSH、POP、JMP、CALL、ADD 等改用组合逻辑实现，大大提高了指令的运行速度。

2. 流水线技术

将每条指令的执行过程分解为若干步，每一步占用各自的部件，让多条指令的不同步骤在时间上重叠，实现了在同一个节拍内让各个部件同时工作，这就是并行性中的时间重叠。80486 被设计为 6 级流水线（取指令、指令译码、地址生成、取操作数、执行指令、存储或"写回"结果）。经过 6 拍时钟周期达到稳态以后，每个节拍（1 个时钟周期）都有 1 条指令流出流水线，也即完成 1 条指令的执行。可见，流水线级数越多，每级所花的时间越短；时钟周期设计得越短，指令执行的速度就越高。当流水深度（流水线级数）达到 5 级或 6 级以上就称为超级流水线。

在 Pentium 和 Pentium pro 等高性能微机中，微处理器内部集成了两条或更多条流水线，实现了平均一个周期可以执行两条或更多条指令，使得一些指令的执行，例如整数运算指令可以并行执行，这种技术称为超标量流水线。同时，进入并行流水线的两条指令必须符合指令配对规则。如配对的两条指令必须是规定的"简单"指令；两条指令之间不得存在

"写后读"或"写后写"这样的寄存器相关性。所谓"写后读"相关,是指后一条指令的源操作数是前一条指令的目的操作数;所谓"写后写"相关,是指两条指令的目的操作数要写入同一个寄存器。这种相关的出现,将会使指令不能正确执行。

3. 高性能的浮点运算单元

浮点运算单元采用超流水线技术,分为 8 个独立执行部件(流水深度为 8),且使用专门的硬件电路实现浮点加、乘、除 3 种最常用的功能,以提高处理速度。

4. 独立的指令 Cache(高速缓存)和数据 Cache

支持多处理器系统的 Pentium 处理器中的高速缓存 Cache 是分离式的(两个 8 KB Cache)。两个分离的、独立的 Cache 将指令和数据分别进行存储(80486 则是 8 KB Cache,将频繁访问的数据和指令混合存放)。当执行部件对存储器进行访问时,由两个独立的 Cache 分别提供指令和数据。为了提高流水速度,Pentium 采用了动态转移(分支)预测判断技术,芯片内增设了转移目标缓冲器,这相当于增加了指令 Cache 的容量。

5. 转移预测判断

当进入流水线的指令是转移指令时,只有指令执行到最后条件码建立,才能确定是否转移。但此时后续指令也已经进入流水线并开始分析或执行。若条件码成立,程序转移,则顺序进入流水线的后续指令将"白费"工作,而需重新取出新的目标指令进行分析执行,这将造成流水线的断流,严重影响流水线的速度。转移指令的流水执行如图 2-2 所示。

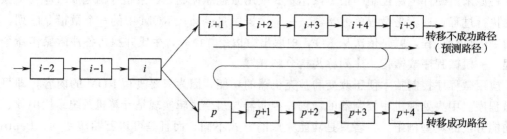

图 2-2　转移指令的流水执行

流水线方式是指"同时"(并发)解释多条指令。当转移指令 i 进入流水线,后面是顺序执行指令(不转移)$i+1$ 进入流水线,还是分支转移至 p 及其后续指令进入流水线(转移成功)需待 i 指令运行后期条件码建立后才能决定。但若这时让后续指令等待,就会造成"断流"。一般标量机器指令程序中,统计分析、条件转移指令占 20%,其中转移成功的概率为 60%,因为断流将造成流水性能下降 50%。解决这个问题时,可以采用预测判断来减小流水线的损失。

若两个分支的概率相近,则宜选转移不成功路径。因为后续指令 $i+1$ 和 $i+2$ 已经进入流水线,转移不成功时,流水线会继续自然流动,不受影响。

若两个分支的概率不等,则应选概率大的分支,并提前进入指令预取缓冲寄存器。

分支的概率可以统计得出。若由编译程序根据转移的历史记录动态预测未来转移选择,准确率可达 90%。

在 Pentium 芯片内设置了两个指令预取缓冲寄存器,其中一个以线性顺序方式预取指令代码。当一条分支转移指令被取出时,分支转移目标缓冲器就要预测是否要进行分支转移。

若预测到不需进行分支转移，预取就会连续直线进行；若预测到分支转移，则另一个预取缓冲寄存器就被允许开始预取工作，就如同出现了分支转移一样进行预取。

6. 具有保护内部数据安全性的功能

为了保证数据的完整性和安全性，Pentium 引入了两项只有大型机才有的先进功能。

① 内部数据检测：指令 Cache、数据 Cache 引入奇偶校验或在微指令分支目标缓冲器进行奇偶校验。

② 功能冗余校验：使用两片 Pentium 同时运行。

7. 灵活的存储器页面管理

Pentium 微处理器保留了 386/486 的 4 KB 存储器页面，同时又具有一种新的更大的 4 MB 存储器页面，两种存储器页面不影响应用软件的运行，但 4 MB 页面存储器管理可以方便大的图形数据结构的存储。

8. 增强的 64 位总线

原 486 是 32 位数据总线，而高档微机是 64 位总线和 32 位地址总线。

2.2.2 Pentium pro 及以上处理器

Pentium pro 及以上的高性能奔腾，也称为高能奔腾。它们的主要性能如下。

① 64 位数据总线，32 位地址线，寻址 4 096 MB（4 GB）。

② 不仅集成 16 KB 的一级 Cache（8 KB 代码 Cache，8 KB 数据 Cache），还把 256 KB 的二级 Cache 集成到 CPU 的同一块芯片上，使 CPU 速度更高于 Pentium 和 80486。

③ 具有两条 64 位的数据总线，其中一条与内存的 256 KB 二级 Cache 相连，称为后台总线；另一条对外总线输出，可与动态 RAM 或其他 64 位 I/O 设备相连，称为前台总线。这两条总线可以独立工作（部件一级的并行性，提高速度）。

④ 采用 3 条超标量流水线设计技术（Pentium 只有两条超标量流水线），使 Pentium pro 在同一个时钟周期内可以处理 3 条指令。

⑤ 支持乱序执行技术。"乱序执行"本质上就是数据流驱动计算机，它的工作原理与传统的冯·诺依曼计算机不同。冯·诺依曼计算机是控制流驱动计算机，它的指令是在中央控制器控制下（控制流）顺序执行的。数据流计算机是在数据的可用性控制下并行执行的，即当且仅当指令所需要的数据可用时，该指令才可执行，且任何操作都是纯函数操作。

2.2.3 多媒体处理器

多媒体处理器为了增加新的多媒体处理和通信功能，也就是多媒体数据的获取、数据压缩和解压缩、数据的实时处理和特技、多媒体数据的输出以及多媒体通信等功能，总是希望将传统的计算机体系结构与多媒体功能融合在一起。

这种融合的方案，一类就是与现有的计算机系列兼容，融合多媒体和通信的功能，如 Intel 的 Pentium MMX 技术，主要用在多媒体计算机系统中；另一类是以多媒体和通信功能为主，融合 CPU 芯片的功能，主要用在多媒体专用设备、家电及宽带通信设备上。这种所谓的多媒体处理器通常是 CPU 和 DSP（数字信号处理器）的混合，它同时把 RISC（精简指令系统计算机）、CISC（复杂指令系统计算机）和 DSP 技术综合在一起。

1. Intel MMX 技术

Intel MMX 技术改善、拓展了 CPU 体系结构的多媒体处理和通信功能，并集成为 Pentium MMX CPU。MMX 技术提供了面向多媒体和通信功能的新特性，同时保持了全部原 Intel 系列的体系结构，以保证微处理器、操作系统和应用程序的向下兼容性。其主要特性有以下 4 种。

1）增加了新的数据类型

为了提高音频信号处理（8 位或 16 位字长）、彩色图像处理（R、G、B 各 8 位字长）的处理速度，MMX 技术定义了 3 种紧缩型的数据类型和 1 个 64 位字长的类型，它们都是定点整数。

① 紧缩字节组类型：8 个字节组成的 64 位数据。

② 紧缩字组类型：4 个 16 位字组成的 64 位数据。

③ 紧缩双字组类型：2 个双字组成的 64 位数据。

④ 四字类型：一个 64 位数据。

这样，MMX 就可以在一条指令中同时处理 8 个、4 个或 2 个数据，实现单指令多数据流（SIMD）并行处理。

2）扩充的饱和运算方式

这种运算方式在加减运算指令运算结果达到某个值时就不再增加，而保持在这个数值。这样避免了溢出处理，加快了运算速度。

3）扩充了 57 条 MMX 指令

这些新增指令包括算术运算指令、比较运算指令、转换运算指令、逻辑运算指令、转移运算指令、数据运算指令、数据转移指令和 MMX TM 状态置空（EMMS）指令。

4）与 Intel 体系结构的全兼容性

MMX 技术是原 Intel 体系结构的扩展，保证了软硬件的向下兼容。

2. 媒体处理器

1）MicroUnity 公司的 Media Processor

MicroUnity 芯片有一个 CISC、RISC 和 DSP 技术结合的可编程微处理器，它具有优化的多媒体和宽带通信功能，时钟频率为 300～1 000 MHz，带有信号处理和增强数字运算能力的 22 位指令集；有 1Gbps I/O 接口的可选 MediaBridge 高速缓存，与 PCI 总线和主存储器 DRAM 连接；还有一个 MediaCodec I/O 芯片，它是一个 A/D 转换器，提供与宽带网络的接口，大大增强了芯片的通信功能。

2）Philips 公司的 Trimedia

Trimedia 处理器是一个通用性的微处理器，可以大大增强 PC 的多媒体功能，取代了 PC 上的视频卡和声音卡。

3）Chromatic Research 公司的 Mpact Media Engine

Mpact 芯片类似于通用 DSP，但实际上是一个专用微处理器。它与主 CPU 结合（都在主板上），可以完成 Windows 图形加速器、3D 图形协处理器、MPEG 解压卡、声音卡、FAX/MODEM 和电话卡的功能。

2.3　多媒体输入/输出设备

输入/输出设备（Input/Output），简称为 I/O 设备，是计算机与外界进行信息交换的桥梁。其中，输入设备是指向计算机内部输入信息的设备，例如键盘、鼠标器、扫描仪、触摸屏和光学字符阅读器等；输出设备是指由计算机内部输出信息的设备，例如显示器、触摸屏、打印机、绘图仪和音响装置等。下面对多媒体计算机系统中常用的输入/输出设备作简单介绍。

2.3.1　多媒体输入设备

1. 扫描仪

扫描仪（Scanner）是继键盘、鼠标器之后的最常用的计算机输入设备，它能将图稿信息捕捉下来并转换成计算机能够识别、编辑、存储和显示的数据形式。

1）扫描仪的构成

扫描仪由光学成像、机械传动和转换电路等三个部分组成。光学成像部分包括光源、光路和镜头，它将被扫描的图稿转变成光学信息；机械传动部分由控制电路、步进电动机、导轨和扫描头等组成，它的主要功能是扫描定位，实现扫描头按一定的顺序在图稿上移动；转换电路部分包含光电转换部件 CCD（电荷耦合器件）和 A/D 转换器，CCD 可以将光信号转换成相应的电信号，而 A/D 转换器将此电信号转换成数字信号。

2）扫描仪的工作原理

扫描仪通过被扫描介质的反射光或透射光的变化来捕获图稿内容。被扫描图稿的反射光线（或透射光线）经过光学成像系统，聚焦在 CCD 上，CCD 将检测到图稿上每一个区域的反射（透射）光线的总和，并将这些光信号变成电信号，再由 A/D 转换器转换得到相应的数字信号，由计算机进行处理和存储。机械传动机构带动装有光学成像和 CCD 的扫描头在控制电路的控制下有顺序地扫描图稿。有专门的扫描软件在显示器上将扫描仪输入的图稿数字化数据还原成原来的图稿内容。

2. 触摸屏

触摸屏（Touch Screen）是一种随着多媒体技术发展而使用的输入设备。当用户用手指点在屏幕上的菜单、光标、图符等光按钮时，能产生触摸信号，该信号经过变换后成为计算机可以处理的操作命令，从而实现人机交互作用。使用触摸屏操作计算机具有直观、方便的特点。表 2-2 给出了触摸屏产品及其应用。

表 2-2　触摸屏产品及其应用

类　别	代表性产品
小型个人携带信息设备	PDA、Pocket PC、e-book、Web-bad、液晶电视、翻译机
家电设备	电冰箱、微波炉、咖啡壶、洗衣机
公共信息系统	ATM、公共信息查询站（Kioak）、自动售票机、数字相片冲印系统

类　别	代表性产品
通信设备	显像电话、Smart Phone、网络电视、GPS
办公自动化设备	复印机、打印机、扫描仪、数码相机、投影仪、触摸屏、复印机、传真机
信息收集设备	POS、POI
工业用设备	控制面板

触摸屏由传感器、控制器和驱动程序等三个主要部分组成。

1）传感器

传感器将手指的触摸动作转变为一组电压信号，传递给控制器。目前，广泛使用的触摸屏传感器可分为电容、电阻、红外线、表面声波和应力计五种类型，常用的触摸屏大都使用表面声波和电阻传感器技术。

2）控制器

控制器用于控制传感器并把触摸电信号转换成数字数据，经过对这些数据的处理，计算出手指触摸坐标 x、y，然后通过接口输入计算机内。

控制器可分为内置式和外置式两种。内置式是一种卡，连接方便、价格低廉，便于集成为一个系统中的一部分。外置式是一个盒子，可借助于 RS - 232 串行接口与计算机相连，价格较贵，但使用起来比较灵活。

3）驱动程序

触摸屏驱动程序具有以下两项功能：

① 应用程序利用驱动程序直接对触摸屏编程，即使控制器输送的触摸数据可以直接适合于具体应用程序使用；

② 以鼠标器（或者键盘）作为交互输入设备的应用程序（包括 Windows 下运行的程序）可以不作任何修改而使用触摸屏作为交互输入设备，做到触摸屏与鼠标器操作一致。

3. 其他多媒体输入设备

图形输入设备还有数字化仪，它由平板加上连接的手动定位装置组成，主要用于输入线型图，例如地图、地形图、气象图等。数字化仪可以通过手动定位笔方便地获得每个线段的起始坐标，从而实现线型图输入。

电视摄像机是一种常用的视频图像获取设备，它由摄像镜头、固态摄像器件（CCD）、同步信号发生电路、偏转电路、放大电路和电源等部件组成。其工作原理是：来自被摄景物的光线经过光学系统形成光学图像，经过光信号转换成电信号，这些信号再经过视频卡转换成数字数据，输入到计算机内。

目前数码相机已经广泛用于获取静态图像。数码相机的核心是电荷耦合器件（CCD），CCD 表面的刻线密度直接与图像的质量有关，密度越大，可识别的图像细节越小，图像越清楚，数字化后的数据量也越大。数码相机以 CCD 面阵（分辨率为 1.2×10^6 点/英寸）作为成像底片。它通过 RS - 232 串行接口与计算机相连接，可以将拍摄到的图像显示在显示器屏幕上，并把数字化的图像信号存储在计算机内的硬盘上。

音频的输入常用的设备为麦克风、录音机和 CD 机。麦克风常用于语音的输入，如果要求录制高保真度的声音，可选用高质量的麦克风。音乐的输入一般使用 CD 机，在计算机上使用光盘机（CD‐ROM 驱动器）来播放 CD。

操纵杆是一种提供位置信息的输入设备，能支持其他定点输入设备（如触摸屏、数字化仪、光笔等），将它们输入的位置和按键信息提供给应用程序。在多媒体计算机上，操纵杆常用作游戏控制器，用来操纵电子游戏，因此俗称游戏杆，通常与声卡的 MIDI 接口相连接。操纵杆可以以模拟信号方式工作，也可以以数字信号方式工作，并可兼容各种游戏模式。目前，游戏操纵杆的常见类型有游戏摇杆、游戏手柄和三维控制器等多种。

2.3.2　多媒体输出设备

1. 显示器

显示器（Monitor）又称监视器，是计算机最常用的输出设备。它也是多媒体显示输出的主要设备。显示器可分为 CRT 显示器和平板式显示器两类，在这里主要介绍 CRT 显示器。

1）显示系统

显示系统由显示器和显示适配器（Adaptor）组成。显示器必须在显示适配器的支持下才能正常工作。显示器由阴极射线管（CRT）和控制电路组成。显示适配器俗称显示卡，由寄存器、视频存储器和控制电路三部分集成在同一块板上组成。在一般情况下，显示器应与显示适配器配套使用，不同的显示器应配置不同的显示适配器，这主要是因为显示适配器的工作频率与显示器的扫描频率相同时，系统才能稳定工作。

2）显示器的工作原理

显示器由阴极电子枪发射电子束，电子束在偏转系统的控制下自左至右、由上而下地逐步扫描屏幕形成光栅，由视频信号调节电子束的强弱，使之在屏幕上产生有明暗层次的图像画面，每扫描一遍屏幕，图像显示光点的内容就会刷新一次。若用红、绿、蓝三色的三枪电子束扫描屏幕，则它们将叠加形成彩色图像。显示器通过显示适配器与计算机相连接，显示适配器决定着显示图像或文字的速度，其视频存储器（VRAM）中存储着显示器显示时对应的格式数据。对于微机显示系统，它具有字母数字和图形两种显示模式。

3）显示器的特性指标

显示器的特性指标有屏幕尺寸、扫描频率、扫描方式和分辨率等。

2. 打印机

打印机是计算机系统使用很广泛的输出设备，是把字符的编码转换成字符的形状并印刷在纸介质上的设备。打印机的品种很多，基本上可分为击打式和非击打式两大类。目前击打式打印机最常用的是点阵针式打印机，流行的非击打式打印机有喷墨式打印机和激光打印机。

3. 音箱

音箱对于多媒体计算机来说是不可缺少的音响设备，多媒体中的音频的好坏取决于声卡和音箱的品质。声卡必须与有源音箱相连，才能获得足够大的音量。好的音响系统具有两个音箱，一个为主音箱，另一个为辅音箱，具有高、中、低音频的多个扬声器，并且还包括音量控制、高低音控制和平衡控制等功能，使声音能达到高保真立体声的水平。

4. 其他多媒体输出设备

绘图仪是常用的一种图形输出设备,可分为平板式和滚筒式两大类。

2.4   多媒体信息存储介质

目前,应用非常广泛的高容量、高速多媒体存储系统主要有硬盘或硬盘阵列、光盘或光盘库、数据流磁带或磁带库等。

2.4.1   多媒体信息存储介质的种类

硬盘(硬盘阵列)读写速度快,容量较大,但价格昂贵,主要应用于对输入、输出要求高的场合,如非线性视频制作领域;数据流磁带是容量最大、最为经济的存储介质,非常适合海量多媒体信息的长期保存;还有光盘 DVD,它代表了高速、大容量多媒体存储系统的发展方向。

1. 硬盘

硬盘是双面存储的磁性记录介质。多媒体技术领域所使用的硬盘不同于普通计算机硬盘,因为视频信息量大、传输速率高,所以多媒体技术领域使用的硬盘也称为高速视频硬盘,如 SCSI(Small Computer System Interface)硬盘,其最小寻道时间为 3.6 ms,数据传输率达 160 MBps。

2. 数据流磁带

数据流磁带也是磁记录介质,是现阶段存储容量最大的介质,如 DTF 数据流磁带库的存储容量可达 T 数量级,甚至是 P 数量级($1\,P=10^3\,T=10^6\,G=10^9\,M=10^{12}\,K$)。目前它是许多行业,如银行业、网络业、证券业应用最为广泛的备份存储器。

3. 光盘 DVD

光盘 DVD 也叫数字多功能光盘(Digital Versatile Disc),简称 DVD,是一种光盘存储器,通常用来播放标准电视机清晰度的电影和高质量的音乐,可用于存储大容量数据。DVD 与 CD 的外观极为相似,它们的直径都是 120 mm 左右。最常见的 DVD,即单面单层 DVD 的资料容量约为 VCD 的 7 倍,这是因为 DVD 和 VCD 虽然使用相同的技术来读取深藏于光盘片中的资料(光学读取技术),但 DVD 的光学读取头所产生的光点较小(将原本 0.85 μm 的读取光点大小缩小到 0.55 μm),因此在同样大小的盘片面积上(DVD 和 VCD 的外观大小是一样的),DVD 资料储存的密度提高很多。

2.4.2   层次化的存储结构

1. 存储局域网与附属于网络的存储

存储局域网 SAN(Storage Area Network)是广播电视业界较为熟悉的一种以存储设备为核心的网络。可以定义为以数据存储为中心,采用可伸缩的网络拓扑结构,通过具有高传输速率的光通道的直接连接方式,提供 SAN 内部任意节点之间的多路可选择的数据交换,并且将数据存储管理集中在相对独立的存储区域网内。最终,SAN 将实现在多种操作系统下最大限度的数据共享和数据优化管理，以及系统的无缝扩充。

在单台计算机系统中，存储设备（如磁盘阵列）通常通过 SCSI 总线与计算机相连。SAN 是这种结构的扩展。如图 2-3 所示，SAN 通常通过光纤通道（FC）将多台机器与存储设备相连，每台机器可以像使用自己的硬盘一样从存储设备中读写数据。FC 像 SCSI 一样能高速地传送数据块，而传输距离则比 SCSI 长。由于 FC 的带宽大（单通道 100 MBps，双通道 200 MBps），基于 FC 的 SAN 结构已广泛应用于需要传送低压缩比视频数据的非线性编辑网络中。

附属于网络的存储结构 NAS（Network Attached Storage）是一种基于局域网络的存储构架，如图 2-4 所示，被定义为一种特殊的专用数据存储服务器，内嵌系统软件，可提供跨平台文件共享功能。NAS 设备完全以数据为中心，将存储设备与服务器彻底分离，集中管理数据，从而有效释放带宽，大大提高了网络整体性能，也可有效降低总成本，保护用户投资。

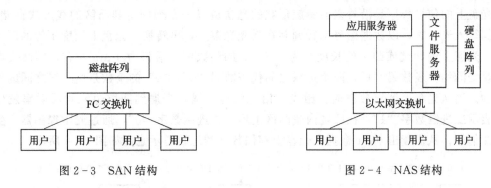

图 2-3　SAN 结构　　　　　　　　　图 2-4　NAS 结构

2. IP 存储与 iSCSI 协议

因特网技术的发展与普及，使人们开始考虑基于 IP 来建立 SAN。与 FC 相比，IP 的成本低、传输距离长，人们对 IP 技术熟悉，维护经验丰富。同时 IP 网无处不在，如果存储中心也采用 IP 网，则便于将其扩展连接到外部的 IP 网络。一个典型的 FC 数据中心可能花费 5 万～20 万美元，还要加上维护的人力和经验，而采用 IP 存储可能只需花费它的 1/4 到 1/2。为了避免 IP 网上其他数据流对数据存储的影响，应该将存储网络这一部分划为一个虚拟局域网（VLAN）。

iSCSI 是近年来提出的基于 IP 建立 SAN 的一种接口协议。所谓 iSCSI 就是将 SCSI 命令打在 IP 包中传送给存储设备，以进行数据块的存取。图 2-5 给出了一个基于 iSCSI 的 SAN 结构。IBM 和 Cisco 等公司目前已经有 iSCSI 的产品，国际上认为 IP 存储的趋势会在近年内上升，它和 FC 将在未来一段时间内并存，因此，在广播电视领域内 iSCSI 的应用值得我们关注。

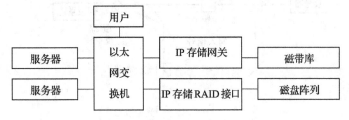

图 2-5　基于 iSCSI 的 SAN 结构

多媒体信息、多媒体技术的发展促进了大容量、高速度存储介质及其技术的迅速发展，同时也必将推动电子出版、影视传播业的大步前进。

2.4.3　多媒体信息的光盘存储

光存储技术是一种通过光学方法写入和读出数据的数字存储技术。

光存储技术利用激光能聚焦成能量高度集中的极小光点的特性，例如，在 1 μm 直径的记录点上能集中达到数兆瓦每平方厘米的能量峰值强度，将这种高能量的光点照射到记录介质上，使介质的微小区域发生物理、化学变化以产生一个标记，通常为一个凹坑或被烧焦成黑色的线条单元。

而当聚焦成微米大小的激光光束照射到存储介质上时，根据有无物化标志，其光束的反射率会产生变化，由光检测元件将反射光的强度转变为电信号，从而判断介质上有无存储标志。由于高能量的激光束可以聚焦成 1 μm 左右的光点，因此采用光存储技术比采用其他存储技术有更高的存储容量。

光盘上的信息数据是沿着盘面螺旋形状的光轨道以一系列凹坑和凸区的线形式存储的。当数据写入光盘时，以数据信号串行调制在激光光束上，再转换成光盘上长度不等的凹坑和凸区。光道上的凹坑或凸区的长度约为 0.3 μm 的整数倍，最长为 3 μm 左右。凹凸交界的正负跳变沿均代表数码"1"，两个边缘之间代表数码"0"，"0"的个数是由边缘之间的长度决定的。当从光盘上读出数据时，激光束沿光轨道扫描，当遇到凹坑边缘时反射率发生跳变，表示二进制数字"1"，在凹坑内或凸区上均为二进制数字"0"，通过光学探测器产生光电检测信号，从而读出 0、1 数据。光盘上存储数据的光轨道示意图如图 2-6 所示。

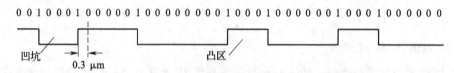

图 2-6　光盘上存储数据的光轨道示意图

光盘的读写原理如图 2-7 所示，光盘读写系统包括写入通道和读出通道。向光盘写入数据由写入通道实现，激光器发出的光束经过光分离器，高能量的光束在光调制器中受到写入信号的调制后，被跟踪反射镜导向聚焦镜，聚焦成 1 μm 的光点，对光盘存储区域进行物

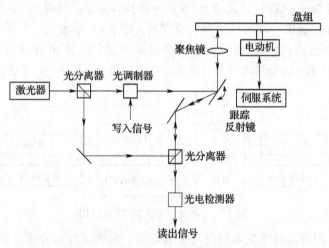

图 2-7　光盘读写原理图

化反应，进行数据信号的写入操作。从光盘读出信息数据由读出通道实现，由激光器发出的光束经过光分离器将光束强度减弱到一定程度，然后被跟踪反射镜导向聚焦镜，使光束聚焦成 1 μm 左右的光束，对光盘存储区进行扫描，反射光束由跟踪反射镜导入光分离器，以使输入光束与反射光束相分离，然后再通过光电检测器将光信号变换成电信号输出。

思考与练习题

一、名词解释

音频卡　　视频卡　　扫描仪　　触摸屏　　电视摄像机　　数码相机　　显示器
打印机　　音箱　　存储局域网 SAN　　附属于网络的存储结构 NAS

二、不定项选择题

1. 扫描仪可应用于（　　）。

A. 拍照数字照片　　　　B. 图像输入　　　　C. 光学字符识别　　　　D. 图像处理

2. 下列论述中，正确的是（　　）。

A. 音频卡的分类主要是根据采样的频率来分，频率越高，音质越好

B. 音频卡的分类主要是根据采样信息的压缩比来分，压缩比越大，音质越好

C. 音频卡的分类主要是根据接口功能来分，接口功能越多，音质越好

D. 音频卡的分类主要是根据采样量化的位数来分，位数越高，量化精度越高，音质越好

3. 音频卡的分类所依据的是（　　）。

A. 采样频率　　　　B. 声道数　　　　C. 采样量化位数　　　　D. 压缩方式

4. 目前音频卡具备的功能有（　　）。

A. 录制和回放数字音频文件　　　　　　B. 混音

C. 语音特征识别　　　　　　　　　　　D. 实时解/压缩数字音频文件

5. 下面说法中，不正确的是（　　）。

A. 电子出版物存储容量大，一张光盘可存储几百本书

B. 电子出版物可以集成文本、图形、图像、动画、视频和音频等多媒体信息

C. 电子出版物不能长期保存

D. 电子出版物检索快

三、填空题

1. 音频接口通常又称为音频卡，它可以将话筒输入的_____数字化，并送入计算机中_____或传送，也可以把从存储器或光盘读入的音频数字信号转换成_____送到扬声器。

2. 视频接口又称为视频卡，它能将来自于摄像机的_____按帧变换为数字信号并对数字化的图像信号进行_____处理，而后进行存储或传送。

3. 多媒体计算机软件主要包括_____、_____、_____三部分。

4. 扫描仪（Scanner）是继键盘、鼠标器之后的最常用的计算机_____设备，它能将图稿信息捕捉下来并转换成计算机能够识别、_____、_____和显示的数据形式。

5. 触摸屏由传感器、_____和_____等三个主要部分组成。

6. 显示系统由显示器和_____组成。显示器必须在显示适配器的支持下才能正常工作。显示器由阴极射线管（CRT）和_____组成。

四、简答题

1. 多媒体计算机系统由哪些部分组成？

2. 简述扫描仪的工作原理。

3. 对于多媒体信息的存储，都有哪些主要的存储技术？

4. 什么是存储区域网络 SAN？为什么要采用 SAN？

第 3 章
多媒体数据压缩编码技术

音频、视频和图像处理能力是多媒体系统的重要技术指标。数字音频、视频和图像的表示需要大量的存储空间，同时这些信息要求计算机实时或准实时地进行处理。多媒体系统处理的对象及功能决定了多媒体计算机必须具有高速信号处理能力、大容量内存、足够的传输频带宽度等功能。为了解决存储、处理和传输多媒体数据的问题，除了提高计算机本身的性能及通信信道的带宽外，更重要的是对多媒体数据进行有效的压缩，以便以最小的时间和空间来传输和储存多媒体数据。

本章主要讨论多媒体数据压缩编码的基本概念，常用音频、图像信号压缩编码及解压方法，以及静态、动态图像信号的处理技术。

3.1 数据压缩编码的基本概念

3.1.1 数据压缩的可能性及意义

1. 数据压缩的可能性

音频信号和视频图像的数字化数据可以进行数据压缩编码是基于以下两种事实。

1）信息的冗余度

无论是话音信息还是图像信息都有较大的冗余度。按采样定理，采样频率 f_s 与信号的最高频率 f_m 应满足 $f_s \geqslant 2f_m$，为使离散信号能完全复现原连续信号，一般选择 $f_s > 2f_m$，即都是过采样，说明采样的离散数据具有冗余度。

对于连续过程而言，离散化时都以信号的上限频率为依据，但实际上信号并不是总是或经常处在上限频率（f_m）上，也就是话音信号并不始终是那么活跃，信号的能量主要集中在低频部分。以 f_m 为依据选择采样频率，只是从"无损"信息的角度出发，若允许在一定范围内"有损"（失真），那么使 $f_s \geqslant 2f_m$ 自然就有了冗余度。说得极端一点，若信号在一段时间内不变，那么在这一段时间内只需一个采样点就可以了。

2）信号的相关性

相关就是联系，或两个信号之间的相似性。定义同一个信号前后时刻的相关性就是自相关函数 ρ_{xx}（$|\rho_{xx}| \leqslant 1$）；定义两个信号间的相似程度就是两个信号的互相关函数 ρ_{xy}（$|\rho_{xy}| \leqslant 1$）。

2. 数据压缩的意义

在信息无损或损失在一定允许范围内进行数据压缩，显然由于数据的减少，自然减小了数据的存储容量，同时，有利于数据的传输，降低了对数据传输通道的要求。由于数据量减少，因此，若数据速率（信道带宽）一定，则可以减少传输时间；若传输时间一定，则可以降低数据速率。数据速率降低，就可以增加数据（码元）的宽度，传输信号的频带降低，自然就降低了对信道带宽的要求。

3.1.2 信息的量度

1. 信息的含义

消息：是由符号、文字、数字或语音组成的表达一定含义的一个序列，如一份电报和报纸上的一段文字。消息是信息的载体，是表达信息的工具。

信息：是消息的内涵，是消息中的不确定性内容。

2. 信息的量度

1）信息量及熵

（1）信息量的定义

设信源 x 由属于集合 $A_m = \{a_1, a_2, \cdots, a_m\}$ 的 m 个可能的符号产生，若信源事件 a_j 的概率为 $P(a_j)$，则定义事件 a_j 的信息量 $I(a_j)$

$$I(a_j) = -\log P(a_j)$$

作为事件 a_j 所包含的信息量的量度，称为自信息。

单位：取 2 为底的对数，则单位为比特（bit）；取 e 为底的对数，则单位为奈特。

从信息量的定义可以看出，信息是事件 a_j 的不确定因素的度量。事件发生的概率越大，事件的信息量越小；反之，一个发生的可能性很小的事件，携带的信息量就很大。

例如：在 32 个数码中任选 1 个数码时，设每个数码选中的概率是相等的，则

$$P(a_j) = \frac{1}{32}$$

那么，任一数码的信息量为

$$I(a_j) = -\mathrm{lb}\frac{1}{32} = \mathrm{lb}2^5 = 5 \text{ bit}$$

（2）信源的熵

一个通信系统并非只传送 1 个符号，而是多个符号，这就需要定义整个信源符号的平均信息量的大小。通常把自信息的统计平均值——数学期望

$$H(x) = -\sum_{j=1}^{m} P(a_j)\mathrm{lb}P(a_j) \tag{3-1}$$

即信源 x 中每个符号的平均信息量，称为信源 x 的熵。

当信源 x 中的每个符号是等概率的且是独立的时候，平均信息量最大，此时

$$P(a_j) = \frac{1}{m}, \ j = 1, 2, \cdots, m$$

代入式（3-1）得

$$H(x) = H_{\max} = \mathrm{lb}m$$

例如：若信号 $x\{a_1, a_2\}$ 的概率分别为 $P(a_1) = 0.9$，$P(a_2) = 0.1$，则符号的平均信息量，即信源 x 的熵为

$$H(x) = -(0.9 \times \text{lb}0.9 + 0.1 \times \text{lb}0.1) = 0.467 \text{ bit}$$

若 a_1，a_2 的概率 $P(a_1) = P(a_2) = 0.5$，则信源 x 的平均信息量达到最大，即

$$H(x) = H_{\max}(x) = \text{lb}2 = 1 \text{ bit}$$

所以二进制 1 位数据 （0/1） 的每 1 位的信息量为 1 比特。

2） 冗余度

先看一个例子，设一幅图片有 4 个灰度级 S= ｛A，B，C，D｝，这 4 个灰度级所出现的概率分别为 $P(a_j)$ = ｛0.6，0.2，0.06，0.14｝，则

$$H(x) = -(0.6 \times \text{lb}0.6 + 0.2 \times \text{lb}0.2 + 0.06 \times \text{lb}0.06 + 0.14 \times \text{lb}0.14) = 1.547 \text{ bit}$$

即其平均信息熵为 1.547 bit。这说明表示这 4 个灰度级所使用的最少平均位数为 1.547 bit。

平均信息熵是一种理论上的最佳编码的平均码长。平常使用的一般为自然码编码，表示每一事件的位数是相同的。如果对 A、B、C、D 这 4 个灰度级采用自然码进行编码，即

A	00
B	01
C	10
D	11

每一个灰度级用两位二进制表示，则 4 个灰度级的平均码长为 2，而平均信息熵是理论上的最佳编码的平均码长，为 1.547 位。显然，自然码编码和理论上的最佳编码存在一定的差距，这一差距常用冗余度 r 来表示：

$$r = \frac{\text{原始图像平均码长}}{\text{原始图像平均信息熵}} - 1 = \frac{2}{1.547} - 1 \approx 0.29$$

冗余度表示原始图像编码中所包含冗余信息的多少，应越小越好。在本例中，灰度级的自然码编码长度为 2 bit，平均信息熵是理论上的最佳编码码长，为 1.547 bit，显然，在自然码编码中包含有冗余信息。如何找出一种编码方法，使其平均码长尽量接近信息熵，是图像编码所追求的目标。

另外，如果 4 个灰度级是等概率出现的，均为 0.25，则信源的平均信息熵为

$$H(x) = -\sum_{j=1}^{4} P(a_j) \text{lb}P(a_j) = 2 \text{ bit}$$

即在等概率的情况下，自然码编码的冗余度为 0。

3.1.3　数据冗余及其类型

冗余是指信息存在的各种性质的多余度。数据冗余，就是数据量 （D） 与其表达的信息量 （I） 不相等的现象。

设冗余量为 du，它们的关系即可表示为

$$\begin{cases} I = D - du \\ du \geqslant 0 \end{cases}$$

如果 du=0，表示数据不存在冗余，不需也不能对数据进行压缩。需要并能够对数据进行有效压缩的条件是 du>0。

多媒体数据在数字化后存在各种形式的数据冗余，常见的有以下几种类型。

1.　空间冗余

规则物体和规则背景的表面物理特性都具有相关性，数字化后表现为数字冗余。例如：

一幅图片的画面中有一个规则物体，其表面颜色均匀，各部分的亮度、饱和度相近，把该图片作数字化处理时，生成位图后，很大数量的相邻像素的数据是完全一样或十分接近的，完全一样的数据当然可以压缩，而十分接近的数据也可以压缩，因为恢复后人也分辨不出它与原图有什么区别，这种压缩就是对空间冗余的压缩。

2．时间冗余

序列图像（如电视图像和运动图像）和语音数据的前后有着很强的相关性，经常包含着冗余。在播出该序列图像时，时间发生了推移，但若干幅画面的同一部位没有变化，变化的只是其中的某些地方，这就形成了时间冗余。

3．统计冗余

空间冗余和时间冗余是把图像信号看做概率信号时所反映出的统计特性，因此，这两种冗余也称为统计冗余。

4．信息熵冗余

信息熵冗余也叫"编码冗余"。所谓信息熵，是指一团数据所携带的信息量，信息熵冗余则在一团数据的内部产生。信息量是指从 N 个相等的可能事件中选出一个事件所需要的信息度量和含量，即在 N 个事件中辨识特定的一个事件的过程中需要提问"是或否"的次数。将信源所有可能事件的信息量进行平均，即为信息的"熵（entropy）"，熵是平均信息量。信息熵可表示为

$$E = - \sum_{i=0}^{k-1} P(x_i) \mathrm{lb} P(x_i)$$

式中，E 为信息熵，k 为数据组中数据的种类或码元数，$P(x_i)$ 为码元 x_i 发生的概率。

一组数据的数据量显然等于各记录码的二进制位（bit）数（编码长度）与该码元出现的概率的乘积之和，即

$$D = \sum_{i=0}^{k-1} P(x_i) b(x_i)$$

式中，D 为数据量，k 和 $P(x_i)$ 同上，$b(x_i)$ 为分配给码元 x_i 的比特数。

若要求不存在数据冗余，即冗余量 $\mathrm{du} = D = E$，则需有

$$b(x_i) = -\mathrm{lb} P(x_i)$$

由于实际中很难预估出 $\{P(x_0)，\cdots，P(x_{k-1})\}$，因此，为使处理上简单，一般把所有码元记录成相同的二进制位数 $b(x_0) = b(x_1) = \cdots = P(x_{k-1})$。这样所得的 D 必然大于 E，即 $\mathrm{du} = D - E > 0$。这种因码元编码长度的不经济而引起的数据冗余称为熵冗余，又叫编码冗余。

例如，从 64 个数中选出某一个数，可先问"是否大于 32?"消除半数的可能，这样只要 6 次就可选出某数。这是因为每提问一次都会得到 1 比特的信息量。因此，在 64 个数中选定某一数所需的信息量是 $\mathrm{lb}64 = 6$（bit）。

5．结构冗余

数字化图像中物体表面纹理等结构往往存在着数据冗余，这种冗余叫结构冗余。若一幅图像中有很强的结构特性，如布纹和草席图像等，其纹理很规范清晰，于是它们在结构上存在着极大的相似性，也就存在着较强的结构冗余。

6．知识冗余

由图像的记录方式与人对图像的知识差异而产生的冗余称知识冗余。人对许多图像的理解与某些基础知识有很大的相关性。许多规律性的结构人可以由先验知识和背景知识得到。而计算机存储图像时还得把一个个像素信息存入，这就形成了冗余。

7．视觉冗余

人类的视觉系统对于图像场的注意是非均匀和非线性的，并不是对图像中的任何变化都能感知，而在实际图像中存在大量的人类的视觉系统不能察觉的细节变化的数据。事实上，人类的视觉系统的一般分辨能力为 10^6 灰度级，而一般图像的量化采用的是 10^8 灰度级。这种从人类视觉系统的分辨能力上看，图像数据中存在的数据冗余，叫做视觉冗余。

8．其他冗余

除了前面所述的几种数据冗余以外，由于图像空间的非定常特性而产生的冗余，以及其他种类的冗余，均属于其他冗余之列。

3.1.4　数据压缩编码方法分类

数据压缩方法很多，从不同的观点出发可以有不同的划分方法。

1．无损压缩与有损压缩

根据解码后的数据与原始数据是否一致，压缩后是否损失信息，可以把数据压缩编码划分为无损压缩和有损压缩两类。

有损压缩使信息源的熵减少，也就是在数据压缩过程中损失掉一部分信息量。

无损压缩是一种可逆处理，即压缩过程没有损失信息源的熵，压缩仅仅去掉了一些冗余的信息。

2．按压缩原理进行分类

根据压缩原理进行分类，可以把数据压缩编码分为预测编码、变换编码和信息熵编码等几类。

1）预测编码

预测编码是针对统计冗余进行压缩的，常运用"时间序列分析"的概念解决动态系统的输出问题。其基本原理是：根据离散信号之间存在着一定关联性的特点，利用前面的一个或多个信号对下一个信号进行预测，然后对实际值和预测值的差进行编码，由于差值比实际值小得多，从而达到压缩数据量的目的。预测编码的典型压缩方法有 PCM、DPCM、ADPCM等。

2）变换编码

变换编码也是针对统计冗余进行压缩的。所谓变换编码，是指先对信号进行某种函数变换，从一种信号空间变换到另一种信号空间（如将图像光强矩阵的时域信号变换到频域的系数空间上）进行处理的方法。若在空间上具有强相关的信号，映射在频域上就是某些特定区域内能量集中的部分，或者是系数矩阵的分布具有某些规律，从而利用这些规律分配频域上的量化比特率，达到数据压缩的目的。常用的变换编码的方法有 K-L 变换和余弦变换（DCT）等。

3) 信息熵编码

信息熵编码的目的是减少符号序列中的冗余度，提高符号的平均信息量。信息熵编码是根据符号序列的统计特性，寻找某种方法把符号序列变换为最短的码字序列，使各码元承载的平均信息量最大，同时又能保证无失真地恢复原来的符号序列，即要保存信息的熵值。信息熵编码最常用的方法有哈夫曼（Huffman）编码、游程编码和 LZW 编码等。

3.1.5　数据压缩编码方法的选择

数据压缩方法有许多种，可以从不同的侧面来比较这些数据压缩方法的优劣，例如，实现的复杂程度、所付出的代价的高低，以及压缩系统的体积、重量及误差等，但最重要的指标是指在一定误差或质量下的压缩比。常用的有如下两种定义。

① 采样压缩比 φ_d：

$$\varphi_d = \frac{\text{压缩前输入的总采样数}}{\text{压缩后输出的总采样数}}$$

由该定义可见，φ_d 一定是大于 1 的数，当然越大越好。由于我们所研究的信号都要数字化，为存储和传送这些数字化信号，通常还要增加一些信息，以便顺利地解压。因此，下面的比特压缩比 φ_b 更为有用。

② 比特压缩比 φ_b：

$$\varphi_b = \frac{\text{压缩前输入的总比特数}}{\text{压缩后输出的总比特数}}$$

根据上式及前面的解释，φ_b 通常要比 φ_d 小，而且 φ_b 更能反映实际情况。因此，当提到压缩比而又没有作特别说明时，通常指的就是比特压缩比 φ_b。

在数据压缩系统中，人们很关心的一个问题就是利用已压缩的数据重建原始数据所带来的误差，这是衡量某种压缩方法好坏的又一重要标志。在考虑重建误差时，总是局限于这种误差是由压缩方法产生的，而认为其他部分都是理想的。只有这样，才能更好地对不同压缩方法的误差进行比较。常用的方法有以下几种。

① 均方根误差，如果原始信息源数据为集合 $\{y_i\}$，$i=1,2,\cdots,N$，用压缩后数据经解压重建的原始数据为集合 $\{\hat{y}_i\}$，$i=1,2,\cdots,N$，则两者的均方误差和均方根误差分别表示为

$$E^2 = \frac{1}{N}\sum_{i=1}^{N}(\hat{y}_i - y_i)^2, i=1,2,\cdots,N$$

和

$$E_{RMS} = \left[\frac{1}{N}\sum_{i=1}^{N}(\hat{y}_i - y_i)^2\right]^{\frac{1}{2}}, i=1,2,\cdots,N$$

② 峰值误差：原始数据与重建数据间差值的最大绝对值。用下式表示：

$$E_p = \max|\hat{y}_i - y_i|, \quad i=1,2,\cdots,N$$

③ 汉明距离：汉明距离的定义为

$$E_H = \frac{1}{N}\sum_{i=1}^{N}d(\hat{y}_i - y_i), i=1,2,\cdots,N$$

$$d(\hat{y}_i - y_i) = \begin{cases} 0 & \text{当 } (\hat{y}_i = y_i) \\ 1 & \text{当 } (\hat{y}_i \neq y_i) \end{cases}, \quad i=1,2,\cdots,N$$

可以看到，当重建数据与原始数据不同时，E_H 会增加。

以上是衡量数据压缩性能的方法。很显然，这是对有损压缩而言的。原则上说，无损压缩是没有误差的。

另外，还必须强调，在信号的采集、压缩、存储（或传输）以及信号的解压重建、恢复原始信号过程中，压缩和解压只是其中一个中间处理环节，因此，某种信号质量的衡量最终会与压缩方法的误差有关。

3.2　常用音频信号压缩编码及解压方法

本节先介绍一些常用于音频信号的压缩方法。为了使读者对压缩方法有一个大致的认识，现将常见的音频数据压缩方法罗列于图 3-1 中。其中有一些是可以用于视频信号压缩的。

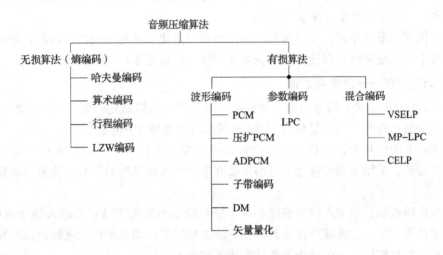

图 3-1　常见的音频数据压缩方法

音频信号的编码，大致可以分为波形编码和参数编码两种方法。

① 波形编码的基本思想是在满足采样定理的前提下，采样量化，并使编码以后的数据量尽可能小，译码以后的输出信号尽可能逼近原来的输入音频信号的波形，如 PCM、DPCM、DM、ADPCM 等。

② 参数编码（分析合成编码）主要是针对话音信号，抽取话音信号的特征参数，然后进行编码，译码时激励相应振荡器通过喇叭发声。

3.2.1　PCM 脉冲编码调制

PCM（Pulse Code Modulation）脉冲编码调制是对输入波形音频信号进行采样，量化成为数字信号的过程。PCM 编码可以分为均匀量化和非均匀量化两种。

1. 均匀量化

均匀量化 PCM 编码的过程是先对音频波形进行采样，然后量化为数字信号。

1）采样

设输入为 $x(t)$，采样序列为

$$P(t) = \sum_{n=0}^{\infty} \delta(t - nT)$$

则

$$x(t) \cdot P(t) = x(t) \cdot n\sum_{n=1}^{\infty} \delta(t - nT) = \sum_{n=0}^{\infty} (t - nT)$$

这是离散模拟信号。

2）量化

设 n 位均匀量化，则量化单位

$$q = \frac{x_m}{2^n - 1}$$

其中 x_m 为信号的最大幅度。考虑四舍五入，则量化误差为 $q/2$。量化误差使信号恢复时带有附加的噪声。

设量化单位为 0.1 V，则量化误差为 0.05 V。若信号电平为 5 V，则相对误差为 1%；若信号电平为 0.5 V，则相对误差为 10%。

可见，同样的量化单位，小信号和大信号的相对量化误差是不同的。因此，希望小信号时量化单位小，大信号时可以让量化单位取大一些，这就是非均匀量化。

2. 非均匀量化——压缩与扩张

在 PCM 编码中，量化误差与编码位数是一对矛盾，人们总是希望，在一定的编码位数下尽可能减少量化误差。均匀量化的 PCM 编码是不能做到这一点的。

在话音或音频信号中，一般小信号出现的机会要比大信号多，且人耳对大信号不甚敏感，呈对数特性。采用非均匀量化编码的实质在于减少表示采样的位数，从而达到数据压缩的目的。

其基本思路就是：当输入信号幅度小时，采用较小的量化间隔；当输入信号幅度大时，采用较大的量化间隔。这样就可以做到，在一定的精度下，用更少的二进制码位来表示采样值。这种对小信号扩展、大信号压缩的特性用下式表示：

$$y = \text{sgn}(x) \frac{\ln(1 + \mu|x|)}{\ln(1 + \mu)}$$

式中：x——输入电压与 A/D 变换器满刻度电压之比，为 $-1 \sim 1$ 的值；

$\text{sgn}(x)$——x 的极性；

μ——压扩参数，其取值范围为 $100 \sim 500$。

该压扩规则的特性如图 3-2 所示，通常将此曲线叫做 μ 律压扩特性。在实际应用中，可规定某个 μ 值，采用数段折线来逼近图 3-2 所示的压扩特性。这样就大大地简化了计算并能够保证一定的精度。

例如，当选择 μ 等于 255 时，压扩特性用 8 段折线来代替，这就是 A 律 13 折线压扩特性。当用 8 位二进制数表示一个采样时，可以得到满意的音频质量。这 8 位二进制中，最高位表示符号位，中间 3 位用来表示折线线段，最后 4 位用来表示数值，其格式如图 3-3 所示。

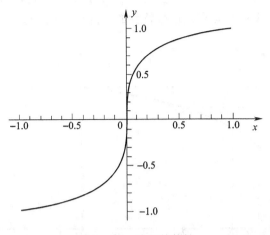

图 3-2　μ 律压扩特性

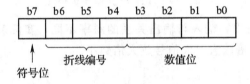

图 3-3　μ 律压扩数据格式

在译码恢复数据时，根据符号和折线线段即可通过预先做好的表，查表恢复原始数据。

A 律 13 折线压扩特性的编码过程如下：设 x 轴、y 轴分别表示压扩特性的输入、输出信号的取值区，最大信号为 $\pm V_m$。

（1）x 轴的量化

x 轴（$0 \sim V_m$）不均匀分为 8 段（段落码 3 位），每次以 1/2 分段，每段均匀划分为 16 等分，每个等分就是 1 个量化间隔，这样，在 $0 \sim V_m$ 范围内，就有 16×8 个量化等级。在每个量化等级内，又均匀划分成 16 个等分。这样，输入信号小的，量化间隔也小；反之，大信号的量化间隔就大。

最小的量化间隔

$$\Delta V_{\min} = \frac{V_m}{128 \times 16} = \frac{V_m}{2\,048}$$

最大的量化间隔

$$\Delta V_{\max} = \frac{V_m}{2 \times 16} = \frac{V_m}{32}$$

（2）y 轴的量化

将 $0 \sim V_m$ 均匀划分为 8 等分（与 x 轴 8 段对应），每段均匀划分为 16 等分（与 x 轴每段对应）。这样，y 轴 $0 \sim V_m$ 均匀分为 8×16 个量化间隔，每个量化间隔为

$$\frac{V_m}{8 \times 16} = \frac{V_m}{128}$$

将 x 轴和 y 轴相应段交点连起来，就构成 8 段折线，第 1 段与第 2 段的斜率是一样的，

实际只是 7 段，负方向也是 7 段，但中间 2 段是一样的斜率（对称），所以形成 13 折线的压扩特性如图 3-4 所示。图中只画出正信号特性的一部分（7 段）。

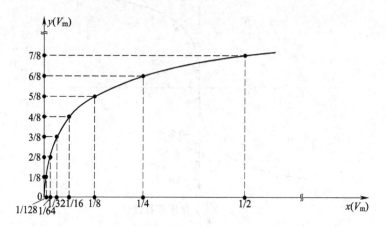

图 3-4　A 律 13 折线压扩特性

由 A 律压扩特性可看出，输入与输出关系的斜率不同，实际就是编码器对信号的放大倍数不同，即小信号放大倍数大，大信号放大倍数小。

3. PCM 与数字通信

CCITT 制定了脉冲编码调制（PCM）标准，通常用于电话和专用电话网中。

设电话（话音）频宽为 300 Hz～3.4 kHz，最高上限频率 $f_m=3.4$ kHz，按采样定理要求，采样频率 $f_s \geqslant 2f_m$，则 $f_s \geqslant 2f_m=6.8$ kHz，取 $f_s=8\,000$ Hz。若每次量化 8 位，则数据速率为 64 kbps。采用时分复用多路通信，有两种标准，一种是 24 路时分复用，一种是 32 路时分复用。

1）贝尔 T1 载波系统标准

贝尔 T1 载波系统是 24 路话音信道时分复用标准。24 路话音信道每帧划分 24 个时隙，每个时隙传输 1 路采样量化后的数字信号（8 位），每帧附加 1 位帧同步位。因此，数据传输速率为

$$(8 \times 24 + 1) \times 8\,000 = 1.544 \text{ Mbps}$$

2）CCITT PCM 脉码调制系统标准

CCITT PCM 脉码调制系统是 32 路信道时分复用标准，其中 30 路为话音信道复用。因此，信道上的数据速率为

$$8 \times 32 \times 8\,000 = 2.048 \text{ Mbps}$$

无论上述 24 路复用或 32 路复用，PCM 复用的程度都称为基群（或一次群），还可以组成二次群、三次群，它们复用的路数分别是基群路数的 4 倍和 16 倍。

4. 差分脉冲编码调制（DPCM）

上面提到的 PCM 编码中存在着大量冗余信息，这是因为音频信号相邻近样本间的相关性很强。若采取某种措施，便可以去掉那些冗余的信息，差分脉冲编码调制（Diffrention PCM，DPCM）是常用的一种方法。

差分脉冲编码调制的中心思想是对信号的差值而不是对信号本身进行编码，这个差值是

信号值与预测值的差。

预测值可由过去的采样值进行预测，其计算公式如下：

$$\hat{y}_0 = a_1 y_1 + a_2 y_2 + \cdots + a_N y_N = \sum_{i=1}^{N} a_i y_i$$

式中，a_i 为预测系数。因此，利用若干个前面的采样值可以预测当前值。当前值与预测值的差为

$$e_0 = y_0 - \hat{y}_0$$

差分脉冲编码调制就是将上述每个样点的差值量化编码，而后用于存储或传送。由于相邻采样点有较大的相关性，预测值常接近真实值，故差值一般都比较小，从而可以用较少的数据位来表示。这样就减少了数据量（或传送速率）。

在接收端或数据回放时，可用类似的过程重建原始数据。差分脉冲编码调制系统的方框图如图 3-5 所示。

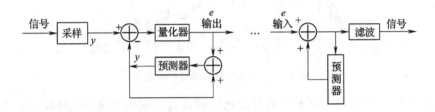

图 3-5　差分脉冲编码调制系统的方框图

由图 3-5 可见，只要求出预测值，则实现这种方法并不困难。而要得到预测值，关键的问题是确定预测系数 a_i。如何求 a_i 呢？我们定义 a_i 就是使估值的均方差最小的 a_i。估值的均方差可由下式决定：

$$E[(y_0 - \hat{y}_0)^2] = E\{[y_0 - (a_1 y_1 + a_2 y_2 + \cdots + a_N y_N)]^2\}$$

为了使求得的均方差最小，需对式中 a_i 求导数并使方程等于 0。最后解联立方程可以求出 a_1，a_2，…，a_N。

此处不再详细地说明预测系数 a_i 如何求，只是强调预测系数与输入信号特性有关，也就是与采样点同其前面采样点的相关性有关。只要预测系数确定，问题便可迎刃而解。通常一阶预测系数 a_1 取 0.8~1 之间的某个值。

5. 增量调制（DM）

增量调制是一种比较简单且有数据压缩功能的波形编码方法，其工作原理很易理解，而且是一种常用的音频信号压缩方法。

增量调制的系统结构框图如图 3-6 所示。在编码端，过去的采样值经保持器可得预测值。输入的模拟音频信号与预测值在比较器上相减，从而得到差值。差值的极性可以为正也可以为负。若为正，则编码输出为 1；若为负，则编码输出为 0。这样，在增量调制的输出端可以得到一串 1 位编码的 DM 码。

增量调制编码过程示意如图 3-7 所示，纵坐标表示输入的模拟电压，横坐标表示随时间增加而顺序产生的 DM 码。图中虚线表示输入的音频模拟信号。

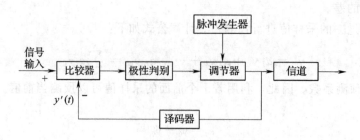

图 3 - 6 增量调制的系统结构框图

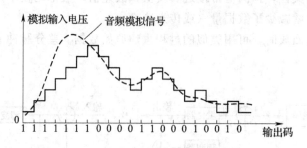

图 3 - 7 增量调制编码过程示意图

从图 3 - 7 中可以看到，当输入信号变化比较快时，编码器输出无法跟上信号的变化。从而会使重建的模拟信号发生畸变，这就是所谓的"斜率过载"。还可以看到，当输入模拟信号的变化速度超过了经积分器输出的预测信号的最大变化速度时，就会发生斜率过载。增加采样速率，可以改善斜率过载的情况，但采样速率的增加又会使数据压缩的效率降低。

从图 3 - 7 中还能够发现另一个问题，那就是，当输入信号不变化时，预测信号和输入信号的差会十分接近，这时编码器的输出是 0 和 1 交替出现，这种现象就叫做增量调制的散粒噪声。为了减少散粒噪声，就希望输出编码 1 位所表示的模拟电压（又叫做量化阶）Δ 小一些。但是，减小量化阶 Δ 会使在固定采样速率下产生更严重的斜率过载。为了解决这些矛盾，人们研究出了自适应增量调制（ADM）和自适应差分脉冲码调制（ADPCM）。

3.2.2 自适应脉冲编码调制

1. 自适应差分脉冲编码调制（ADPCM）

为了进一步提高编码的性能，人们将自适应量化器和自适应预测器结合在一起用于 DPCM 之中，从而实现了自适应差分脉冲编码调制，其简化的框图如图 3 - 8 所示。自适应量化器首先检测差分信号的变化率和差分信号的幅度大小，而后决定量化的量化阶距；自适应预测器能够更好地跟踪语音信号的变化。因此，将两种技术组合起来使用能提高系统性能。

从图 3 - 8 中可以看到，在图 3 - 8（a）所示的编码器框图中，实际上也包含着图 3 - 8（b）所示的译码器电路框图，两者的算法是一样的。

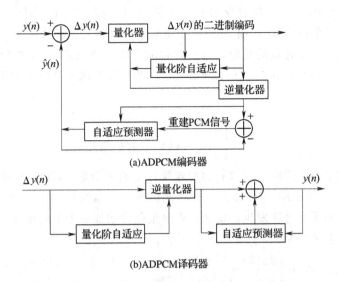

(a)ADPCM编码器

(b)ADPCM译码器

图 3-8　自适应差分脉冲编码调制的简化框图

不管是利用压扩特性（非线性）PCM 还是自适应差分脉冲编码调制（ADPCM），如何实现它们，都是许多使用者所关心的。如今，用小规模集成电路和分立元件设计这些编码器的设计思想是不可取的。比较恰当的方法是如下所述。

1）采用现有的专用集成电路

目前，已有许多专用集成电路可以比较方便地实现上面提及的编码。有的集成电路简单，功能差一些；有的结构复杂，功能强一些。利用这样的专用集成电路，实际上是利用了现成的成果，使用者只是使用而已。

2）利用 DSP

利用 DSP 来采集和处理音频信号十分方便，因此，应用广泛。在这种应用中，不管是哪种 PCM 编码，都可以在 DSP 系统中配上专门的硬件电路来实现。另一方面，估算一下编码的时间，看是否满足编码所需处理时间的要求，若可以满足要求，不妨采用软件方案。这种方法实现容易，节省硬件而且灵活易修改。

3）采用专用集成电路（ASIC）设计技术

ASIC 技术是近几年来蓬勃发展起来的集成电路技术。当某一电子部件，例如 ADPCM 编码器和译码器采用某些新的算法研制成功后，可以将此电子部件的逻辑图（或印制电路板）交专门的工厂，将其制成专用集成电路，甚至集成电路的引脚也可由设计者来规定。这种用 ASIC 技术设计出来的集成电路保密性好，可靠性高，大批量生产时造价也比较低。因此，这也是一种很有前途的方法。

2．自适应增量调制（ADM）

上面已经提到，为减少斜率过载，希望增大量化阶；为减少散粒噪声，又希望减小量化阶。于是，人们就想，若是能使 DM 的量化阶 Δ 适应信号变化的要求，就必然会既降低了斜率过载又能减小散粒噪声的影响。也就是说，当发现信号变化快时，增大量化阶；当发现信号变化缓慢时，减小量化阶。这就是自适应增量调制的基本出发点。

在自适应 DM 中，常用的规则有两种。

一种是控制可变因子 M，使量化阶在一定的极限范围内变化。对于每一个新的采样，其量化阶为其前面数值的 M 倍，而 M 的值则由输入信号的变化率来决定。如果出现连续的相同的码，则说明有发生过载的危险，这时就要加大 M。当出现 0，1 交替时，说明信号变化很慢，会产生散粒噪声，这时就要减小 M 值。控制可变因子 M 的典型规则可用下式表示：

$$M = \begin{cases} 2, & y(k) = y(k-1) \\ \dfrac{1}{2}, & y(k) \neq y(k-1) \end{cases}$$

另一类使用较多的自适应增量调制称为连续可变斜率增量（CVSD）调制。其工作原理如下：如果调制器（CVSD）连续输出三个相同的码，则量化阶加上一个大的增量，因为，三个连续相同的码表示有过载发生；反之，则给量化阶增加一个小的增量。

CVSD 的自适应规则为

$$\Delta(k) = \begin{cases} \beta\Delta(k-1) + P, & y(k) = y(k-1) = y(k-2) \\ \beta\Delta(k-1) + Q, & 其他 \end{cases}$$

式中，β 可在 0~1 之间取值。可以看到，调节 β 的大小，可以调节增量调制适应输入信号变化时间的长短。P 和 Q 为增量，而且 P 要大于或等于 Q。

以上简单介绍了增量调制的基本工作原理。可以看出，这种数据压缩方法是很简单的，实现起来也比较容易。为实现增量调制，可以考虑以下方法：利用硬件电路芯片连接构成增量调制编码器和对增量调制输出信号进行译码，重建原始音频信号。这些硬件电路芯片无非是比较器、D 触发器等线性和数字信号芯片，实现起来是不困难的。但是，目前上述方法已不为技术人员所选用。

还有一些厂商为用户生产了专用的语音处理器，并将增量调制、解调功能集成在处理器内部，这就更加增加了处理器的功能。例如，东芝公司的 T6668 就是这样的芯片，语音专用处理器种类很多，采用的压缩方法也各不一样。

除了上面所提到的利用硬件来实现增量调制和解调之外，目前在音频信号处理上，经常采用数字信号处理器（DSP），国内流行的如德州仪器的 TMS320 系列，该处理器速度高、功能强，因此，利用软件实现增量调制和解调应当是很方便的。

3.3 其他音频压缩编码方法

3.3.1 子带编码

子带编码的出发点在于：无论是音频信号还是视频或其他信号，均具有比较宽的频带。在频带中不同频率段上的分量对信号的质量影响是不一样的。一般来说，低频段的分量对信号质量的影响大而高频段影响要小一些。

基于上述因素，可以设想，首先用一组带通滤波器将输入的音频信号分成若干个连续的频段，这些频段称为子带；而后，再分别对这些子带中的音频分量进行采集和编码；最后，再将各子带的编码信号组织到一起，进行存储或送到信道上传送。

在信道的接收端（或在回放时）得到各子带编码的混合信号后，首先将各子带的编码取出来，对它们分别进行译码，产生各子带的音频分量，最后，再将各子带的音频分量组合在一起，恢复原始的音频信号。

子带编码的原理框图如图 3-9 所示。从图中可以看到上述的基本原理。子带编码能够实现较高的比特压缩比，而且具有较高的质量，因此，得到了比较广泛的应用。这种编码常常与其他一些编码混合使用，以实现混合编码。

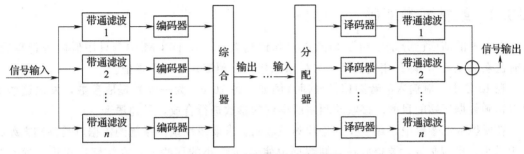

图 3-9　子带编码的原理框图

3.3.2　矢量量化

矢量量化是近年来发展起来的一种新的编码方法。这是一种有损的编码方案，其主要思想是先将输入的语音信号按一定方式分组，再把这些分组数据看成一个矢量，对它进行量化。这区别于直接对一个数据的标量作量化的方法。

假定将语音数据分成组，每组有 k 个数据，这样，一组就是一个 k 维的矢量。可把每个组形成的矢量看成一个元素，又叫做码字，那么语音分成的组就形成了各自的码字。这些码字排列起来，就构成了一个表，人们将此表叫做码本或码书。形象一点，码书类似于汉字的电报号码本，码本里面是复杂的汉字，在这里是一组原始的语音数据，其边上标有只用 4 位阿拉伯数字表示的号码，而在矢量量化方法的码本上是码字的下标。

将语音分成 k 个数为一组的若干组，则码本 C 就是具有 k 维矢量的码字 y_i 的集合：

$$C=\{y_i\}, \quad i=1, 2, \cdots, N$$

式中，i 就是码字的下标。

矢量量化编码及译码过程如图 3-10 所示，编码过程实际上就是，首先将输入的语音信号进行分组，形成一个 k 维矢量；而后，在码本中搜索最接近输入矢量的码字 y_i。所谓最接近，也就是引起的误差最小，常称为失真测度。搜索到码本中最接近的码字 y_i 后，传送的不是 y_i 本身，而是它的下标 i。传送下标 i 所用的数据量比传送原始的 k 维数据要小得多，从而达到了数据压缩的目的。

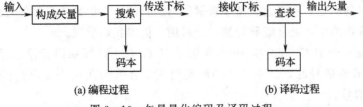

(a) 编程过程　　　　　　　　(b) 译码过程

图 3-10　矢量量化编码及译码过程

在接收端放置同样的码本。当接收到对方传来的矢量下标 i 时，即可根据下标 i 在码本 C 中查出相应的码字 y_i，从而，用 y_i 重建了原始数据。

如果码本的长度为 N，则下标可用 $\text{lb}N$ 二进制位来表示。而 k 个数据构成一个码字，所以，矢量量化编码的比特压缩量可达到 $(\text{lb}N)/k$。

矢量量化的关键在于设计一个优良的码本，例如 LBG 算法。另外一个问题就是，当码本比较大时，如何提高搜索（或称匹配）的速度。

3.3.3　线性预测编码（LPC）

在本书的前面已分别给出了预测方程和预测误差。在 DPCM 中，只用低阶进行预测，有时甚至取 $a_i=1$，即只用前面一个采样值来代替（预测）当前采样值。

在 LPC 中，对输入的音频信号分帧（例如，每 10 ms 为一帧）提取参数，发送这些参数以达到数据压缩的目的。接收端利用所得到的参数进行合成，重建语音。

在要提取的参数中，最重要的是预测系数 a_i。求取线性预测系统的依据就是预测方差的 e_0^2 为最小。也就是说，要提取在一帧数据中使 e_0^2 为最小的那些 a_i。在实际应用中，通常要取 10 阶或 12 阶预测系数，这就需求出各 a_i 下的 e_0^2 的最小值，通过解联立方程的方法求出 a_i 来。

实际上，求 10 阶（或 12 阶）预测系数需要计算本帧语音信号的协方差或自相关。现在求取线性预测系数的软件和硬件均可以找到。

除了预测系数外，其他要提取的参数有音调、清音/浊音以及信号的幅度。LPC 系统将预测系数及其他有关参数进行编码并进行传送。接收端利用收到的线性预测系数和其他参数使用语音合成器重建原始语音。

一个典型的例子是美国使用的 LPC-10 算法。在此系统中，语音的采样率为 8 kHz，样本编码字长为 12 位，以 180 个采样值为一帧。

LPC-10 对每帧信号采样值进行处理。分别计算出 10 阶预测系数、音调、幅度及清音还是浊音，利用迭代法计算协方差矩阵，求得 10 阶预测系数。前 4 个系数各用 5 bit 表示，第 5 到第 8 个系数各用 4 bit 表示，第 9 个系数为 3 bit，第 10 个系数为 2 bit。这样，10 个线性预测系数共用 41 bit 来表示。用 7 bit 传送音调和清/浊音，再用 5 bit 表示幅度，另外还要加 1 位同步位。这样一来，原来一帧（180 个采样值）数据可用 54 bit 来传送，从而使系统的传送速率为 $(8\,000\div180)\times54=2.4$ kbps。

3.3.4　混合编码

混合编码是指同时使用两种或两种以上编码方法进行编码的过程。由于每种编码方法都有自己的优势和不足，因此，若使用两种甚至两种以上的编码方法进行编码，可以实现优势互补，克服各自的不足，从而达到高效数据压缩的目的。无论是在音频信号的数据压缩还是图像信号的数据压缩中，混合编码均被广泛采用，值得我们重视。

在这里，简单介绍 CCITT 在 1988 年公布的 G.722 音频编码标准。这个标准是针对 50 Hz～7 kHz 音频信号的，其主要目的就是利用混合编码在 64 kbps 的传输速率上获得更高质量的音频信号。

CCITT 关于语音 300 Hz～3.4 kHz 采样的 G.711 标准，每个采样点为 8 bit，此标准的传输率为 64 kbps。在同样的数据率下，G. 722 传送的音频信号质量明显地优于 G. 711。这是因为 G. 722 采用了子带自适应差分脉冲编码调制这种混合编码方案，而 G. 711 只采用了 PCM 编码。

子带自适应差分脉冲编码调制（SBADPCM）的发送端框图如图 3-11 所示，由麦克风（或其他）部件产生的音频信号经放大滤波后变为具有一定频宽的信号。此信号经采样、保持加到 A/D 变换器上。经过 A/D 变换器得到采样率为 16 kHz、编码长度为 14 bit 的均匀 PCM 信号。

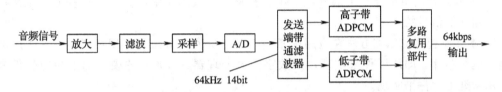

图 3-11　SBADPCM 发送端框图

14 bit 的均匀 PCM 信号加到带有两个子带的带通滤波器上，分别输出高子带（4 000～8 000 Hz）的信号和低子带（0～4 000 Hz）的信号。带通滤波器是两个线性相位非递归数字滤波器，它们的输出——高子带信号和低子带信号再用同样的 ADPCM 方法进行编码：对低子带信号以 8 kHz 速率非线性自适应量化其差分信号为 6 bit，从而使低子带信号的速率为 48 kbps；对高子带信号，同样以 8 kHz 的速率自适应量化其差分信号为 2 bit，从而使高子带信号的速率为 16 kbps。

在多路复用部件中，将同样速率的两个子带的信号组合起来。每一次采样将高子带的 2 bit 放在高 2 位而低子带的 6 bit 放在低 6 位，从而组合成一个采样为 8 位的数据，如下所示：

$$b_H b_H b_L b_L b_L b_L b_L b_L$$

可见，最后经复用器得到 8 kHz×8 bit 速率的信号。该信号以串行传送，恰好是 64 kbps。

G. 722 标准的子带自适应差分脉冲编码调制的接收部分框图如图 3-12 所示，接收部分的输入信号就是经过 SBADPCM 编码的传输速率为 64 kbps 的已压缩音频信号。此信号首先进行分路，分出 6 bit 低子带 ADPCM 信号和 2 bit 的高子带 ADPCM 信号。两个子带的 ADPCM 信号分别进行译码，恢复原始的两个子带的信号。两子带信号加到线性相位非递归数字滤波器上，重建原始发送端的 16 kHz×14 bit 的 PCM 音频信号。在获得均匀的 16 kHz 字长为 14 bit 的均匀 PCM 的信号后，再经 D/A 变换、滤波、放大等电路即可获得原始的音频信号。

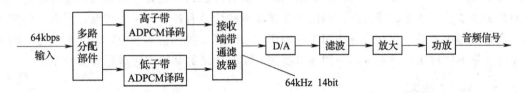

图 3-12　SBADPCM 接收部分框图

以上只是简单地介绍了 SBADPCM 的大致过程，并未涉及技术细节，目的仅仅在于说明混合编码的概况。

混合编码有许多种组合方式，上面提到的 SBADPCM 仅仅是其中的一种。其他如码本激励线性预测编码（CELP）、矢量与激励线性预测编码（VSELP）、规则脉冲激励编码（RPE－LTP）等也都是采取了多种编码措施并获得了很好的音频质量，因此，作为标准在世界各地使用。

再特别强调以下几个问题。

① 用于数据压缩的方法很多，目前这方面的研究工作都在进行。这个领域的理论研究和工程上的实现都有大量的问题有待于研究。

② 本节只是简单地介绍了部分经常用于音频信号数据压缩的方法，这些方法也是可以用于压缩其他信号的。

③ 本节所提到的压缩方法在应用中常用前面已提到的方法来实现：利用厂家生产的专用集成电路芯片，即用硬件来实现；用数字信号处理器（DSP）的硬件加上相应软件来实现；用微型机软件来实现。

3.4　图像数据编码压缩方法

图像数据十分巨大，一幅分辨率为 640×480、24 bit 的真彩图像的数据达 0.92 MB，即接近 1 兆字节。若是动态的视频信号，每秒需要几十个画面，则 1 s 内的数据量就非常庞大。如此大的数据量，无论存储还是经信道传输，就当前条件来说，都是十分困难和不便的，因此，对图像信息进行数据压缩是势在必行的。目前，常用的图像（视频）压缩方法如图 3-13 所示。

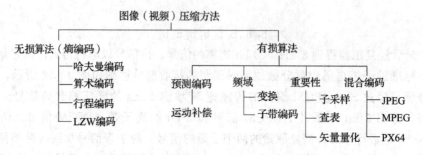

图 3-13　常用的图像（视频）压缩方法

用于音频和用于图像（视频）的数据压缩方法有许多相同之处，这是可以理解的，因为它们都是为了减少信息的冗余度。但由于音频和视频信息有各自的一些特点，因而有些方法用于音频压缩效果好，而有些方法用于视频压缩效果更好些。在本节中，凡在前面已介绍的压缩方法将不作说明，只对常用于图像（视频）信号压缩的某些方法进行简要介绍。

3.4.1　行程编码

在图像中，尤其是一些不太复杂的图像和计算机生成的图像，往往存在着灰度或颜色相同的图块，有的甚至有较大的面积，例如，大片的蓝天，大片的白雪等。可以想像，对这样的图像进行扫描时，对应这些相同颜色的图像块就会有连续多行扫描行数具有相同的数值，而且在同一行上会有许多连续的像素点具有同样的数值。

于是，人们就想在这种情况下是否可以只保留连续相同像素值中的一个值并保留具有相同数值的像素点数目呢？答案是肯定的，而且这种方法可以用较少的数据量来表示图像信息，因此就叫做行程编码或游程编码，具有相同数值的连续像素的数目就称为行程（游程）长度。

例如，在一行扫描图像中，有一段的连续扫描数据为

33333333222222222200001111111111555555555

利用行程编码方法对这一段数据进行编码后可得到如下结果：

7392408195

其中，7 表示有连续 7 个像素具有相同值，3 表示像素的值为 3。后面各数码的含义依次类推。可以看到，原来这一小段图像行数据用 37 个代码表示，而现在只用 10 个代码便可表示。这说明行程长度编码可以对数据进行压缩。这种压缩方法的压缩比取决于信号的特点。当图像中具有相同灰度（或颜色）的图块越大、越多时，压缩的效果就越好；反之，当图像复杂，颜色多样时，其压缩效果就不好，甚至当连续相同像素点——行程长度平均值不及所选行程长度码位数时，其压缩比会小于 1。因此，对复杂的图像不是单纯地采用行程编码，而是多采用混合编码或其他压缩方式。

从前面所提到的行程长度编码过程，可以很容易想到对此编码进行译码解压缩恢复原始数据的方法。利用软件或硬件均可方便地重建原始信号。

【例 3-1】 如下所示为 8×8 的矩阵数据。

A A A A A A A A
A A A A A B B B
B B B B B B B B
C C C C D D D D
D D D D E E E E
E E E E F F F F
F F F F F F F G
G G G G H H H H

以行游程进行编码后得到：

(A，8)

(A，5)(B，3)

(B，8)

(C，4)(D，4)

(D，3)(E，5)

(E，4)(F，4)

(F，7)(G，1)

(G，4)(H，4)

可以看出，数据的均匀性程度越高，则游程编码的压缩率越大；反之，矩阵的元素值频繁变化，则游程的压缩率越小，有时甚至小于 1，即非但没有压缩，数据量反而膨胀。游程编码由于简单，编码/解码的速度非常快，因此仍然得到广泛的应用。许多图形和视频文件，

如 BMP、TIF 及 AVI 等，都使用了这种压缩方法。

3.4.2　哈夫曼编码

1. 哈夫曼（Huffman）编码原理

由于信源集合的符号出现的概率并不相等，例如，在文章中，英文字母出现的概率并不一样。有人做过统计，出现概率由大到小依次为 E，T，A，O，N，R，…，Z。就汉字来说，出现的频率也是不一样的。

为了节省存储空间或降低传送速率，在对数据进行编码时，对那些出现频率高的数据分配较少的位数，而对那些不常出现的数据可分配较多的位数。这样做从总的效果来看还是节约了存储空间。

但这样一来，就使得用这种方式编码的数据码长是不一样的。这种码长不固定的编码方法称为变长度编码。由于这种编码方法是哈夫曼于 1952 年在香农（Shannon）和范诺（Fano）原理的基础上提出来的改进方法，故人们又常称为哈夫曼编码。现举例说明哈夫曼编码过程。

【例 3-2】　若信源符号及其出现的概率如表 3-1 所示，则哈夫曼编码过程如图 3-14 所示。首先从概率最小的两个字符开始，如图中的 0.01 和 0.10，可以规定两个电平的概率分别对应 0 或 1。并可以规定小概率为 0，大概率为 1；也可以规定小概率为 1，大概率为 0。一旦规定了，在整个编码过程中都必须遵守这种规定。在本例中，规定小概率为 0，大概率为 1。规定好后，首先算出两个最小概率的和，图 3-14 中为 0.11。

表 3-1　哈夫曼编码构造表

信源符号	出现概率	编码值	位数	码长×概率
x_1	0.2	0 1	2	0.40
x_2	0.19	0 0	2	0.38
x_3	0.18	1 1 1	2	0.54
x_4	0.17	1 1 0	3	0.51
x_5	0.15	1 0 1	3	0.45
x_6	0.10	1 0 0 1	4	0.40
x_7	0.01	1 0 0 0	4	0.04

此时，可将求出的两个最小概率之和看成一个概率，再与剩余的其他概率重复上面的过程，则第二次可求出概率之和为 0.26。依次类推。

而后就可以由图 3-14 得出各符号的编码值，见表 3-1。这些编码值可以直接从图 3-14 中读出来。

由表 3-1 可以算出，利用这种编码方式所得到的平均码长为 2.72 bit。若是用固定长度编码表示 7 个字符，则需要 3 bit。还可以算出这 7 个信源符号的熵，即

$$H(x) = -\sum_{j=1}^{7} P(x_j) \mathrm{lb} P(x_j) = 2.61$$

可见，用哈夫曼编码所得到的平均码长接近信息源的熵。

哈夫曼编码具有以下特点。

① 哈夫曼方法构造出来的码不唯一。这是因为在给两个分支赋值时，可以是左支（或上支）为 0，也可以是右支（或下支）为 0，这样就造成了编码的不唯一。另外，当两个消息的概率相等时，谁前谁后也是随机的，构造出来的码字也就不是唯一的，但是能保证各种哈夫曼编码的平均码长完全相同。

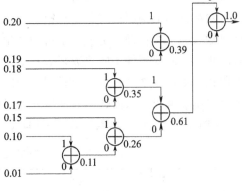

图 3 - 14　哈夫曼编码过程

② 哈夫曼编码虽具有最优的压缩率，但码字字长参差不齐，因此硬件实现起来不大方便，加之译码电路很复杂，而且在传输中误码的校验和恢复特别困难，以致限制了其在实际中的应用。

③ 哈夫曼编码对不同信源的编码效率是不同的。当信源概率相等时，其编码效率最低（定长码）；当信源概率是 2 的负幂时，哈夫曼码的编码效率达到 100％。因此，只有在概率分布很不均匀时，哈夫曼编码才会收到显著的效果，而在信源分布均匀的情况下，一般不使用哈夫曼编码。

④ 哈夫曼编码对每个符号都给定了一个编码，形成了一个哈夫曼编码表。编码表必须保存，解码时需要参照该表才能正确译码。为了节省时间，常将哈夫曼编码表存储在发送端和接收端。这样既可以减少编码时间，也便于用硬件实现。

2. 译码过程

哈夫曼编码的译码是比较简单的。按照图 3 - 14 所描述的过程，就可以得到表 3 - 1 所示的每个符号（或电平）所编成的码字。这种电平与码字之间的关系叫做码本，编码时可以用它，而译码时同样可以用它，两者是一种逆过程。因此，只要从编码序列中取出一个码字，而后再去查码本，即可获得相应的符号（或电平）。

若编码与解码的原理已明了，则具体实现起来就很灵活了，可以用硬件，也可以用软件或者软件硬件相结合，这要看具体应用环境的要求。

最后，我们注意到哈夫曼编码是建立在图像信号（也可以是音频或其他信号）的统计特性上的。有了信号的统计特性，知道了各电平出现的概率，然后便可以构成码本，编码也就很容易实现了。但是，有许多信号（包括视频信号）的统计特性并不都是先验可知的，而有些信号又要求很强的实时性，这些都限制了哈夫曼编码的使用。

再就是哈夫曼编码序列的码长是可变的，而且码与码之间没有同步信息。这就带来一个问题：若其编码序列中某一位出现错误，则会顺序错下去，使许多个码都发生错误，这又称为错误传播。在使用哈夫曼编码时应特别注意这个问题。

3.4.3　算术编码

算术编码不是对单个字符编码，而是对信源的字符串进行编码。即在进行算术编码时先统计信源所有字符出现的概率和取值范围，然后以字符串为单位进行编码。其过程是按字符的顺序，把整个字符串映射到一段实数半开区间 [0，1) 内的某一区段，构造出小于 1 且大于或等于 0 的数值，这个数值（实数）就是输入字符串的编码。

对字符串的编码思想是，从第一个输入字符开始，列出它的出现概率及其取值范围，以后每输入一个字符都在上一个字符的基础上来缩短这个范围，字符越多，所得到的实数区间就越小，就需要用较多的位数来表示这个区间，但与对每个字符进行编码相比，还是减少了编码数据量。总之，算术编码是用一个实数（浮点数）对一个字符串进行编码，而不是对每个字符单独编码，从而达到数据压缩的目的。现举例说明上述编码过程。

【例 3-3】 设输入数据为"XY␣YZ"，字符出现概率和设定范围如表 3-2 所示。

表 3-2 字符概率与范围

字符	概率	范围
空格（␣）	0.2	[0.0, 0.2)
X	0.2	[0.2, 0.4)
Y	0.4	[0.2, 0.8)
Z	0.2	[0.8, 1.0)

其中，"范围"是字符的赋值区间，这个区间是根据字符发生的概率划分的，在编码过程中是相对前面字符所得出的编码区间而言的。也就是说每输入一个字符，将前面字符所得到的编码区间作为基础，再按当前输入字母的范围去进一步缩短编码区间。

当本例第一个字符 X 输入后，由字符概率取值区间的定义可知其实际取值范围为 [0.2, 0.4)，它决定了代码最高有效位取值的范围。读入第二个字符 Y 后，Y 的取值范围在区间的 [0.4, 0.8) 内。要说明的是，由于第一个字符 X 已将取值区间限制在 [0.2, 0.4)的范围中，因此 Y 的实际取值是在当前范围 [0.2, 0.4) 之内的 [0.4, 0.8) 处，即字符 Y 输入后的编码取值范围为 [0.28, 0.36)，而不是在 [0, 1) 整个概率分布区间上。可见，读入新字符后编码区间的上、下限可由下式计算：

$$high = (low) + range \times rangelow$$
$$low = (low) + range \times rangehigh$$

式中，high、low 分别为读入当前字符后的编码区间的上、下限值；(low) 为原字符串的编码区间的下限值；range 为原字符串编码区间的取值范围（差值）；rangehigh、rangelow 分别表示当前字符发生概率的上、下限。

重复上述编码过程，直到字符串"XY␣YZ"结束。计算结果如表 3-3 所示。

表 3-3 XY␣YZ 编码结果

输入字符	low	high	range
X	0.2	0.4	0.2
Y	0.28	0.36	0.08
␣	0.28	0.296	0.016
Y	0.286 4	0.292 8	0.006 4
Z	0.291 52	0.292 8	

当字符串 "XY⊔YZ" 全部输入后，编码区间应为 [0.291 52，0.292 8]，在此区间内任取一数值（实数）都可作为该字符串的编码。这样，就可以用一个浮点数表示一个字符串，达到少占存储空间压缩数据的目的。

译码过程比较简单。根据编码时所使用的字符概率分配表和压缩以后的数值代码所在的范围，可以很容易确定该字符串的第一个字符，依次进行上述计算的逆过程，除去每个字符对编码取值区间的影响，就可以得到对应的字符串，完成译码过程。

【例 3 - 4】　设英文元音字母采用固定模式符号概率分配如表 3 - 4 所示，设编码的数据串为 eai，令 high 为编码间隔的高端，low 为编码间隔的低端，range 为编码间隔的长度，rangelow 为编码字符分配的间隔低端，rangehigh 为编码字符分配的间隔高端。求数据串 eai 的编码结果。

表 3 - 4　固定模式值表

字符	概率	范围
a	0.2	[0，0.2)
e	0.3	[0.2，0.5)
i	0.1	[0.5，0.6)
o	0.2	[0.6，0.8)
u	0.2	[0.8，1.0)

初始 high＝1，low＝0，range＝high－low＝1，一个字符编码后新的 low 和 high 按下式计算：

$$low ＝low＋range×rangelow$$
$$high ＝low＋range×rangehigh$$

① 在第一个字符 e 被编码时，e 的 rangelow＝0.2，rangehigh＝0.5，于是：

$$low＝0＋1×0.2＝0.2$$
$$high＝0＋1×0.5＝0.5$$
$$range＝high－low＝0.5－0.2＝0.3$$

此时分配给 e 的范围为 [0.2，0.5)，在接收到第一个字符 e 后，范围由 [0，1] 变成 [0.2，0.5)。

② 第二个字符 a 编码时使用新生成范围 [0.2，0.5)，a 的 rangelow＝0，rangehigh＝0.2，于是：

$$low＝0.2＋0.3 × 0＝0.2$$
$$high＝0.2＋0.3 × 0.2＝0.26$$
$$range＝0.06$$

范围由 [0.2，0.5) 变成 [0.2，0.26)。

③ 对下一个字符 i 编码，i 的 rangelow＝0.5，rangehigh＝0.6，则：

$$low＝0.2＋0.06 × 0.5＝0.23$$
$$high＝0.2＋0.06 × 0.6＝0.236$$

即用 [0.23，0.236) 表示数据串 eai，如果解码器知道最后范围是 [0.23，0.236) 这一范围，它马上可解得一个字符为 e，然后依次得到唯一解 a，i，最终得到 eai。

算术编码的特点：

① 算术编码具有自适应的能力，所以不必预先定义概率模型，该方法适用于不进行概率统计的场合。

② 信源符号概率接近时，建议使用算术编码，这种情况下其效率高于 Huffman 编码。

③ 算术编码绕过了用一个特定的代码替代一个输入符号的想法，用一个浮点输出数值代替一个流的输入符号，较长的复杂消息输出的数值中就需要更多的位数。

④ 算术编码实现方法复杂一些，但 JPEG 成员对多幅图像的测试结果表明，算术编码与 Huffman 编码相比，效率提高了 5% 左右，因此在 JPEG 扩展系统中用算术编码取代 Huffman 编码。

⑤ 当信源概率比较接近时，建议使用算术编码，因为此时哈夫曼编码的结果趋于定长码，效率不高。根据 T.Bell 等人对主要的统计编码方法的比较，算术编码具有最高的压缩效率。但实现起来，算术编码比哈夫曼编码复杂，特别是使用硬件实现的时候更复杂。

3.4.4　二维预测编码

前面已经介绍了预测编码，主要是针对音频及其他一维信号来叙述的。在图像信号处理中，由于图像是二维的，它不但在水平轴上有相关性，而且在垂直轴上也有相关性。例如，图像上某块面积灰度一样或颜色一样的情况很多。利用二维预测可更好地进行数据压缩。

首先，观察图 3-15 所示的某部分图像示意图，以便说明二维预测的原理。

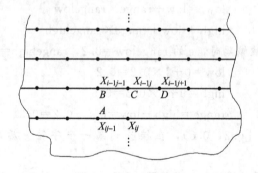

图 3-15　二维预测编码

根据图 3-15，要求得当前像素点 X_{ij} 的预测值 X，可有多种方法。最简单的有如下几种：

前向预测　　　　　　　　　　　　$X=A$

平均预测　　　　　　　　　　　　$X=(A+C)/2$

或　　　　　　　　　　　　　　　$X=(A+D)/2$

或　　　　　　　　　　　　　　　$X=(A+B)/2$

平面预测　　　　　　　　　　　　$X=a_1A+a_2C+a_3B$

在这里，预测当前像素点 X_{ij} 只用到本行前一像素点和前一行中与 X_{ij} 相邻近的像素点。原则上讲，还可以用更多行上的更多像素点来预测当前像素点。但它们与当前像素点相距较远，相关性小，对当前像素点的预测影响会小些，所以，更高阶的二维预测器对改善预测性能贡献不大。

因此，二维平面预测的预测系数若取 $a_1 = a_2 = 1$，$a_3 = -1$，则二维平面预测的运算最为简单，只进行加减运算即可完成，无论用硬件还是用软件，实现起来都极为方便。有人取 $a_1 = a_2 = 3/4$，$a_3 = -17/32$，这可供直接使用。

3.4.5　变换编码

对图像数据进行某种形式的正交变换，并对变换后的数据进行编码，从而达到压缩的目的，这就是变换编码。变换编码对单色图像、彩色图像、静止图像、运动图像等各种图像都是有效的，因此，在图像编码中应用十分广泛。

变换编码的过程是将原始图像分块，对每一块进行某种形式的正交变换。可以简单地理解为将小块图像由时间域变换到频率域，而且能够想像经变换后能量主要集中在直流分量和频率低的分量上。在误差允许的条件下，我们只采用直流和有限的低频分量来代表原始数据就能达到数据压缩的目的。在解压缩时，利用已压缩的数据并补上高频分量（为 0），而后进行逆变换，通过逆变换，就可恢复原始数据。可以想到，在压缩时忽略了许多高频分量，而在解压缩时用 0 来代替这些高频分量，这必然减少了信源的熵，使信息量减少，从而带来一定的失真。因此，这种变换是一种有损压缩。以上就是变换编码的简单解释。

正交变换的种类很多，在许多书籍上都可以看到。例如，傅里叶变换、沃尔什-哈德马变换、哈尔变换、正弦变换、余弦变换、斜变换等。从理论上讲，卡亨南-洛甫（K-L）变换效果最好，因为它是建立在对输入图像数据求取统计特性的基础上。由于只有求出输入数据的相关矩阵及特征矢量，才能在此基础上进行 K-L 变换，而且这种变换又没有快速算法，实现起来很复杂，因此，尽管它最佳，但却很少应用。

本书中只简单介绍余弦变换，余弦变换与 K-L 变换的性能十分接近，但其计算复杂度适中，而且有快速算法，因此，在图像数据的压缩中经常使用此变换。在后面要说明的多媒体图像压缩标准 JPEG、MPEG 和 $P \times 64$ 中，均采用余弦变换。

1. 离散傅里叶变换（DFT）

离散傅里叶变换是时域有限采样序列 $x(n)$（$n = 0, 1, \cdots, N-1$）的傅里叶变换。一个时域的非周期信号的对应频域是连续频谱密度函数。为了使频域也离散化，先要将时域的有限序列 $x(n)$ 延拓成周期信号 $\widetilde{x}(n)$，周期 $T = NT_s$（T_s 为采样周期）。对周期序列 $\widetilde{x}(n)$ 进行傅里叶变换，就可以得到频域的离散傅里叶变换 $C(k)$（$k = 0, 1, \cdots, N-1$）。在时域和频域都取主域 N 个离散值就得到 $x(n)$ 与 $C(k)$ 的离散傅里叶变换对。

定义：一个有限的实数或复数序列 $x(n)$，$n = 0, 1, \cdots, N-1$，它的傅里叶变换对称为离散傅里叶变换。其关系为

$$C(k) = \sum_{n=0}^{N-1} x(n) e^{-i2\pi kn/N}, k = 0, 1, \cdots, N-1$$

$$x(n) = \frac{1}{N} \sum_{k=0}^{N-1} C(k) e^{i2\pi kn/N}, n = 0, 1, \cdots, N-1$$

其中，$x(n)$ 是时域有限采样序列，$C(k)$ 为对应的频域离散频谱。

2. 离散余弦变换（DCT）

离散余弦变换实际上是一种特殊的离散傅里叶变换。由离散傅里叶变换的性质可知，一个周期性的偶函数的傅里叶级数只有余弦项而无正弦项。当一个周期序列的离散傅里叶变换也只有余弦项而没有正弦项时，就是离散余弦变换。

一个有限实数序列 $x(n)$ 不会具有周期性，也不会具有偶函数性质。为了利用上述偶函数性质，可以将 $x(n)$ 扩展成周期性偶函数，然后再进行傅里叶变换，就可得到离散余弦变换关系。

定义：设 $x(n)$ （$n=0,1,\cdots,N-1$）为一实数序列，$C(k)$ （$k=0,1,\cdots,N-1$）为 $x(n)$ 的离散傅里叶变换，则

$$C(k) = \begin{cases} \dfrac{1}{\sqrt{2}}\sum_{n=0}^{N-1} x(n), & k=0 \\ \sum_{n=0}^{N-1} x(n)\cos\dfrac{1}{2N}(2n+1)k\pi, & k=1,2,\cdots,N-1 \end{cases}$$

二维（$M\times N$）正、逆余弦变换公式定义如下：

正变换（DCT）

$$C(u,v) = \frac{4}{MN}E(u)E(v)\sum_{x=0}^{M-1}\sum_{y=0}^{N-1} f(x,y)\left[\cos\frac{(2x+1)}{2M}u\pi\right]\left[\cos\frac{(2y+1)}{2N}v\pi\right]$$

其中，$u=0,1,\cdots,M-1$；$v=0,1,\cdots,N-1$。

逆变换（IDCT）

$$f(x,y) = \sum_{u=0}^{M-1}\sum_{v=0}^{N-1} E(u)E(v)C(u,v)\left[\cos\frac{(2x+1)}{2M}u\pi\right]\left[\cos\frac{(2y+1)}{2N}v\pi\right]$$

其中，$x=0,1,\cdots,M-1$；$y=0,1,\cdots,N-1$。

两式中

$$E(u),\ E(v) = \begin{cases} \dfrac{1}{\sqrt{2}}, & \text{当 } u=v=0 \\ 1, & \text{其他} \end{cases}$$

实现上面 DCT 和 IDCT 有快速算法，可以利用软件来实现。由于近年来多媒体的发展，对图像（视频）信号的实时处理提出了更高的要求，这就促使集成电路生产厂家开发了许多大规模和超大规模的集成电路，用以实现 DCT 和 IDCT。这也为多媒体视频信号处理提供了方便。

在利用二维余弦变换进行图像数据压缩时，首先要对图像进行分块，块的大小通常为 8×8 或 16×16 像素点，而后，对图像块进行快速余弦变换（FDCT），从而得到余弦变换系数。

可以这样认为，采用 8×8 图像子块进行 FDCT 得到的 DCT 系数就是输入的 64 个时间域信号被变换成 64 个频率域的幅度数据。在这 64 个频域数据中包括：1 个 0 频率（直流分量）分量，叫做 DC 系数；63 个其他频率的分量，叫做 AC 系数。

【例 3-5】 随意取得 8×8 输入图像子块的数据如下所示：

139	144	149	153	155	155	155	155
144	151	153	156	156	156	156	156
150	155	156	163	158	156	156	156
159	161	162	160	160	159	159	159
159	160	161	162	162	155	155	155
161	161	161	161	160	157	157	157
162	162	161	163	162	157	157	157
162	162	161	161	163	158	158	158

这就是输入的时间域的 8×8 子图像块的数据。利用 FDCT 算法，便可求出 DC 系数和 AC 系数如下：

235.6	−1.0	−12.1	−5.2	−2.1	−1.7	−2.7	1.3
−22.6	−18.5	−6.2	−3.2	−2.9	−0.1	0.4	−1.2
−10.9	−9.3	−1.6	1.5	0.2	−0.9	−0.6	−0.1
−7.1	−1.9	0.2	1.5	0.9	−0.1	0.0	0.3
−0.6	−0.8	1.5	1.6	−0.1	−0.7	0.6	1.3
1.8	−0.2	1.6	−0.3	−0.8	1.5	1.0	−1.0
−1.3	−0.4	−0.3	−1.5	−0.5	1.7	1.1	−0.8
−2.6	−1.6	−3.8	−1.8	1.9	1.2	−0.6	−0.4

很显然，经过余弦变换后，在频域里，幅度大的分量都集中在左上角的 0 频和低频处。DC 系数和相对低频分量的 AC 系数大，而对应于高频分量的幅度都比较小。

接下来，就是对变换所得到的 DC 系数和 AC 系数进行量化处理。对经过上述变换后得到的 8×8 变换系数进行量化，可规定每个系数的量化间隔，那么，对 8×8 个变换系数，就有 8×8 个量化间隔。这 8×8 个量化间隔构成一个表，叫做量化表。

量化表是根据图像处理的要求、压缩比的大小和图像重建效果等因素来考虑的。在 JPEG 标准中给出了参考的量化表。为了解释所阐明的问题，摘录 JPEG 标准的亮度量化表如下：

16	11	10	16	24	40	51	61
12	12	14	19	26	58	60	55
14	13	16	24	40	57	69	56
14	17	22	29	51	87	80	62
18	22	37	56	68	109	103	77
24	35	55	64	81	104	113	92
49	64	78	87	103	121	120	101
72	92	95	98	112	100	103	99

从量化表中可以看到，各变换系数的量化间隔是不一样的。对低频分量，量化间隔小，量化误差也小，精度要高些。频率越高，量化间隔越大，精度越低。这是因为高频分量只影响图像的细节，对整块图像来讲，它没有低频分量重要。这就是为什么量化表中左上角量化间隔小而越靠近右下角量化间隔越大的原因。

利用量化表中的量化间隔，分别对各变换系数进行量化。量化后的变换系数称为规格化

（或归一化）量化系数。对于上面所举的例子来说，可以得到如下的规格化量化系数：

$$
\begin{matrix}
15 & 0 & -1 & 0 & 0 & 0 & 0 & 0 \\
-2 & -1 & 0 & 0 & 0 & 0 & 0 & 0 \\
-1 & -1 & 0 & 0 & 0 & 0 & 0 & 0 \\
0 & 0 & 0 & 0 & 0 & 0 & 0 & 0 \\
0 & 0 & 0 & 0 & 0 & 0 & 0 & 0 \\
0 & 0 & 0 & 0 & 0 & 0 & 0 & 0 \\
0 & 0 & 0 & 0 & 0 & 0 & 0 & 0 \\
0 & 0 & 0 & 0 & 0 & 0 & 0 & 0
\end{matrix}
$$

从上面的规格化量化系数中，可以解释压缩过程。也就是说，从原理上讲，只要保留直流和 5 个低频分量的值，就可以代表原始的 8×8 的数据，从而达到数据压缩的目的。

在解压缩时，首先恢复规格化系数，接下来就需要利用压缩时使用的量化表求出重建的变换系数。很显然，重建的变换系数并不与原始变换系数相同，这是有损压缩的必然结果。但是，利用重建的变换系数进行快速逆余弦变换（IFDCT）可以重建原始图像。重建图像数据与原始数据仅有微小的差别，对图像的视觉效果而言，这个微小差别主要决定压缩比的大小。

以上就是在图像处理中常用的余弦变换的简单过程，现以图 3-16 所示的过程说明余弦变换的大致过程。

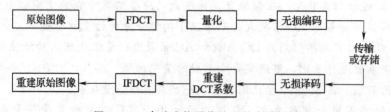

图 3-16　余弦变换图像处理的大致框图

3.4.6　LZW 编码

LZW（Lempel - Ziv - Welch）编码技术由三位学者提出并加以完善，故用其三人名字的第一个字母的组合 LZW 表示这种编码方法。

1. LZW 压缩算法

LZW 压缩算法是围绕着串表来组织的。该串表具有前缀特性，也就是说表中的每一个串的前缀串也必定在表内。若用符号表示，即假如串 ωk 是由串 ω 和字符 k 构成并且在串表中，则 ω 也肯定在串表中。

在上述思想基础上，LZW 编码方法是采用"蚕食"分析算法进行的。首先，对串表进行初始化，初始化的串表中应包含所有可能的单个字符。"蚕食"分析算法就是每一次分析都要从输入字符或图像数据串中分解出前面识别出的最长的数据串，再把这个已识别出的最长的串取出来当做前缀 ω，然后加上下一个输入的字符作为 k，就形成了一个新的串 ωk。把这个串 ωk 加入串表中，并为其分配代码，通常此代码又称标志值或指针，编码输出就是此代码。

编码过程就是利用这种"蚕食"分析算法一直进行下去，直到不再输入字符串。可以简单地将此分析算法的规则描述如下。

初始化串表，使之包括所有单个字符

读取第一个输入字符——作为前缀 ω

step：读取下一个输入字符 k

if 没有这样的 ωk：code(ω) →output；EXIT

if ωk 存在于串表中：ωk→ω；repeat step

else ωk 不在串表中：code(ω) →output

ωk→串表

k→ω；repeat step

可以看到，每分析一次，一个输入串 ω 被分析出来，并且下一字符 k 被加进来，扩展为串 ωk，同时测试它是否已存在于串表中。如果已存在于串表中，则扩展串 ωk 变为新一个 ω，并重复上述步骤。若测试发现其不在串表中，则将其加入到串表中，并将串 ω 的指针作为压缩输出，而 k 则作为下一个 ω，再重复前述过程。为了说明编码过程，现举例说明。

【例 3-6】 假定输入符号如表 3-5 所示。同时也假定输入符号中所包含的符号只有 abc 三个，则初始化串表如表 3-6 前 3 行所示。

表 3-5 LZW 算法中的输入符号输出码字

输入符号	a	b	ab	c	ba	bab	a	aa	aaa	aa	...
输出码子	1	2	4	3	5	8	1	10	11	...	

表 3-6 LZW 编码生成串表

代码（指针）	分析出的"ω"
1	a
2	b
3	c
4	ab
5	ba
6	abc
7	cb
8	bab
9	baba
10	aa
11	aaa
12	aaaa
...	...

对照表 3-5 和表 3-6，LZW 编码过程如下：

① 读入第 1 个字符 a，这是初始串表里面已有的。将 a 作为前缀 ω，保存代码 1 并

输出。

②读第 2 个字符 b，把它当成 k，与前面的 ω 构成 ωk，也就是 ab。判断 ab 是否在串表中，在这里 ab 不在串表中，于是将前缀 a 的码字（指针）1 作为代码输出，并且将 ωk 即 ab 放在串表的扩展部分中，其指针为 4。而后将 k 即 b 作为前缀继续向下做。

③读入第 3 个字符，将其当成 k，前一步的前缀 ω 已经形成为 b。两者组成的 ωk 为 ba。判断 ba 是否在串表中，发现它不在串表中，于是将前缀 b 的码字（指针）2 作为代码输出，并且将 ba 放在串表中，其指针为 5。而后再将 k，此处为 a 作为前缀继续向下进行。

④读入第 4 个字符 b，将其当成 k，而将前面形成的 ω 前缀（a）加上，构成 ωk，即 ab。判断 ab 是否在串表中，发现串表中有 ab，于是不输出代码并将 ωk 当成 ω，即此时 ω 为 ab。

⑤读下一个字符 c，将 c 当成 k，与前面形成的 ω 共同构成 ωk，此时的 ωk 就是 abc。判断 abc 是否在串表中，发现它不在串表中，于是将前缀 ω，此处为 ab 的码字（指针）4 输出并将 ωk 即 abc 存放于串表中，其指针为 6。并且将 k 即 c 作为 ω，继续向下进行。

⑥此过程依据上述原理继续进行，直到最后结束。

在 LZW 编码中，编码输出的是串表中字串的指针（可以看做是地址）。当输入数据串有较大的冗余度时，所构成的串表是有限的，从而可获得较大的压缩比。

2. LZW 解压缩算法

在 LZW 解压缩过程中，初始化串表是先验可知的。就像前面所提到的例子，由 a、b、c 构成的初始化串表是已知的。LZW 解压缩过程如图 3-17 所示，其过程简述如下。

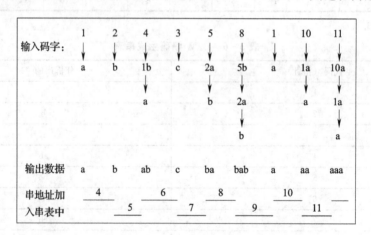

图 3-17　LZW 解压缩过程

①读入第 1 个代码，由初始串表查出其对应的字符为 a。将 a 输出，并把 1 代码作为旧代码（Old-Code）予以保存。

②读入第 2 个代码，判断 2 是否在串表中，发现 2 在串表中，则查出代码 2 的字符为 b，并将其输出。查旧代码 1 对应的字符为 a，将它当成 ω，再由代码 2 查表得字符串为 b，该字符串左侧第一个字符为 k，在此处就是 b，于是，得到的 ωk 为 ab。将 ab 写到串表指针为 4 的位置上。把刚读入的代码 2 作为旧代码保存起来。

③读入第 3 个代码 4，判断 4 是否在串表之中，结果发现代码 4 在串表中。由代码 4 查

表得到相应的字串 ab，将 ab 输出。再由旧代码（此时旧代码为 2）查串表得到其对应的字符 b，将 b 当成 ω；再由当前代码 4 查出其对应的字符为 ab，取其左侧第一个字符作为 k，此时的 ωk 为 ba，将 ba 写入代码（即指针）为 5 的位置上。至此，在原来的初始化串表的基础上已增加了两项。将代码 4 作为旧代码保存下来。

④ 类似上述过程逐步进行。

⑤ 当读入第 6 个代码 8 时，判断代码 8 是否已存在于串表中，结果发现找不到 8，即代码 8 所对应的字串尚未定义。这种没有定义的情况可这样处理：由此时的旧代码（这时的旧代码为 5），查出其输出为 ba，并把它当成 ω，同时，把 ba 左侧第一个字符当成 k。这时构成的 ωk 即变为 bab，则字符串 bab 就是代码 8 的输出。同时，将 bab 写入代码（指针）为 8 的串表中。将代码 8 作为旧代码保存起来。

解压缩过程就是这样一个输入代码接一个输入代码地进行下去，直到结束。

可以看到，若输入的代码存在于表中，则查表输出，形成 ωk 并修改（增加）串表项，将当前代码变为旧代码。

若输入的代码不在串表中，则用那时的旧代码查出输出并定义其为 ω；将 ω 左侧第一个字符（或从右向左数最后一个字符）定为 k，形成一个 ωk，此 ωk 就是输出字符串；把此 ωk 写入代码所对应的串表中——增加串表项；将当前代码作为旧代码保存起来。做这样四件事便可实现译码。

有关 LZW 数据压缩算法就简单介绍到这里。LZW 方法应用十分广泛，尤其在磁盘数据压缩时经常见到。

3.4.7 混合编码

有关混合编码的含义前面已经说明。混合编码不仅应用于音频信号的处理，同样也用于图像信息的处理。

混合编码可以综合多种压缩编码的优点，为人们带来好处。例如，就图像压缩来说，变换压缩方法能将时域的信息变换到另一个（频域）中去处理。在频域中，信号的特征（能量）都集中在少数几个系数上，因而可获得好的压缩比。

如果在变换编码的基础上再进一步采用其他算法，例如，采用预测编码、哈夫曼编码或其他编码手段，则有可能进一步减少冗余度，使编码的效率进一步提高。

当然，混合编码可有多种组合形式，其目的都在于最大限度地提高编码效率。

3.5 静态图像的 JPEG 技术标准

静态图像数据的压缩技术是多媒体技术的重要组成部分，它引起了广大技术人员的关注和研究。1986 年国际标准化组织（ISO）和当时的国际电报电话咨询委员会（CCITT）联合组织了一个技术委员会 JPEG（Joint Photographics Experts Group）——联合图像图形专家组。该组织的目的就是制定静态图像图形数据压缩的国际标准。经过几年的不断努力，终于在 1991 年提出了连续色调静态图像的数字压缩和编码的标准，这就是通常所说的 JPEG 标准。

由于 JPEG 标准是一个适应范围十分广泛的通用标准，因此，它既可以用于灰度图像，又可以用于彩色图像，支持各种各样的应用。本节将对 JPEG 标准作概要介绍。

3.5.1　JPEG 的基本内容

JPEG 的主要思路是对静态图像进行压缩编码，将压缩的数据进行存储或传送。同时，还要考虑对已压缩的图像数据进行解码，以便重建原始图像。其过程可用图 3-18 所示的编码过程框图和图 3-19 所示的解码过程框图表示。

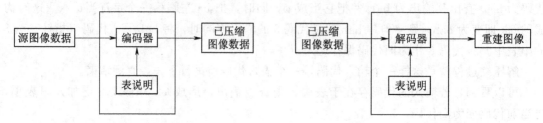

图 3-18　JPEG 的编码框图　　　　图 3-19　JPEG 的解码框图

JPEG 标准实际上就是围绕着图 3-18 和图 3-19 中所标明的部分进行的。其中主要部分如下。

（1）源图像数据。有各种扫描形式和格式。

（2）编码器。即 JPEG 的数据压缩算法，同时也应当包括解压缩的算法。

（3）已压缩图像数据。这些数据要存储、传送、交换，必定要具有标准的格式，以便能在不同的环境下使用已压缩图像数据。

以上提到的信源、算法和交换都需要标准化，它们是 JPEG 标准的核心问题。下面将对它们逐一加以说明。

3.5.2　编码算法

由于 JPEG 希望满足各种应用和需要，而实际上用一种算法很难做到这一点，于是，JPEG 将编码算法分成两大类：基本系统和扩展系统。基本系统算法简单，实现起来比较容易；扩展系统采用更加复杂的算法，可提供更好的性能。在这里主要说明基本系统中的编码算法。

JPEG 标准规定了两类编码和解码算法：有失真算法和无失真算法。

1. 有失真算法

有失真算法是基于离散余弦变换的算法，即 DCT 算法。最简单的 DCT 过程是基本顺序（Baseline Sequential）过程，此过程适用于许多场合。除此之外，还有四种扩展顺序，均基于 DCT，它们是基本顺序的扩展，适用于更广泛的应用领域。

基于 DCT 的编码过程表示于图 3-20 中。

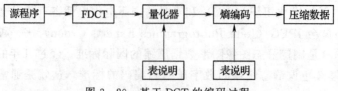

图 3-20　基于 DCT 的编码过程

图 3-20 所表示的有失真（有损）编码过程类似于图 3-16，其中源图像是把整幅图像分成 8×8 个样本的小块，即子块。每次编码过程处理其中一块，而后逐块进行编码。8×8 的样本块经快速余弦变换（FDCT），产生 64 个 DCT 系数，其中，一个是直流分量 DC 系数，63 个为 AC 系数。每个系数用量化表中所给出的量化间隔分别进行量化，便得到规格化的量化系数。

可对得到的规格化量化系数中的 DC 系数进行差分编码，这是由于 DC 系数实质上是 8×8 样本子块的平均值，而相邻子块间通常相关性较大，它们的样本平均值也较接近。于是，编码就采取本子块 DC 系数减前一子块 DC 系数所得的差值进行，即差 $= DC_i - DC_{i-1}$，而且通常差值比较小。

对于所得到的规格化量化系数中的 AC 系数，首先进行"Z"字形排序，如图 3-21 所示。排序的先后顺序如图 3-21 中箭头所示。即从 AC_{01} 开始，顺序为 AC_{10}，AC_{20}，AC_{11}，AC_{02}，…，直到 AC_{77}。这样，AC 系数就被排列为一维的数据序列。

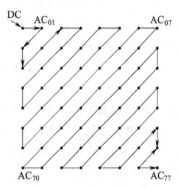

图 3-21 AC 系数的"Z"字形排序

接下来就是对重新排序的 AC 系数和差分 DC 系数进行熵编码，以便达到进一步压缩的目的。

JPEG 标准指出有两种熵编码算法可以使用：哈夫曼（Huffman）编码和算术编码。其中算术编码不需要哈夫曼编码所用的各字符统计特性构成的表。

在顺序 DCT 编码过程中，使用哈夫曼编码。在进行哈夫曼编码前，先要对差分 DC 系数和 AC 系数进行分组，也就是将它们以一定的大小范围分成若干组。DC 系数（差分）及 AC 系数（规格化）的分组情况如表 3-7 所示。

表 3-7 差分 DC 系数及规格化 AC 系数分组表

大小（ssss）	DC 或 AC 系数值
0	0
1	−1，1
2	−3，−2，2，3
3	−7，…，−4，4，…，7
4	−15，…，−8，8，…，15
5	−31，…，−16，16，…，31
6	−63，…，−32，32，…，63
7	−127，…，−64，64，…，127
8	−255，…，−128，128，…，255
9	−511，…，−256，256，…，511
10	−1 023，…，−512，512，…，1 023
11	−2 047，…，−1 024，1 024，…，2 047

根据表 3-7 对 DC 系数和 AC 系数的分组，可分别对 DC 系数和 AC 系数进行编码。DC 系数的编码分两步进行。

首先，由分组大小（ssss）和 DC 系数构成一个中间码，也可叫做过渡符号。例如，上节中 8×8 样本子块的 DC 系数量化后为 15。假定其前一样本子块的 DC 系数为 13，则其差值为 2。根据差值——差分 DC 系数 2 查表 3-7，可以得出分组大小为 2，而此时的 DC 系数也是 2，那么，中间码就是（2）（2）。

其次，利用中间码分组大小 2 查 JPEG 提供的亮度（或色度）DC 系数哈夫曼编码表，从而可以得到该分组的编码为 011，并将此码放在前面。在查得的分组编码的后面附加上 DC 系数 2 的编码值（用补码表示，值为 10），便得到最后的 DC 系数的输出编码为 01110。

对 AC 系数的编码是在"Z"字形排序之后，此时中间码的前一部分由行程长度和分组大小两部分组成。行程长度是指非零系数前 0 的个数，分组大小则由表 3-7 来决定。若将前一节中规格化 DCT 系数中的 AC 系数"Z"字形排序，则可得到这样的序列：

$$0-2-1-1-100-10000000000000000000000$$
$$000000000000000000000000000000000000000000$$

中间码的后一部分就是 AC 系数的值，用二进制补码来表示，因为 DCT 系数可正可负。

现在来看上述 AC 系数的第一个非零值 -2。它前面的行程长度，即 0 的个数为 1。其值为 -2，查表 3-7 得出分组大小为 2。于是，中间码的前一部分就是 1/2，而后一部分为 -2 的补码，表示为 10。

再由中间码的前一部分 1/2 查由 JPEG 提供的亮度（或色度）AC 系数哈夫曼表，即可求得此系数编码为 11011。

将查得的 11011 附加上用补码表示的系数值 10，就构成了此系数的编码输出。

在 JPEG 中，规定行程长度，即连续 0 的个数，用 4 位二进制数表示，则最大只能表示 15 个连续的 0。但可用 15/0 表示 16 个 0 而且可连续表示。同时，JPEG 规定用中间码（0/0）表示一个子块的结束。

综上所述，可用中间码的形式表示前面所举 8×8 样本子块：

（2）（2），（1/2）（-2），（0/1）（-1），（0/1）（-1），（0/1）（-1），（2/1）（-1），（0/0）

再分别利用哈夫曼表，中间码中的幅值用 2 的补码表示，如 2→10，-2→01，-1→0，即可得到最后熵编码的输出序列为

$$01110110110100000000011110001010$$

其中最后 4 位 1010 即为子块结束的中间码（0/0）。

可以看到，经过上面的处理之后，表示 8×8 个样本只需 31 bit。经压缩后，每个样本不到 0.5 bit。

总之，有失真编码过程的关键步骤如下：

① 对子块进行快速离散余弦变换（FDCT）；

② 利用 JPEG 提供的量化间隔表对系数量化；

③ 对 DC 系数取差分值，对 AC 系数进行"Z"字形排序；

④ 对 DC 系数和 AC 系数进行熵编码，先找出中间码，再通过查 JPEG 给出的表即可实现编码输出。

有失真的译码过程与编码过程的顺序恰好相反，其过程框图如图 3-22 所示。

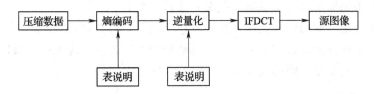

图 3-22　基于 DCT 的译码（解压缩）过程框图

对于已压缩图像数据的解压缩译码过程，此处不再详细说明。其主要步骤罗列如下：

① 利用 JPEG 提供的有关哈夫曼编码表进行熵译码，从而获得规格化 DCT 系数；

② 利用 JPEG 提供的量化间隔表对 DCT 系数进行逆量化，获得 DCT 系数；

③ 对 DC 系数差分译码并对 AC 系数进行重新排序，从而得到 8×8 DCT 系数；

④ 对 DCT 系数进行反向余弦变换（IDCT），获得重建的 8×8 原始图像。

2. 无失真算法

为了满足不同使用者的需要，JPEG 还提供了一种不失真的静态图像压缩算法。这种压缩算法实现起来比较简单而且不使用 DCT。这是一种基于预测的图像压缩方法。利用 JPEG 提出的算法对中等复杂程度的彩色图像进行压缩，典型的无失真压缩比可达到 2∶1。

无失真编码器的框图如图 3-23 所示，预测器利用源图像数据由其相邻的像素点样本预测当前的样本值。在 JPEG 标准中，预测点 x 和其相邻的样本间的位置规定如图 3-24 所示。由图 3-24 可以看到，点 x 的预测值要用点 a、b、c 的值来求得。显然，a 与 x 在同一行上，而点 b、c 则在前一行上。

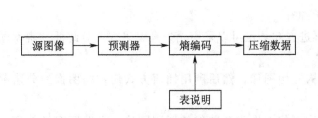

图 3-23　无失真编码过程框图　　　　图 3-24　预测点 x 与相邻样点的位置

JPEG 提供了 8 种可供选择的预测算法，现将它们列于表 3-8 中。

表 3-8　无失真编码的预测算法

选择值	预测值 P_x	选择值	预测值 P_x
0	不预测	4	$P_x = V_n + V_b - V_c$
1	$P_x = V_a$	5	$P_x = V_n + (V_b - V_c)/2$
2	$P_x = V_b$	6	$P_x = V_a + (V_a - V_c)/2$
3	$P_x = V_c$	7	$P_x = (V_a + V_b)/2$

当选定某种预测算法后，利用前面的像素样点就可以预测当前样点。利用当前样点的真实值与预测值相减，便求出了差值。这个过程与前面已说明的差分脉冲编码过程是一样的。

但是，这里由预测器输出的差值还要进一步进行无失真（熵）编码，以便达到更好的压缩效果。通常所用的熵编码方法是哈夫曼编码或算术编码。

这种编码所使用的源图像数据样本精度有很大的灵活性，JPEG 规定其每样本精度可为 2~16 bit。在开始进行无失真编码前，可有意地减少 1 位或多位输入样本值，从而可获得更大的数据压缩比，而重建图像的误差仍在允许的范围之内。

3．其他编码方法

JPEG 还提出了其他编码方法。

1）基于 DCT 的累进编码运行方式

前面已经描述了基本的顺序编码方式，它是以 DCT 为核心实现压缩编码的。在顺序方式里通过一次扫描量化 DCT 系数实现压缩编码，而在累进方式下要进行多次扫描。

JPEG 规定了两种累进编码方法。

（1）累进的频谱选择法

在此方法中，每次扫描时，在 DCT 之后仅选择某些频段内的系数进行编码并传送；然后再以累进的方式选择其他一些频带的系数进行编码、传送；这样累进进行，直至系数全都传送完。从接收数据的一端来看，在这种方式下，传送来的图像精度逐渐提高。

（2）逐次逼近法

这种编码方法是按位进行逼近，即首先扫描、编码某几个最高有效位并进行传送，而后再逐次扫描、编码较低和更低的 DCT 系数位。对 DCT 系数分批编码、分批传送后便可达到所要求的精度。

2）基于 DCT 分层编码方式

这种编码方式的基本步骤是：

① 首先在低分辨率下获取源图像数据；

② 利用基于 DCT 的顺序方式或累进方式，也可以采用无失真编码方式对此低分辨率图像进行编码；

③ 对编码后的图像进行译码并重构原始图像，然后利用插值方式使重构图像的分辨率提高一倍；

④ 在分辨率提高一倍的情况下重构图像，作为源图像的预测图像。求取源图像与预测图像的差值并对其进行编码；

⑤ 再以此差分编码重构图像，用插值使分辨率提高一倍，重复前面的过程直至达到某种精度要求。

以上就是 JPEG 标准中所采用的几种静态图像的编码方法。

3.5.3　源图像数据

在图 3-18 中已表示过 JPEG 的编码过程，主要是三个大的侧面。前面已说明最重要的 JPEG 所规定的编码方法，现在简单介绍源图像数据。

1．单分量源图像数据

在单分量源图像数据中，认为源图像数据是仅具有灰度的单分量数据。源图像经采集数字化后就可以产生源图像数据。在有失真的基于 DCT 的编码中，每次取 8×8 个样本进行处理，而在无失真一维线性预测编码中，每次取一个样本进行处理。将一次处理的数据叫做一个数据单元（或数据单位）。

在单一分量的源图像数据的编码中，编码过程是一个数据单元接一个数据单元顺序进行的。

2．多分量源图像数据

除了单分量源图像数据外，今后遇到更多的是多分量源图像数据，其中彩色图像数据是最常见的一种，因此，JPEG 的专家们更注重多分量源图像数据。JPEG 规定了多分量源图像处理的两种方式：非交插方式和交插方式。

1）非交插方式

假定源图像由三个分量 A、B、C 组成，如图 3-25 所示。

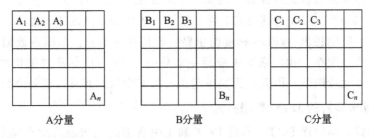

图 3-25　源图像的三个分量

非交插方式处理就是先将 A 分量的所有数据处理（在这里就是 JPEG 编码）完后，再处理 B 分量的所有数据，最后再处理 C 分量。其处理顺序是 A_1，A_2，$\cdots$，$A_n \rightarrow B_1$，B_2，$\cdots$，$B_n \rightarrow C_1$，C_2，$\cdots$，C_n。

用非交插方式处理彩色图像并不好，因为在恢复图像时会使某一彩色先恢复，从而产生强的彩色。

2）交插方式

交插方式是对构成图像的各分量在处理过程中穿插进行处理。例如，处理完 A 分量的一个数据单元后，就去处理 B 分量的一个数据单元，再去处理 C 分量的一个数据单元。处理过程交插进行，图 3-25 所示的三个分量源图像数据的交插处理顺序是：A_1，B_1，C_1；A_2，B_2，C_2；$\cdots$，A_n，B_n，C_n。

在交插处理不同分量的数据时，要调用不同的量化表和哈夫曼表。例如，处理亮度时，要调用亮度相对应的表，而当处理色差时，又需要调用色差所对应的表。

另外，在交插处理不同分量时，有可能遇到源图像各分量大小不同的情况。例如，在图 3-25 中，若分量 B 和分量 C 只有分量 A 的一半，也就是说 A 有 n 个数据单元，B 和 C 只有 $n/2$ 个数据单元，此时的交插处理可以按如下顺序进行：

$$A_1 A_2 B_1 C_1 \rightarrow A_3 A_4 B_2 C_2 \rightarrow \cdots \rightarrow A_{n-1} A_n B_{n/2} C_{n/2}$$

3．源图像数据的精度

JPEG 规定，对于基本的 DCT 编码过程，每个数据样本的精度为 8 位（bit）；对于扩展的 DCT 编码过程，数据样本的精度为 8 位或 12 位。很显然，采用 12 位数据精度进行编码必然要花费更多的处理时间。

对于无失真编码，JPEG 标准规定，数据样本的精度为 2 位到 16 位。由用户根据自己的应用需要进行选择。

3.5.4 压缩数据的数据格式

制定统一的数据格式是进行数据交换的先决条件。如果每个人都用自己专用的格式存储和传送数据，则存储的数据或传送到其他终端的数据很难为别人所理解，更无法使用。

计算机网络的发展势不可当，这是不可逆转的发展趋势。要将 JPEG 标准处理的静态压缩图像数据经网络传向遥远的对方，使对方接收到已压缩的图像数据时能解释这些数据的结构，了解数据的细节，也必须有一定的数据格式才能解压缩恢复源图像。

即使要将已压缩的数据进行存储（例如，存储在硬磁盘中），也必须按一定的数据格式写在磁盘上并形成一个 JPEG 数据格式文件，这样，才能供自己或他人使用。

在本节开始就特别指出，JPEG 标准的主要内容包括三部分：源图像数据、编码算法和已压缩数据的格式。现在，我们来解决最后一部分——JPEG 的标准数据格式。JPEG 数据格式的规定要涉及大量细节，因此，为简单起见，本书中只对其进行概要介绍。

1. 一般（非分层）的 JPEG 数据格式

一般数据格式包括顺序 DCT、累进 DCT 和无失真编码过程最后编码输出的数据格式。一般数据格式的结构如图 3-26 所示。

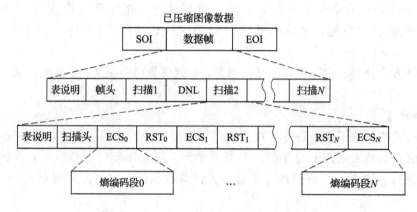

图 3-26 一般（非分层）数据格式的结构

由图 3-26 可以看到，描述一幅已压缩图像的数据从图像数据的起始标识符 SOI 开始，它标志着压缩图像的起始。此后是一帧已压缩的图像数据，也就是一幅压缩图像的数据。最后是压缩图像的结束标识符 EOI，表示一帧图像的结束。

一帧压缩数据的结构同样表示在图 3-26 上。一帧压缩数据包括开始的帧头和一次或多次扫描。帧头的前面可以附加一个或多个表说明，还可以附加其他具有标识符的段。在数据帧中，如果有定义线数的数据段 DNL，则它必须放在第一次扫描之后。

最简单的情况是单色的顺序 DCT 方式，这种方式一次扫描即可完成对图像数据的压缩。对多分量的彩色图像，通常在扫描中采用交插方式。而对于累进的 DCT 方式，则完成一幅图像的压缩就需要多次扫描，而且当处理的是多分量图像时，每次扫描又需要交插进行，这些最终要体现在输出的数据帧中。

每次扫描的特征由扫描的数据结构来描述。每次扫描都包括扫描头和一个或多个熵编码段。与帧头前面类似，扫描头的前面可以有一个或多个表说明，还可以有各种具有标识符的段出现。如果扫描中有 RST_m（重新启动）标识符（其中，$m=1$，2，…，N），则除最后一段熵编码外，其他各熵编码段后均有重新启动标识符，用来指定重新启动参数。

扫描由熵编码段构成，熵编码段则由经压缩编码的最小编码单元组成。最小编码单元 MCU 这样定义：

① 对于非交插图像数据，它就是一个数据单元，对 DCT 为 8×8 样本，对无失真编码为一个样本，这在前面已有说明；

② 对于交插图像数据来说，它由来自各分量的多个数据单元构成，例如，对于图 3-25，一个最小编码单元为 $A_iB_iC_i$。

熵编码段就是由这些经压缩编码——最后是熵编码的最小编码单元构成的。

以上仅从大的方面说明了一般（非分层）压缩数据的 JPEG 格式。至于细节，在图 3-26 中的每一部分都还有更加详细的描述。

2. 分层方式的 JPEG 数据格式

JPEG 规定分层编码方式的压缩数据格式如图 3-27 所示，图中的 SOI、表说明、帧的概念以及 EOI 在上面的数据格式中已作了说明。

图 3-27　分层编码方式的压缩数据格式

在分层方式中，一幅压缩图像数据要由许多帧构成。这一点，在前面编码的分层方式中也已作了说明。

在分层方式的数据格式里，需要附加 DHP 段和 EXP 段。DHP 段用于定义分层级数；EXP 段只有在水平或垂直方向上扩张参数时才会使用。JPEG 对这些段有详细的定义。

当弄清楚不同数据格式的规定后，利用硬件或软件便可以形成 JPEG 数据格式的数据。现有的软件及硬件可为用户产生这些数据格式。

3.6　动态图像信号的处理

最常见的动态图像有电视图像、多媒体视频卡中采集与回放的每秒十几或几十帧画面的图像以及每秒几至十几帧的可视电话画面图像等。总之，动态图像要求几到几十帧画面进行变更，以便利用人眼的视觉暂留特性产生活动的图像。

3.6.1　动态图像处理应考虑的问题

前面已经提到视频图像信号的特点中最重要的是数据量大，而动态图像信号就更加突出。例如，像比较简单的每帧 352×240 像素点，每个像素点 16 bit 的图像，就有 1.3 Mb，因而每秒 30 帧，就构成高达 40 Mbps 的数据量。因此，对动态图像，就当前技术来说，必须采取必要的数据压缩手段，否则，无论是对动态图像数据的存储还是传送，都将是不现实的。

1. 帧间预测编码

前面已经提到，相邻图像帧间的时间冗余信息很大。有人作了统计，某电视图像的帧间变化部分平均约为总画面的5%，这说明帧间的数据压缩有很大的潜力。

帧间预测编码就是利用前一帧图像预测当前图像，并对当前图像与预测图像的差值进行编码的。由于两者基本相同，其差值必然很小，故可获得较大的压缩效率。帧间预测示意图如图3-28所示。

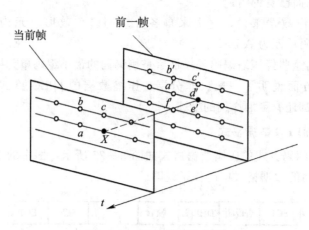

图3-28　帧间预测示意图

如图3-28所示，要对本帧的像素点 X 进行预测，可用本帧的 a、b、c 点进行空间预测，也可用前一帧的 a'、b'、c'、d'、e'、f' 点进行时间预测，亦可以将两者混合进行预测。若 X 点的预测值用 X 表示，则当前值就用 $\hat{X}$ 表示。预测算法可有许多种，例如以下3种。

1）只进行空间预测

这种预测算法已在本章的图3-15中表述过。

2）帧间预测

帧间预测算法有：

$$\hat{X}=d'$$

$$\hat{X}=\frac{e'+c'}{2}$$

$$\hat{X}=a'+\frac{e'+c'}{2}-\frac{b'+f'}{2}$$

类似的帧间预测算法还可以写出很多。

3）帧内和帧间混合预测

帧内和帧间混合预测也有多种预测算法。例如：

$$\hat{X}=(a+d')-a'$$

$$\hat{X}=(d+c')-c$$

当采用上述某种算法时，由于很接近 X，故 $\varepsilon = X - \hat{X}$ 就会很小，甚至为 0。对差值 ε 进行编码，便可达到压缩的目的。

在此基础上，还可以考虑当画面活动不大时，用帧间预测；当画面变化剧烈时，采用帧内编码。两种预测方式分别适应两种不同的图像情况。

另外，由于在动态图像中一般图像的活动部分都比较小，因此，可以利用帧间预测的方法标出当前帧与前一帧变化大的部分，而仅对这些变化大的区域进行编码、存储或传送，这样就可有效地减少数据量。

2. 运动补偿

前面所描述的帧间预测编码很容易理解，在大多数情况下也行之有效。但是，当图像画面剧烈变化时，例如，当摄像机快速移动时，就会使图像的分辨率大大降低，严重地影响图像的质量。

为了解决这个问题，科技人员提出了一种称为运动补偿的预测编码方法。这种编码方法的关键思路就是将动态图像理解成一幅静态图像和一幅动态图像的运动部分的叠加，因此，关键在于找出图像的运动部分。利用当前帧和前一帧对图像的运动进行估算，找出图像运动部分的移动规律，便可以对其进行预测。

运动矢量的估算方法有许多种，而且有许多人正在致力于运动矢量算法的研究。目前用得比较多的有块匹配算法、递归算法等。包括运动补偿的预测编码框图如图 3 - 29 所示。

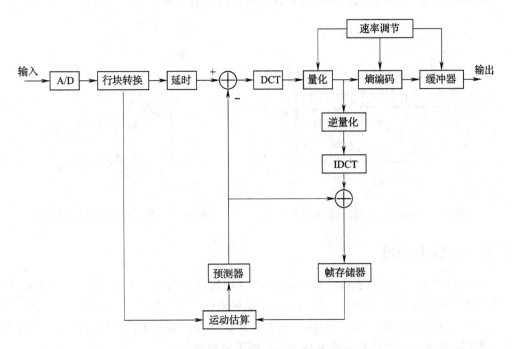

图 3 - 29　包括运动补偿的预测编码框图

具有运动补偿的预测编码，用于动态图像的压缩已由硬件实现，并用于后面将要提到的动态图像压缩标准中。

运动补偿的简单原理可用图 3 - 30 来说明，图像的运动部分（阴影所示）由前一帧的

x，y 位置移动到 $x+dx$，$y+dy$ 位置。这时，如果不考虑图像的运动，而用前一帧的 x，y 点与当前帧的 x，y 点求差，则由于图像已经移动而差值的幅度会很大。同样，当前帧 $x+dx$，$y+dy$ 点与前一帧相对应点的差值同样很大。只有找到 $x+dx$，$y+dy$，用它们的值与前一帧的 x，y 所决定的点求差值，才能获得好的结果。

如前所述，可利用块匹配算法求得图像移动到何处。将当前帧分成 $m \times n$ 的若干像素块，再用此图像块上下左右移动进行匹配，达到最佳匹配就算找到了帧间的移动位置。最佳匹配的准则有均方误差最小、平均两帧差最小等，还可以利用两帧间的归一化相关函数来进行最佳匹配。

接下来的问题是利用什么方法搜索匹配块，哪种方法速度快，运算量最小。匹配搜索方法有全搜索法、三步法、二维对数法、正交搜索法及共轭方向法等。其中，全搜索法最细致，但也最花时间，其他方法都是快速方法。

另外，当由于速率限制使得每秒传送的帧数较少时，在显示动态图像时，就会影响图像的质量。采用运动自适应帧间内插可以较好地解决这个问题。

对于运动图像的自适应帧间内插的原理，可用图 3-31 说明。在图 3-31 中，要在当前帧和前一帧中利用内插的方法构成内插帧。对于图像中的静止部分，是容易进行内插的。但对于运动部分（图 3-31 中的阴影部分），就不能用两图像的 x，y 点和的均值来形成内插值，而应当用两帧阴影部分进行计算来形成内插帧的阴影部分。

利用帧间内插，可消除图像的闪烁，保证运动图像的质量。

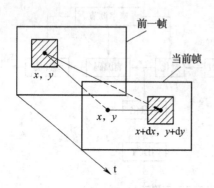

图 3-30　运动图像的帧间示意图

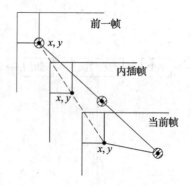

图 3-31　运动图帧间内插示意图

3.6.2　H.261 标准

H.261 标准是为适应可视通信发展的需要，由 CCITT 制定并于 1990 年底正式批准的。该标准称为"视听业务速率为 $P \times 64$ kbps 的视频编译码"，其中 $P=1$，2，$\cdots$，30。当 P 为 1 或 2 时，速率比较低，适用于 QCIF 分辨率格式，用于要求不高的可视电话。当采用 $P \geqslant 6$ 的传输速率时，支持 CIF 分辨率格式，多用于电视会议。

1.　H.261 视频编码格式

H.261 标准规定采用的视频编码格式为 CIF（Common Intermediate Format）和 QCIF（Quarter Common Intermediate Format）。两种格式的最大画面传输速率为 29.97 fps（帧每秒），其具体编码格式如表 3-9 所示。

表 3 - 9   H.261 标准的编码格式

信源	CIF		QCIF	
	行数/帧	像素/行	行数/帧	像素/行
亮度 Y	288	360 (352)	144	180 (176)
色度 C_B	144	180 (176)	72	90 (88)
色度 C_R	144	180 (176)	72	90 (88)

2. 编码算法

对于上述分辨率的视频信号,不要说 30 fps,就是 10 fps,其数据量也是很大的,而且在 P 较小的可视电话或电视会议系统中,要求有很大的数据压缩比。为此,就需要采用前面所提到的压缩方法,而且,为提高压缩比,还要将多种压缩编码方法混合使用。

H.261 编码流程可用图 3 - 32 来表示。当然,图 3 - 32 只是说明了 H.261 编码过程的大致流程,为的是给读者一个比较容易理解的编码思路。

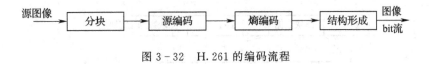

图 3 - 32   H.261 的编码流程

1) 分块

源图像经变换后按 4:2:2 进行采集,并对采集的图像数据进行分块。分块是逐层进行的。首先,将一幅 CIF 图像分成 12 个块组 (Group of Block, GOB),一幅 QCIF 图像分为3 个块组。每个块组又是由 3×11=33 个宏块 (Macro Block, MB) 组成。每个宏块又由 4个 8×8 的亮度 (Y) 图块、一个 8×8 的色差 (C_B) 图块和一个 8×8 的色差 (C_R) 图块构成。这样,一幅图像最后就被分成了若干 8×8 的图块。

2) 源编码

接下来是对分块的源图像信号进行源编码。这种编码方法采用有失真压缩,目的是从时间上和空间上去除冗余信息。

源编码采用帧内编码和帧间编码。帧内编码采用前面已介绍过的快速余弦变换 (DCT) 的变换压缩方法。在编码过程中,将 DCT 系数量化后再进行逆处理,恢复原始图像并放在一个缓冲器中,再用此图像与下一帧图像进行帧间预测编码和运动补偿。其做法就是在进行运动补偿的基础上,对当前帧的每一个亮度宏块与预测帧宏块求差,当两者之差小于某一门限时,就不需要传送此宏块数据了。反之,若差值大于某一规定的门限,就对其差进行DCT 变换和量化编码,从而完成源编码的部分工作。

量化编码产生的数据进入量化器缓冲区,并且按照量化器缓冲区的大小对量化器的量化阶进行自适应调节。当缓冲区的剩余空间大时,就减小量化阶的大小,这可提高图像的质量;反之,若缓冲区的剩余空间很小,为防止溢出,可加大量化阶的大小,保证缓冲区不至于溢出。

3) 熵编码

为了进一步提高压缩比,在源图像编码的基础上,再进一步进行熵(无失真)编码。在

H.261标准中对 DCT 系数等 5 种参数进行无失真变字长编码，编码后的数据进入输出缓冲器。适当地选择缓冲器的容量，通过控制线性量化器的步长，使压缩图像的 bit 流保持恒定速率并保证缓冲器既不溢出又不致取空。

3. H.261 标准的视频数据结构

H.261标准详细地规定了视频数据的结构，这也是很容易理解的。只有大家都遵守某种标准，在图像被大幅度压缩之后传送到接收端，接收端才能依据数据结构对数据进行解压缩，从而恢复原来的图像。有一种大家共同参照的标准，恢复原始图像才能进行。

CCITT（现在改名为 ITU-TSS）规定数据结构为层次结构，它们分别是图像层、块组层、宏块层和图块层，如图 3-33 所示。

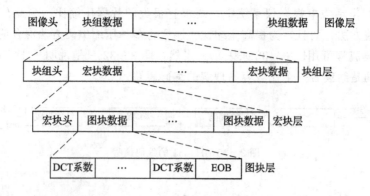

图 3-33　H.261 视频数据结构

由图 3-33 可以看到，一幅图像数据由图像头开始，图像头由编码 00010H 引导，后面跟着本幅图像的帧编号、编码格式（是 CIF 还是 QCIF）和其他信息。从中可以提取一幅（帧）图像的起始地址和其他识别信息。

图像由图像头和块组构成，而块组由块组头和宏块组成。块组头分别由起始编码、量化信息及其他信息组成。依次类推，宏块由宏块头和图块组成，图块由 DCT 系数组成，最后是结束标志 EOB。

4. 视频会议的实现

以上内容讲述了视频会议（电视会议）统一技术规范的 H.261 标准。实际上，它是 CCITT 制定的 H.320 系列标准中的图像数据编码标准。除 H.261 外，尚有系统控制规程结构标准 H.221、系统控制规程的通信过程标准 H.242、多点桥接控制标准 H.231、监控与显示标准 H.230 等各种有关视频及音频的标准。在这些标准的规范下，可实现视频会议所要求的各项技术。H.320 标准中的语音编码采用 G.711、G.722 和 G.728 标准。

一台典型的视频会议系统的结构框图如图 3-34 所示。

在图 3-34 中，微型机就是一个多媒体微型机。它可以是专用的，由厂家专门生产；也可以在现在市场上流行的微型机基础上，增加一些板卡来实现。图 3-34 主要体现了这种思想，即在当前最流行的、价格比较低的微型机的基础上构成的视频会议系统的应用平台。

为此，首先要配置 CODEC（即 Coder/Decoder），它的功能如同上面所介绍的：将视频图像以 CIF 或 QCIF 格式进行压缩编码，以一定数据结构输出串行压缩图像数据 bit 流。通信接口卡将视频会议系统的视频信号和音频信号进行汇集，通过调制解调器（MODEM）将信号送往通信网络，发往接收方。

图 3 - 34 所示的视频会议系统可运行于各种网络环境之下。目前，以 PC 机为基础构成的

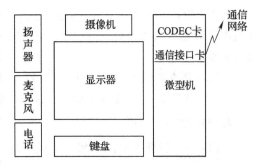

图 3 - 34 视频会议系统的构造框图

系统可运行于综合业务数字网（ISDN）、局域网或广域网（LAN or WAN）和电话网上。

目前，运行于 ISDN 环境下的产品非常多，在此仅以 Intel 公司的 PV 200（Proshare Video System 200）为例简单加以说明。PV 200 包括插在 486 PC 机上的两块卡：CODEC 卡和 ISDN 卡。其中，CODEC 卡与摄像机相连接，完成对摄像机送来的图像信号的放大、采集和压缩编码；ISDN 卡要完成对麦克风输入声音信号的采集、压缩及编码，还将汇集由 CODEC 来的已压缩视频信号并以 ISDN 规定的格式将数据送往 ISDN。

运行在 LAN 上的视频会议产品，由于网上各站共享网络的信道，故信道争用在所难免，这对于利用 LAN 传送动态图像十分不利。为保证视频会议的图像质量，就需要实时监测网络的负载情况，以便自动调整视频信号。工作在 PC 机基础上的 LAN 视频会议产品有多种，其中 Picture Tel 公司的 LiveLAN 具有一定的代表性。该产品由三个模块组成，用于实现视频会议功能和免提电话功能。通过路由器可实现网际的信息传送。

显然，视频会议系统是多媒体计算机与多媒体技术相结合的产物，要有专用的或通用的传输速率高的通信网络来支持。但是，在国内这样的网络尚不普及，如果急需视频会议（电视电话），可暂时利用国内的电话网来实现。

利用电话线路实现视频会议系统，主要的问题是电话线上的数据传送速率比较低，这就导致视频图像的连续性差一些。但因这种选择方便、简单，当前仍有一定的竞争力。一种可与电话线相连的产品是 Creative 公司的 Share Vision PC 3000。该产品包括插在 PC 上的两块卡，用于音频和视频的处理，通过调制解调器（MODEM）与电话线相连。在声卡、视卡的支持下，可在 320×200 或 160×120 的窗口中对视频图像进行捕获、压缩并回放。Share Vision PC 3000 可在 PC 机的 CRT 上开辟两个窗口，在电视电话中，窗口中可分别放出通话双方的图像。

在 PC 机及视频会议产品价格不断降低以及电话已比较普及的情况下，以 PC 机为基础的视频会议系统不仅可以很快进入各企事业单位，而且正逐步进入家庭。

3.6.3 MPEG 动态图像标准

MPEG 是动态图像专家组（Moving Picture Experts Group）的英文缩写。该组织首先制定了"数字存储媒体在 1.5 Mbps 以下的动态图像和伴随声音的编码"标准。这就是今天人们常说的 MPEG - 1。该标准可以把数字图像信号压缩到每个像素 0.5~1 bit，将分辨率为 352×240，30 fps 的图像，数据率由 61 Mbps 压缩为 1.2 Mbps。经解压缩恢复的彩色电视图像的质量与 VHS 录像机的图像质量差不多。

在 MPEG-1 标准于 1993 年公布后，MPEG 又开发了下一个标准，叫做"动态图像及伴随声音信息的通用编码"，这就是 MPEG-2 标准。它的主要出发点是针对广播电视事业及高清晰度电视。

MPEG 还在继续做工作，已经制定了 MPEG-1、MPEG-2、MPEG-3、MPEG-4、MPEG-7、MPEG-21 等多个标准。这里，仅对 MPEG-1 和 MPEG-2 作一些简要的介绍。

1. MPEG-1 标准

MPEG-1 标准主要由三部分组成：MPEG 图像、MPEG 声音和 MPEG 系统。

1）MPEG 图像

该部分的主要功能是把 352×240，30 fps 的图像或 352×288，25 fps 的图像压缩为传送速率为 1.2 Mbps 的串行数据，采用 MPEG 所规定的算法达到此目的。相反，还必须保证利用 MPEG 所获的压缩电视数据能够经解压缩恢复为原始图像。也就是说，必须很方便地将传送来的或记录在媒体上的 MPEG 数据进行回放，而且从回放功能或图像质量上都应比一般家用录像机好。

（1）图像压缩方法

MPEG 对电视图像信号的 Y、C_B、C_R 采用 4∶2∶2 的格式进行采集。图像压缩算法包括前面已描述过的预测编码，即利用帧内预测值与实际值之差进行 DCT 编码。MPEG 采用运动补偿方法减少失真，提高压缩比和图像质量；采用在 JPEG 中使用的 DCT 方法；采用熵编码，利用可变码长的编码方法对出现概率大的数据用小码长，对出现频率低的数据采用位数多的码字来表示。

同时，在 MPEG 中采用帧间预测技术来减少图像信号的时间冗余度，从而提高数据压缩比。但值得提到的是，前面描述的是前向帧间预测，即只用过去的帧来预测本帧。而在 MPEG 给出的算法中，采用双向帧间预测，也就是说本帧图像既要用过去的帧还要用将来的帧进行预测。这样可以更好地消除时间冗余，提高编码效率。

（2）图像码流的数据结构

MPEG-1 的简化的图像编码器框图如图 3-35 所示，在图中大致表示了动态图像的编码过程。动态图像经编码由缓冲器输出。缓冲器是进行自适应调节的，以便保证缓冲器既不溢出又不取空。压缩数据输出的格式是由 MPEG 标准规定的，具体的数据流格式如图 3-36 所示。

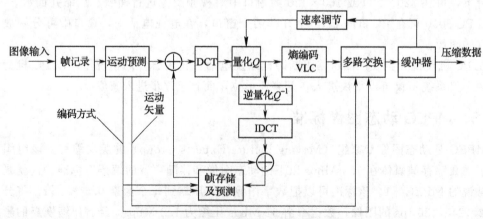

图 3-35 MPEG-1 的简化的图像编码器框图

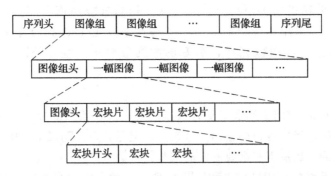

图 3 - 36　MPEG - 1 动态图像编码数据流格式

由编码器的缓冲器输出的数据流是一种输出的基本码流,为后续部分使用。从图 3 - 36 中可以看到,这是一种分层的结构。整个图像序列由序列的头尾标志来标识,它们中间是一个或多个图像组。图像组由图像组头标志开始,包括一幅或多幅图像。利用图像组头标志,便于对图像随机存取。一副图像由一片或多片宏块片(Micro Block Slice)组成,而一片宏块片又由许多宏块构成。有关宏块的定义在前面已经提及,在这里用图表示,如图 3 - 37 所示。

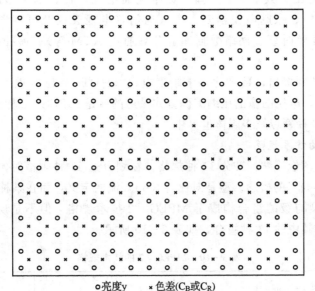

○亮度y　×色差(C_B或C_R)

图 3 - 37　宏块的结构

由图 3 - 37 可以看到,宏块由 16×16 像素构成,经采集后,这 16×16 像素点分成 6 个 8×8 的图块,其中 4 个 8×8 的亮度图块,一个 8×8 的 C_B 色差图块和一个 8×8 的 C_R 色差图块。如前所述,图像的处理是以 8×8 图块为基础的。

对于所给定的宏块,具体的编码过程与前面所介绍的 JPEG 标准十分类似。同样,对压缩数据的译码解压缩自然也与 JPEG 类似。

2)MPEG 声音

这一部分是有关声音的数据压缩技术。标准规定声音的采样率为 48 kHz,44.1 kHz,

32 kHz，每个样本的精度为 16 位。若用 44.1 kHz 采样双声道立体声信号，则数据速率可达 1.411 2 Mbps。采用声音压缩算法，可将速率减至 192 kbps 或更低，并且还原后的音质没有明显下降。与图像相比，声音的数据量要小一些，处理起来也相对容易一些。

3）MPEG 系统

这一部分是 MPEG 对同步和多路复合技术的规定。在前两部分中，对动态图像和声音分别进行了压缩编码，形成各自的输出基本码流。但是，对于动态电视图像来说，只有上述两部分信号是不够的，还应当有必要的定时同步信号。

为此，MPEG 系统时间识别信息和同步信息等各种有关信息与前面提到的编码器输出基本码流一起，在系统规范中打包，构成已打包单元码流（Packetised Elementary Streams，PES）。有关系统部分的规范可参考下面要讲的 MPEG - 2 标准。

2．MPEG - 2 标准

MPEG 制定的 MPEG - 2 标准已应用于广阔的领域中，成为重要的统一标准。

1）MPEG - 2 标准的应用范围

MPEG - 2 作为一种统一的标准，广泛地应用于从卫星到家庭的广播服务以及电缆电视、电缆数字音频分配、数字声音广播、数字地面电视广播、电子影院、电子新闻采集（包括卫星新闻采集）、家庭电视剧院、个人通信（电视会议及可视电话）、交互存储媒体（光盘等）、新闻及时事、网络数据库业务（通过 ATM 等）、遥控视频图像监视等方面。

同时，这里要特别提出，数字化高清晰度电视（HDTV）已经进入家庭，而人们所关注的 HDTV 制式中，电视图像的压缩编码方式采用的就是 MPEG - 2 标准。MPEG - 2 标准已经广泛地应用于各种领域及多媒体世界中。

2）MPEG - 2 的技术规范

MPEG - 2 数字图像压缩标准分 11 种规格。在划分这 11 种规格时，引用了"型（Profile）"和"级（Level）"的概念。型是对比特（bit）流的定义，而在某种型之下，级是对比特流参数的限制。型与级的组合构成了 MPEG - 2 技术规格，但不是所有的组合都有用，MPEG - 2 只规定了其中的 11 种组合，如表 3 - 10 所示。

表 3 - 10　MPEG - 2 的技术规格

型　　级	简单型（Simple）无 B 帧	主型（Main）B 帧	Main Plus 型 B 帧	Next 型 B 帧
高级（High）1 920×1 152		80 Mbps 1 层空间 1 层 SNR		100 Mbps 2 层空间 2 层 SNR
高-1 440 级 1 440×1 152		60 Mbps 1 层空间 1 层 SNR	60 Mbps 2 层空间 2 层 SNR	80 Mbps 2 层空间 2 层 SNR

型 级	简单型（Simple） 无 B 帧	主型（Main）B 帧	Main Plus 型 B 帧	Next 型 B 帧
主级（Main） 720×576	15 Mbps 1 层空间 1 层 SNR	15 Mbps 1 层空间 1 层 SNR	15 Mbps 1 层空间 2 层 SNR	20 Mbps 2 层空间 2 层 SNR
低级（Low） 352×288		4 Mbps 1 层空间 1 层 SNR	4 Mbps 1 层空间 2 层 SNR	

由表 3-10 可以看到，简单型中没有 B 帧（即内插帧），这样可以节省内存（RAM）。这种简单型下只有主级。主型中有内插帧，它包括所有 4 级，其中低级类似于 H.261 的 CIF 或 MPEG-1，主级相当于目前的一般电视，高-1 440 级相当于每行 1 440 像素点的 HDTV，高级则对应 1 920 像素点/行的 HDTV。在表 3-10 中还分别规定了主型 B 帧下的各级数据率。Main Plus 型 B 帧及 Next 型 B 帧就不再说明了，只是应指出，有人将主型 B 帧又分为 SNR 分级型（信号噪声比分级）和空间清晰度分级（Spatially Scalable Profile）。因它们的分级、色度格式、图像类型及传输速率都一样，故在表 3-10 中只作为一种型来考虑。

3）MPEG-2 标准的构成

MPEG-2 标准十分详细，共有三大部分：MPEG-2 系统部分（ISO/IEC IS-13818-1）、MPEG-2 图像部分（ISO/IEC IS-13818-2）和 MPEG-2 声音部分（ISO/IEC IS-13818-3）。下面仅对其中某些部分作简要介绍。

① 利用运动补偿预测编码方法去掉图像中的时间冗余信息。

第一种是去除空间冗余信息的帧内编码，又称为 I-Pictures。图像的帧内编码只能获得中等的压缩比。

第二种是预测编码产生的预测编码图像，简称为 P-Pictures。它是由最近的前一个 I-Picture 或 P-Picture 经运动补偿预测而产生的图像，利用这种预测编码可得到较高的压缩效率。这种用前一帧图像进行预测的方法叫做前向（或正向）预测。同时，P-Pictures 本身又作为基准，用以产生下面的 P-Pictures 或 B-Pictures（双向预测图像或内插帧）。

第三种是双向预测编码，由这种方法产生的图像称为双向预测编码图像，又叫做 B-Pictures。它是同时利用前面的 I-Picture 或 P-Pictures 和后面的 I-Picture 或 P-Picture 作为基准，通过运动补偿预测编码而得到的，这也是其称为双向预测的由来。这种编码可以获得更大的压缩比。

MPEG-2 规范利用 DCT——离散余弦变换进行编码。MPEG-2 规范也提出用熵编码——可变长度编码对运动向量及 DCT 变换系数进行编码。上述这些方法在前面 MPEG-1 中已作了说明。

MPEG-2 标准允许把隔行扫描的一帧看做是一幅图像，也可以把一帧作为一幅图像对其进行编码。MPEG-2 规定可选的帧速率有多种，如表 3-11 所示。

表 3 - 11　MPEG - 2 允许使用的帧速率

级	帧速率（Hz）
高级	23.976, 24, 25, 29.97, 30, 50, 59.94, 60
高 - 1 440 级	23.976, 24, 25, 29.97, 30.50, 59.94, 60
主级	23.976, 24, 25, 29.97, 30
低级	23.976, 24, 25, 29.97, 30

与 MPEG - 1 的图像部分类似，经过图像编码可以产生图 3 - 36 所示的压缩数据输出，此数据可接到下面要介绍的系统部分。

② MPEG - 2 的系统部分将一个或多个图像、声音及其他附属数据组合成单一或多个码流，以便进行存储或传送。系统部分包括如下几种功能：

· 多个压缩码流的同步；
· 缓冲器的控制；
· 解码的缓冲预置；
· 时间识别等。

MPEG - 2 的系统部分定义了节目数据流和传输数据流两种可相互代替的方法。其中，节目数据流是为相对无错码环境设计的，而传输数据流则是为有错码环境设计的。MPEG - 2 所规定的数据包传送框图如图 3 - 38 所示。

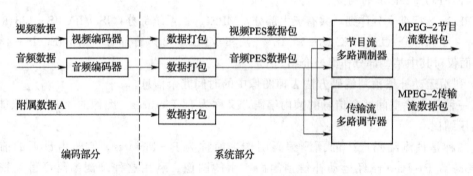

图 3 - 38　MPEG - 2 所规定的数据包传送框图

由图 3 - 38 可以看到，来自编码部分的输出数据，加到属于系统部分的数据打包器上，经打包产生已打包的基本码流（Packetised Elementary Streams，PES）。已打包的基本码流，即视频数据包 PES 与打包的音频数据包 PES 以及附属数据包一同加到节目流多路调制器和传输流多路调制器上，分别产生 MPEG - 2 节目码流数据包和 MPEG - 2 传输码流数据包。

这样一来，我们就对 MPEG - 2 标准下动态图像的处理有了整体的认识。首先，动态图像信号进入视频编码器（见前面 MPEG - 1 所述），音频信号进入音频编码器；然后，它们的输出及附属信息（如时基信号，各种同步信号等）一同加到各自的数据打包器上；最后，经多路调制器输出可用于存储的节目码流数据和用于传输的传输码流数据。

为了进一步加深理解，现将视频编码器的另一种框图画出，如图 3 - 39 所示。图中的数据打包与图 3 - 38 中所表示的数据打包相一致，这样就可以将它们联系在一起来看，从中理解信号的流向。

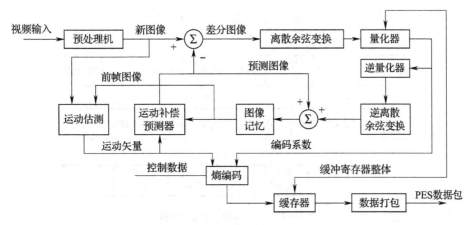

图 3-39 一种视频编码器框图

下面就来考虑。存储在媒体上的节目码流数据如何还原为原始图像。

首先，存储在数字存储媒体上的信号经图 3-40 所示的节目码流数据解码器还原为视频 PES 数据包、音频 PES 数据包及其他有用的附加信号。

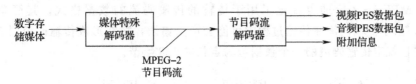

图 3-40 节目码流数据解码器

由节目码流数据解码器输出的信号，再分别进入下一步进行处理。其中，视频 PES 数据包再进入视频解码器，通过视频解码器就可以还原图像，获得所要得到的图像。一种由视频 PES 数据包输入，经视频解码器进行处理，最后获得图像输出的视频解码器框图如图 3-41 所示。

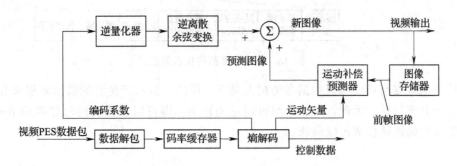

图 3-41 一种视频解码器框图

从图 3-41 可以看到，框图中所做的工作就是前面所提到的 MPEG 视频编码器中所用到的编码方法的逆过程。

在系统部分，对形成的节目码流数据的构成格式，MPEG-2 标准（ISO/IEC IS 13818-1）有详细的规定。在这里，仅简单表示节目码流的数据结构，如图 3-42 所示。

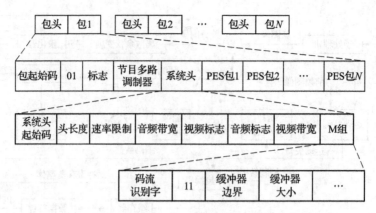

图 3-42　节目码流的数据结构

可以看到，图 3-42 所示的节目码流是层次结构。这种节目码流可以记录在存储媒体中，例如，硬磁盘、光盘等，但在记录时，还要再一次对节目码流进行加工，以便形成某种文件所规定的格式。在解码时，先利用媒体特殊解码器（见图 3-40）将存储在数字存储媒体上的信号变换为节目码流，而后，再依次进行解码。

同样，MPEG-2 标准也规定了用于传输的传输码流的数据格式，其简单结构如图 3-43 所示。由于传输码流在传输过程中可能会产生错误，故在形成传输码流时就要加上一些标志，并且规定传输码流的一个数据包为定长的 188 字节。

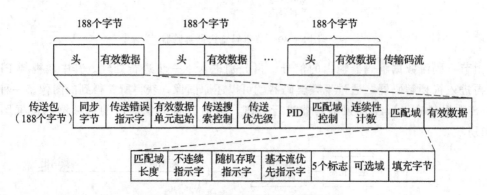

图 3-43　传输码流的简化数据格式

节目码流数据与传输码流数据在结构上是不一样的，但从产生前的数据流程来看，它们又是关系十分密切的。因此，两者之间可以互相转换，即可以从传输码流转换为节目码流，也可以把节目码流转换成传输码流。

思考与练习题

一、名词解释

数据冗余　　信息量　　信息熵　　统计编码　　预测编码　　变换编码　　JPEG　MPEG

二、不定项选择题

1. 1992 年，运动图像专家组提出 MPEG - 1 标准，用于实现全屏幕压缩编码及解码，它（　　）。

A. 由三个部分组成，包括 MPEG 音频、MPEG 视频、MPEG 系统

B. 由两个部分组成，包括 MPEG 音频、MPEG 系统

C. 由两个部分组成，包括 MPEG 音频、MPEG 视频

D. 由三个部分组成，包括 MPEG 音频、MPEG 视频、MPEG 动画

2. 下列属于 JPEG 压缩算法的是（　　）。

A. 基于自动差分脉冲码调制的有失真压缩算法

B. 基于自动差分脉冲码调制的无失真压缩算法

C. 基于离散余弦 DCT 的有失真压缩算法

D. 基于离散余弦 DCT 的无失真压缩算法

3. 有损压缩的特点是（　　）。

A. 被损失的信息是冗余信息，即对内容影响极小的细节信息

B. 被损失的冗余信息在解压缩过程中是可以恢复的

C. 有损压缩相对于无损压缩而言，具有较高的压缩比

D. 有损压缩中，被损失的信息是不可恢复的

4. 下列说法中，正确的是（　　）。

A. 冗余压缩法不会减少信息量，可以原样恢复原始数据

B. 冗余压缩法减少了冗余，不能原样恢复原始数据

C. 冗余压缩法是有损压缩法，具有较高的压缩比

D. 冗余压缩法的压缩比一般都比较小

5. 图像序列中的两幅相邻图像，后一幅图像与前一幅图像之间有较大的相关，这是（　　）。

A. 空间冗余　　　　B. 时间冗余　　　　C. 信息熵冗余　　　　D. 视觉冗余

6. 下列说法中，不正确的是（　　）。

A. 预测编码是一种只能针对空间冗余进行压缩的方法

B. 预测编码是根据某一种模型进行的

C. 预测编码需将预测的误差进行存储或传输

D. 预测编码中典型的压缩方法有 DPCM、ADPCM

7. 下列说法中，正确的是（　　）。

A. 信息量等于数据量与冗余量之和　　　B. 信息量等于信息熵与数据量之差

C. 信息量等于数据量与冗余量之差　　　D. 信息量等于信息熵与冗余量之和

8. 在 MPEG 中为了提高数据压缩比，采用的方法有（　　）。

A. 运动补偿与运行估计　　　　　　　B. 减少时域冗余与空间冗余

C. 帧内图像数据与帧间图像数据压缩　　D. 向前预测与向后预测

9. 在 JPEG 中使用了（　　）两种熵编码方法。

A. 统计编码和算术编码　　　　　　　B. PCM 编码和 DPCM 编码

C. 预测编码和变换编码　　　　　　　D. 哈夫曼编码和自适应二进制算术编码

10. 衡量数据压缩技术性能的重要指标是（　　）。

A. 压缩比　　　　　　B. 算法复杂度　　　C. 恢复效果　　　　　D. 标准化

11. 下列是图像和视频编码国际标准的是（　　）。

A. JPEG　　　　　　B. MPEG　　　　　C. ADPCM　　　　　D. H. 261

三、填空题

1. 预测编码是针对统计冗余进行压缩的，常运用"＿＿"的概念解决动态系统的输出问题。其基本原理是：根据离散信号之间存在着一定＿＿的特点，利用前面的一个或多个信号对下一个信号进行＿＿，然后对实际值和预测值的差进行编码，由于差值比实际值小得多，从而达到压缩数据量的目的。

2. 所谓变换编码，是指先对信号进行＿＿，从一种信号空间变换到＿＿（如将图像光强矩阵的时域信号变换到频域的系数空间上）进行处理的方法。

3. 矢量量化是近年来发展起来的一种新的编码方法。这是一种＿＿的编码方案，其主要思想是先将输入的＿＿按一定方式分组，再把这些分组数据看成一个＿＿，对它进行量化。这区别于直接对一个数据的标量作量化的方法。

4. 子带编码中，首先用一组＿＿将输入的音频信号分成若干个连续的频段，这些频段称为＿＿；而后，再分别对这些子带中的音频分量进行＿＿；最后，再将各子带的编码信号组织到一起，进行＿＿信道上传送。

5. JPEG 的主要思路是对＿＿进行压缩编码，将压缩的数据进行＿＿。同时，还要考虑对已压缩的图像数据进行＿＿，以便重建原始图像。

6. JPEG 标准定义了两种基本压缩算法。一是基于离散余弦变换（DCT）的＿＿；二是基于空间线性预测技术的＿＿算法。

7. 从 80 年代开始，一些国际标准组织协同工作，已建立起三个压缩编码标准架，即联合图片专家组（Joint Photographic Experts Group）制定的＿＿，动态图像专家组（Moving Picture Experts Group）制定的＿＿以及国际标准化组织 ISO 和国际电话电报咨询委员会 CCITT 制定的＿＿标准。

四、简答题

1. 简述多媒体数据压缩的必要性。

2. 数据冗余指的是什么？常见的数据冗余类型有哪些？

3. 有损压缩编码和无损压缩编码的区别是什么？

4. 对信源 $X = [x_1 = 0.25, x_2 = 0.25, x_3 = 0.2, x_4 = 0.15, x_5 = 0.10, x_6 = 0.05]$ 进行 Huffman 编码。

5. 简述游程编码的思想和方法。

6. 已知信源 $X = [x_1 = 1/4, x_2 = 3/4]$，若 $x_1 = 1$，$x_2 = 0$，试对 1011 进行算术编码。

第4章

音频信息处理技术

人类的信息交流是从语言开始的，语言承载信息并通过声音和人的听觉传达、接收信息。人类通过听觉得到的信息占利用各种感觉器官收集的总信息量的 20％左右，可见声音媒体在传递和交换信息中所起的作用。声音是人类表达思想和情感最早和最方便的媒体，因此，音频信息处理是计算机多媒体信息处理必需的功能之一。

本章介绍音频信号数字化原理、音频信号的获取与处理、乐器数字接口 MIDI，以及声卡的基本结构、工作原理、主要性能指标和功能。

4.1 音频信号概述

1. 信号的描述及分类

1）确定信号及随机信号

能够用一确定的时间函数来表示的信号就是确定信号。这种信号对应某一时刻都有一个确定的信号值。有一些信号具有不可预知的不确定性，这种信号就是随机信号。

后面要讲的音频信号、视频信号以至计算机中的数字信号均为确定信号。

2）周期信号与非周期信号

按一定时间间隔周而复始重复的信号就是周期信号，而在时间上不具有周而复始的重复特性的信号就是非周期信号。

3）连续信号与离散信号

信号随时间的取值是连续的，这样的信号就是连续信号。如果信号在时间上的取值是离散的，则这种信号就称为离散信号。可见，离散信号在时间上是离散的，但信号在幅度上可以是连续的，也可以是离散的。

4）模拟信号与数字信号

如果信号在时间上和幅度上都是连续的，那么这样的信号就是模拟信号。模拟信号以一定时间间隔取值，则可获得离散信号，又称之为采样信号。若将离散信号进行二进制编码，以二进制编码来表示离散值的幅度，那么这种二进制编码信号叫做数字信号。

模拟信号经过采样可获得离散信号，离散信号经 A/D 转换变成二进制的数字信号，数字信号可以由计算机直接进行处理了。

模拟信号、离散信号与二进制编码的数字信号之间的关系如图 4-1 所示，用连续变化的曲线表示模拟信号，用圆点表示以相等时间间隔取值而得到的离散信号，图 4-1 的纵坐标标出二进制编码值。

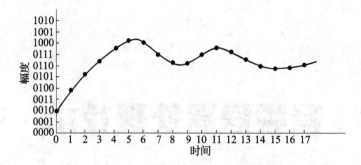

图 4-1   模拟信号、离散信号与二进制编码的数字信号之间的关系

2. 采样定理及信号重构

1) 采样定理

设输入信号是带宽有限的信号,最高信号频率为 f_m,则从采样得到信号序列(离散信号)重构(复现)连续信号的条件是采样频率 $f_s \geqslant 2f_m$,否则,将产生混叠效应,而使信号失真。频率 $2f_m$ 称为奈奎斯特(Nyquist)频率 f_q,即 $f_q = 2f_m$。时域信号及其傅里叶变换频谱密度如图 4-2 所示。

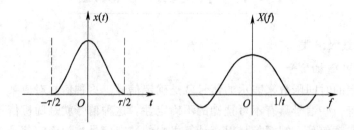

取 $f_m = 1/\tau$ 为信号上限频率

图 4-2   时域信号及其傅里叶变换频谱密度

2) 信号重构

设时域信号为 $x(t)$,对应的频谱密度为 $X(f)$,若时域采样脉冲序列为

$$p(t) = \sum_{n=-\infty}^{\infty} \delta(t-nT)$$

是等间隔(T)的单位脉冲序列,由信号理论可知对应的频谱为

$$\Delta(f) = \frac{1}{T} \sum_{m=-\infty}^{\infty} \Delta(f-mf_s)$$

是一个等间隔(f_s)频域冲激序列。其中 T 是时域采样序列的周期,即采样频率

$$f_s = \frac{1}{T}$$

可以写出时域采样序列的表达式,即

$$x*(t) = x(t) \cdot p(t) = x(t) \cdot \sum_{n=-\infty}^{\infty} \delta(t-nT)$$

$x*(t)$ 就是 $x(t)$ 在 $t=nT$ 处的离散序列。

由卷积定理，时域的乘积对应频域的卷积，即

$$X(f) * \Delta(f) = X(f) * \frac{1}{T} \sum_{m=-\infty}^{\infty} \Delta(f - mf_s)$$

因为 $\Delta(f)$ 是一个冲激序列，卷积的结果相当于 $X(f)$ 搬移至 $\Delta(f)$ 序列出现的地方，从而成为周期函数。$x(t)$ 在时域的采样与 $X(f)$ 在频域卷积（搬移）的关系如图 4-3 所示。

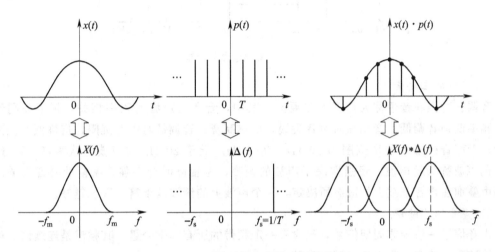

图 4-3　时域采样与频域卷积的关系

可见，若 $f_s = 1/T$ 不是足够大，采样以后对应的频谱就会产生混叠，用矩形（带通）滤波器滤波所得的主频谱就会失真，恢复到时域以后，时域连续信号也将失真。因此，采样频率 f_s 必须满足采样定理的要求，即 $f_s \geqslant 2f_m$。

4.2　音频信号的获取与处理

4.2.1　音频信号

1. 常见音频信号

常见的音频信号主要有电话音频信号、调频、调幅无线电广播音频信号和高保真数字的立体声音频信号。由于用途不同，这些音频信号频带宽度也各不相同，而且，在音响设备中，通常以音频信号的带宽来衡量声音的质量。图 4-4 中表示了这 4 种常见音频信号的带宽。其中，等级最高的是激光唱盘的音频信号；其次是调频无线电广播，调幅无线电广播；最低的是电话话音的频带，从 0.2 kHz 到 3.4 kHz，带宽只有 3.2 kHz。

2. 声音的特性

1）声音的波动性

任何物体的振动通过空气的传播都会形成连续或间断的波动，这种波动引起人的耳膜振动，变为人的听觉。因此，声音是一种连续或间断的波动。

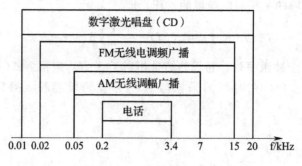

图 4 - 4　音频信号的带宽

2）声音的三要素

音调、音强和音色称为声音的三要素。其中，音调与声波的频率相关，频率高则音调高，频率低则音调低。音调高时声音尖锐，俗称高音；音调低时声音沉闷，俗称低音。人的耳朵对于声音的感知频率范围为 20 Hz～20 kHz。低于 20 Hz 的声波为次声波，高于 20 kHz 的声波称为超声波。音强取决于声波的幅度，振幅高时音强强，振幅低时音强弱。音色则由叠加在声音基波上的谐波所决定，一个声波上的谐波越丰富，音色越好。

3）声音的连续谱

声音信号一般为非周期信号，包含有一定频带的所有频率分量，其频谱是连续谱。声波的连续谱成分使声音听起来饱满、生动。

4）声音的方向性

声音的传播是以弹性波形式进行的，传播具有方向性，人通过到达左右两耳声波的时间差及声音强度差异来辨别声音的方向。声音的方向性是产生立体声效果和空间效果的基础。

3. 音频的种类

在自然界中，声音包含声响、语音和音乐等三种形式。在多媒体系统中，声音不论是何种形式都是一种装载信息的媒体，统称为音频。由产生音频的方式不同音频被分为波形音频、MIDI 音频和 CD 音频三类。

1）波形音频

以声波表示的声响、语音、音乐等各种形式的声音经过声音获取设备（如麦克风）和声音播放设备（如录音机、CD 唱机等）输入，并通过声卡控制采样，由 A/D 转换将模拟信号转变成数字信号，然后以"＊.WAV"文件格式存储在硬盘上，这种声音媒体称为波形音频。波形音频重放时，必须经过 D/A 转换将数字信号转换成模拟信号，由声卡上的混音器混合后生成声波，再由音箱输出声音。

波形音频的"＊.WAV"文件中记录的是数字信号，可以使用计算机对"＊.WAV"文件进行各种处理，并像其他数据文件一样被存取、复制和传输。

2）MIDI 音频

将电子乐器演奏时的指令信息（如音高、音长和力度等）通过声卡上的 MIDI 控制器输入计算机，或者利用一种称为音序器的计算机音乐处理软件编辑产生音乐指令集合，以"＊.MID"文件格式存储在硬盘上，这种声音媒体称为 MIDI 音频。MIDI 音频重放时，必须经过合成器将 MIDI 指令译成相应的声音信号，再由声卡上的混音器混合后生成声波，最后由音箱播出音乐。

　　MIDI 音频的"＊.MID"文件中可以包含多达 16 种不同乐器的声音定义。MIDI 文件记录的不是乐曲本身，而是一些描述乐曲演奏过程的指令，因此，MIDI 音频是乐谱的数字化描述。MIDI 文件的存储量比较小，因此，它可以满足较长时间音乐播放的要求，但是 MIDI 文件的录制工作较为复杂，需要使用 MIDI 创作并改编作品的专业知识以及专门化工具，如键盘合成器等。

　　3）CD 音频

　　CD 音频是指以 44.1 kHz 频率、16 位精度采样而获得的一种立体声数字化声音。

4.2.2　音频信号的获取与处理

1.　音频信号的获取

　　音频信号的获取框图如图 4-5 所示，音频信号首先由话筒产生，话筒输出的信号幅度比较小，因此，接下来要对音频信号进行放大，以便使其幅度达到后面采集与转换电路的要求。

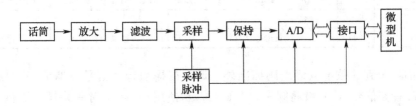

图 4-5　音频信号获取框图

　　同时，音频信号应根据不同的需要用滤波器进行滤波。滤波器的通频带对于不同的信号是不一样的。如前所述，电话和广播的要求就相差很大。利用滤波器，一方面滤除了一些高频干扰和噪声，同时也使音频信号的最高频率成分限制在一定的范围内，以便对其进行采样。利用图 4-5 所示的采样及保持电路，就可将前面得到的音频信号离散化。每一个离散的音频信号幅度值加到 A/D 转化器上，就可将音频信号变为二进制数字编码，再经过计算机的输入／输出接口，便可以将数字化的音频信号取到计算机中。

　　依据采样定理，不同带宽的音频信号使用不同的采样速率。例如，电话话音的采样频率通常为 8 kHz，而高保真的音乐信号则用 44.1 kHz 采样。

2.　音频信号的处理

　　在实际使用中，不管多媒体信息是音频信号还是视频信号，其数据量都是十分巨大的。如图 4-5 所示的那样，经 A/D 转换的数字化音频信号直接进入计算机进行存储（记录）或进行传送，是不可取的。

3.　音频信号的回放

　　经压缩的音频信号以一定的格式记录在有关的媒体上，例如，磁带、磁盘及光盘等，或者以一定的格式传送到接收端。

　　在音频信号接收端或由媒体回放音频信号时，首先由专用的硬件或软件对压缩数据进行解压缩，恢复音频数字信号，然后，经由图 4-6 所示的电路框图对音频信号进行放音。

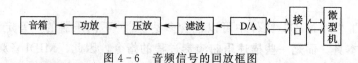

图 4 - 6　音频信号的回放框图

4. 有关音频信号的标准及规范

这里，首先阐明数字电话音频信号的数据压缩标准。在表 4 - 1 中列出了国际电报电话咨询委员会（CCITT）、欧洲移动通信专家组（GSM）、美国移动通信标准（CTIA）及美国国家安全局（NSA）各自制定的有关电话通信的编码标准。表中还给出了各种标准的大致使用领域以及它们的质量，其中，质量是以最高为 5.0 分来表示的。

表 4 - 1　电话通信的编码标准

组织	ISO	CCITT			GSM	CTIA	NSA	
标准		G.711	G.712	G.728	GSM	GIA		
制定时间	1992	1972	1984	1992	1983	1989	1989	1982
传送速率（kbps）	128	64	32	16	13	8	4.8	2.4
编码算法		PCM	ADPCM	LD - CELP	RPE - LT	VSELP	CELP	LPC
质量	5.0	4.3	4.1	4.0	3.7	3.8	3.2	2.5
使用场合	CD	长途电话网络			移动通信		保密电话	

除了上面所提到的数字电话编码标准外，调幅广播的音频信号范围为 50 Hz～7 kHz，又称"7 kHz 音频信号"，其最高频率为 7 kHz，当使用 16 kHz 对其采样并进行 14 位二进制编码时，其数据的传送速率为 224 kbps。为了对最高频率进行压缩，CCITT 于 1988 年为其制定了 G.722 标准，标准规定这种信号的数据传送率为 64 kbps。

5. 常用语音文件格式

多媒体计算机的语音处理或在后面将要说明的声卡中所用到的操作系统或工具软件为我们提供了语音文件。这些语音文件都有各自的标准，以便于用户使用和相互转换。这里将简要介绍目前最常见的语音文件格式。

1）VOC 语音文件格式

VOC 语音文件由文件头和数据块两大部分组成。其中 VOC 语音文件的文件头如表 4 - 2 所示，VOC 文件的文件头主要是对 VOC 文件的类型、版号及标志作出说明，同时，指出了数据块的偏移地址、数据块长度及采样率。

表 4 - 2　VOC 语音文件的文件头

偏移地址	内容
00～13H	文件类型
14～15H	从 VOC 文件开始到数据块的偏移量
16～17H	VOC 文件版本号
18～19H	VOC 文件标志
1AH	VOC 文件的数据块标志
1B～1DH	数据块长度
1EH	数据采样率

　　VOC 文件中数据块由性质不尽相同的子块组合而成。各子块的功能及其长度也各不相同,如有语音数据子块、静音标志子块、ASCII 码字符子块、循环重复子块、终止子块及用于立体声音响的扩展子块等。VOC 文件中数据子块的长度及主要功能列于表 4-3 中。

表 4-3　VOC 文件中数据子块的长度及主要功能

数据子块号	长度	功能
0	1 B(字节)	终止块
1	7 B+?	语音数据
2	5 B+?	语音数据
3	7 B	静音
4	6 B	标志
5	6 B+?	ASCII 字符
6	6 B	循环重复
7	4 B	循环重复
8	7 B+?	扩展块

　　不同子块的开始几个字节除前面 4 个如上所述外,剩下的不太相同,表 4-3 中用?表示。例如,1 号数据子块的开始字节中,有规定本数据块的数据压缩比的字节。知道了压缩比,就可以解压缩恢复原始的语音数据。

　　2)WAV 语音文件格式

　　在多媒体应用中被广泛使用的是 RIFF(Resource Interchange File Format)标准给出的 WAV 语音文件。与 VOC 文件类似,WAV 文件也是由文件头和数据块两部分组成,其中文件头所规定的内容如表 4-4 所示。

表 4-4　WAV 语音文件的文件头

偏移地址	字节数	类型	内容
00H~03H	4 B	字符	'RIFF'
04H~07H	4 B	长整数	从下一个地址(08H)开始到文件结束的总字节数
08H~0BH	4 B	字符	'WAVE'
0CH~0FH	4 B	字符	'fmt'
10CH~11H	2 B	整数	文件标志
12H~13H	2 B	整数	目前为 1
14H~15H	2 B	整数	声道数
16H~19H	4 B	长整数	采样率
1AH~1DH	4 B	长整数	每秒平均字节数

　　由表 4-4 可见,WAV 语音文件头也对文件设置了一些标志并确定了对语音信号的采集速率。单声道语音信号用 11.025 kHz 的采样率采样,采样值为 8 bit 二进制编码,双声道语音信号用 44.1 kHz 采样率采样,即左右声道各为 22.05 kHz 采样,每声道采样值用 8 bit 二进制编码表示,这样一来,每个语音采样值要用 16 bit 表示,且高 8 位放左声道的数据,低 8 位放右声道的数据。具体数据块的存放情况如表 4-5 所示。

　　表 4-5 表明,数据块紧跟在文件头的后面,其偏移地址从 1EH 开始,前面是数据块的标志和数据块的总长度。从偏移地址 26H 开始存放语音数据。

表 4-5　WAV 文件中的数据块存放

偏移地址	字节数	类型	内容
1EH～21H	4 B	字符	'data'
22H～25H	4 B	长整数	采样数据总字节数
26H～	…	8 位整数	采样数据

　　以上简单地介绍了两种语音文件 VOC 和 WAV，其中 VOC 是声霸卡所形成的文件格式，WAV 是 Microsoft 的语音文件格式。在实际应用中，经常需要知道这些语音文件的格式，而且也经常会遇到由 WAV 文件向 VOC 文件转换或由 VOC 文件向 WAV 文件转换。所幸的是这两种文件的相互转换已有现成的程序可供调用，使用者只要用一条简单的命令即可方便地完成它们之间的相互转换。但是，由于两种文件的复杂性，在利用软件命令进行两种文件格式转换时，应注意，WAV 文件只支持 11.025 kHz、22.05 kHz 和 44.1 kHz 采样率，因此，在形成 VOC 文件时也要采用这样的采样率才能顺利地进行相互转换。

　　VOC 文件中可包括多个数据块，而 WAV 文件只支持一个数据块，且只能用一种采样速率播放出来。因此，在 WAV 和 VOC 文件相互转换时，只能是功能强的 VOC 文件来适应 WAV 文件的规定。同时，WAV 文件不支持压缩文件，因此，当 VOC 文件向 WAV 文件转换时，VOC 文件中的压缩数据块将被忽略。

　　3）AU 声音文件格式

　　AU 文件是使用于 UNIX 操作系统下的一种波形文件，其格式如表 4-6 所示。

表 4-6　AU 文件格式

偏移量	内容	偏移量	内容
0～3	AU 文件标志	16～19	数据采样频率
4～7	文件头长度	20～23	声道数 N（1 为单声道、2 位双声道）
8～11	数据长度	24～（x-1）	附加描述信息（其中 x 为文件头长度）
12～15	波形格式文件	x～	声音数据

　　4）MID 文件格式

　　MID 文件是一种记录数字化音乐的 MIDI 文件，由一个文件头块和多个音轨块组成。文件头块记录了 MIDI 文件的描述信息，而音轨块记录了 MIDI 通道的数据流信息。MID 文件头块和音轨分别如表 4-7 和表 4-8 所示。

表 4-7　MID 文件头块

偏移地址	内容
0～3	MID 文件头标志
4～7	文件头块长度
8～11	记录格式： 格式 0——文件由包含所有 16 个通道数据的一个音轨组成 格式 1——文件由一个或多个同步的音轨组成 格式 2——文件由一个或多个独立的音轨组成

偏移地址	内容
12～15	音轨号
16～17	VOC 文件的数据块标志
18～19	时间分割，规定了形成 1/4 音符节拍的时间长度
1EH	数据采样率

表 4 - 8　MID 音轨

偏移量	内容
0～3	音轨标志
4～7	音轨块长度
8～	音轨数据

4.3　乐器数字接口 MIDI

4.3.1　计算机音乐

计算机音乐也称为电子音乐，是由计算机音乐软件创作、修改和编辑乐谱，通过合成器把数字乐谱变换成声音波形，再经过混音器混合后送到音箱播放的乐曲。计算机的数字合成技术可以模拟传统乐曲的音色，也可以通过计算机的编辑功能合成不是自然乐器发出的声音。计算机音乐改变了传统音乐创作和演奏方式的概念。

1. 乐音的几个要素

一个乐音主要由 3 个要素组成：音高、音色、响度。

1）音高

音高指声波的基频。各音阶对应的频率如表 4 - 9 所示。知道了音高与频率的关系，就能够设法产生规定音高的单音了。

表 4 - 9　音阶与频率的对应关系

音阶	C	D	E	F	G	A	B
简谱	1	2	3	4	5	6	7
频率	261	293	330	349	392	440	494

2）音色

有时，具有固定音高和相同谐波的乐音给人的感觉有很大差异。比如，人们能够分辨具有相同音高的钢琴和小提琴声音，这正是因为它们的音色不同。音色是由声音的频谱决定的，各次谐波的比例不同，随时间衰减的程度不同，音色就不同。"小号"的声音之所以具有极强的穿透力和明亮感，是因为"小号"声音中高次谐波非常丰富。各种乐器的音色是由其自身结构特点决定的。用计算机模拟具有强烈真实感的旋律，音色的变化是非常重要的。

3）响度

响度是对声音强度的衡量，它是听判乐音的基础。人耳对于声音细节的分辨与响度趋势有关，只有在响度适中时，人耳辨音才最灵敏。如果一个乐音响度太低，便难以正确判别它的音高和音色，而响度过高，也会影响判别的准确性。

2．计算机音乐的生成

计算机音乐系统由演奏控制器、音源和 MIDI 接口几部分组成。

1）演奏控制器

演奏控制器是一种输入和记录实时乐曲演奏信息的设备，如钢琴模拟键盘。演奏控制器主要用来产生演奏信息，并不发出声音。用户可以用 MIDI 电缆把演奏控制器的输出端和声音合成器的输入端相连接。当用户用演奏控制器演奏乐曲或编制乐曲时，就可以把乐曲信息记录下来，或通过合成器和音箱播放出来。演奏控制器除了钢琴键盘之外，还有电子琴、吉他、萨克斯管、手风琴和鼓等乐器。

2）音源

音源是计算机音乐系统的核心，是具体产生声音波形的部分。

（1）数字合成音源

数字合成音源具有声音合成的任意性，它使用波形发生器合成不同的声音，在理论上，合成音源可以合成出任何声响和声音，但由于决定一种音源特性的参数比较复杂，因而想要得到一种既满意又实用的音色并不是一件容易的事情。数字合成音源由硬件芯片来实现，常用的合成方法是采用调频合成，即 FM 合成。

（2）采样音源

使用 FM 合成法来产生逼真的乐音是不甚理想的，有些乐音几乎不能产生，只在低档声卡采用。中、高档声卡采用乐音样本合成法，即波表合成法。采样音源是一种具有真实声音片段的音源，它采集真实乐器的演奏波形，将它们存放在一个波形表中，合成音源时以查表匹配方式获取真实乐器波形。这种以真实声音波形为基础的音源具有音色真实、丰满的特点，合成的音源基本上能达到以假乱真的效果。但是，由于采样波形不能代表所有真实的演奏状态，而且音源的音色在某种程度上还取决于演奏者的演奏技术，因而采样音源还是达不到演奏者演奏音乐的临场感觉效果。

（3）物理模型化音源

物理模型化音源与合成音源和采样音源有着本质的区别，音源中既没有波形发生器也不存在采样波形，而是利用计算机强大的处理功能和高速的实时响应能力模拟出各种演奏信息的相应声波。此时的音色不仅取决于乐器种类，而且与演奏状态和演奏技巧等密切相关，因而在音源能根据接收到的演奏信息模拟出相应声音的同时，音色随演奏的变化而变化。典型的物理模型化音源有仿真声学合成器 VL－1 和 VL－2 等。

4.3.2　MIDI 接口

MIDI（Musical Instrument Digital Interface）即乐器数字接口，是音乐与计算机结合的产物。它是一种计算机与 MIDI 设备之间连接的硬件，同时也是一种数字音乐的国际标准。

任何带有 MIDI 接口的设备都称之为 MIDI 设备，如带有 MIDI 接口以及专用的 MIDI 电缆计算机、合成器和其他各类 MIDI 设备连接在一起，以便计算机对 MIDI 设备进行控制和在不同 MIDI 设备之间进行信息交换。

1. MIDI 基本概念

MIDI 接口规范由硬件连接端口和数据传输格式两部分组成。

1）硬件连接端口

硬件连接端口规定了乐器间的物理连接方式，要求乐器必须带有 MIDI 端口，并对连接两个乐器的 MIDI 电缆及传输电信号作了规定。

MIDI 接口具有三种输入/输出端口，它们分别是 MIDI IN、MIDI OUT 和 MIDI THRU。

① MIDI IN：MIDI 输入端口，MIDI 设备用 MIDI IN 端口接收 MIDI 信息。

② MIDI OUT：MIDI 输出端口，MIDI 设备用 MIDI OUT 端口送出 MIDI 信息。

③ MIDI THRU：MIDI 转接端口，MIDI 设备利用 MIDI THRU 端口起到中继和桥接的作用。

MIDI 接口的 IN、OUT、THRU 端口均是一个圆形的 5 孔接头，如图 4-7 所示。它们都被称为 MIDI DIN 的标准型接头。与 MIDI 接口相对应，MIDI 专用电缆线的两端各为一个 5 针的圆形插头，其尺寸与 MIDI 接口相匹配。

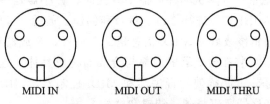

MIDI IN　　　　MIDI OUT　　　MIDI THRU

图 4-7　MIDI 接口示意图

最常用的 MIDI 设备连接方法是用一根 MIDI 电缆将演奏控制器的 MIDI OUT 端口与计算机（内有音序器）的 MIDI IN 端口相连接，同时用另一根 MIDI 电缆将计算机的 MIDI OUT 端口与音源 MIDI IN 端口相连接，这样由演奏控制器发出的演奏信息便可被计算机接收和存储，经过处理后送到音源演奏。

2）数据传输格式

MIDI 标准规定了硬件上传输信息的编码方式。MIDI 数据格式不是处理单个采样点的编码（波形编码），而是乐谱的数字描述，包括乐器的定义、音符序列和音色、音量的描述。数据可以分为多组 MIDI 消息，一组 MIDI 消息代表一个音乐事件，也就是一种乐器的某个动作，如击键、移动滑动条和设置开关等。例如，弹奏钢琴击键时，由 MIDI 接口产生一个 MIDI 消息，这个消息就是乐谱的数字描述，定义了该乐器的音符序列、音色和音量。当一组 MIDI 乐谱信息通过音乐合成芯片演奏时，合成芯片解释这些符号，产生音乐。

2. MIDI 设备

通过 MIDI 接口，计算机可以控制各个乐器的输出。同时，通过 MIDI 接口，计算机还能接收、存储并处理经过编码的音乐数据。数据由 MIDI 设备的键盘产生，可通过声音合成器还原为声音。音序器是一个应用程序，不仅用于存储数据，大多数情况下还可用于编辑音乐数据。

1）MIDI 合成器

已经指出，MIDI 声音产生和记录的方法与波形声音产生和记录的方法是不同的，MIDI 文件记录的内容是音乐演奏的一系列指令。当播放 MIDI 文件时，必须把这些数字化的音乐指令转变成模拟的音乐波形，才能由音箱播放出乐曲。MIDI 合成器就是将 MIDI 文件中的数字信号转化成声音波形的电子设备，目前常用的 MIDI 合成器有调频（FM）音乐合成器和波形板（Wavetable）合成器两种类型。合成器可以内置于计算机内部，一般集成在声卡上，也可以通过 MIDI 接口与计算机相连接，称为外部合成器。

根据合成器的功能可以分为基础级合成器和扩展级合成器。基础级合成器支持 3 种乐器和 6 个音符的复音，扩展级合成器可以支持 9 种乐器和 16 个音符的复音，目前高档的合成器可以支持 16 种乐器和 32 个（或 64 个）音符的复音。

复音是指合成器同时支持的最多音符数。如一个能以 6 个复音合成四种乐器声音的合成器，可同时演奏分布于四种乐器的 6 个音符，这四种乐器可能是钢琴和弦、长笛和小提琴。

2）MIDI 音序器

音序器又称声音序列发生器，是一种记录、编辑和播放 MIDI 文件的软件，是为 MIDI 作曲而设计的计算机程序。音序器将演奏者实时演奏的音符、节奏以及音色变化等信息数字化后按时间或节拍顺序记录在计算机的存储器中。同时，音序器是一种音乐指令处理软件，可以根据用户的要求对 MIDI 文件进行修改、编辑和创作。最后，音序器可将记录在存储器内的 MIDI 信息或经过编辑修改好的 MIDI 信息送到合成器，合成器对声音进行合成后自动演奏播放。音序器也可以安装在合成器的内部与合成器构成整体，这时音序器称为作曲机。用户如果想自己创作音乐，就必须使用音序器和 MIDI 控制器，MIDI 控制器负责将创作演奏转换成 MIDI 数据，音序器负责录制、编辑和播放。

音序器内具有若干条音轨，每条音轨用来存放一种乐器的信息，不同乐器占用不同的音轨，并且可以单独进行编辑和修改，也可以单条音轨进行播放。当需要几种乐器合奏时，可以把相应的几条音轨中的构成音序的演奏数据经过通道传输到合成器，再经混音器混音后输出。

通道是一种音乐信息的传输路线，每条专用 MIDI 电缆可提供 16 个通道，其中每个通道可传输一种乐器的音符信息，相当于同时产生 16 组乐器合奏的乐曲。通常，不同的通道对应于不同的音轨，但不同的音轨可以共同占相同的通道。

3）MIDI 键盘

演奏者使用键盘可以直接控制合成器的输出。每一次击键就是向微处理器发送一个相应的信号，告诉它演奏的音符和持续时间、演奏的音量，以及是否加入颤音等。键盘至少要有 61 个键，以能表示 5 个 8 度音程。

4）微处理器

微处理器的任务是接收和发送 MIDI 信息。微处理器从 MIDI 键盘的动作判断演奏的音符，通过控制板判断演奏者的控制命令，并存储这些 MIDI 指令。输出时，微处理器将这些指令送至声音合成芯片，由它来解释这些指令并合成声音。

5）控制面板

控制面板控制那些不直接由键盘产生的音符和与持续时间有关的一些其他量，如控制总音量的滑动条、控制合成器开关的按钮，以及一组确定声音生成器音调的声音选择按钮，还可以通过辅助控制器调节合成器的音调或加入特殊效果。另外，MIDI用时钟表示音符的长度，并实现发送端与接收端的同步。

3. MIDI 软件

计算机通过 MIDI 接口与各种 MIDI 乐器连接后，就可以使用各种各样的 MIDI 软件。用户可以通过作曲或音乐设计对声音事件进行音乐的创作和编辑。

MIDI 软件可以分为以下 4 类。

（1）音乐记录和演奏软件

这类软件能记录从 MIDI 设备输入到计算机中的 MIDI 消息，有的还能编辑并播放这些消息。

（2）乐谱创作与打印软件

使用这类软件可以用传统方式作谱，还可以用乐谱演奏或用打印程序打印输出乐谱。

（3）合成器片断编辑或管理软件

这类软件可以在计算机上编辑不同的合成器片段并存储在内存或磁盘上。

（4）音乐教学软件

这类软件使用屏幕、键盘及其他 MIDI 设备控制器进行音乐教学。

4.4 声 卡 概 述

4.4.1 声卡的结构与工作原理

1. 声卡的结构

计算机处理声音的硬件设备是声卡，尽管声卡的类型很多，但声卡的基本结构和功能都是类似的。声卡的功能结构模型如图 4-8 所示。

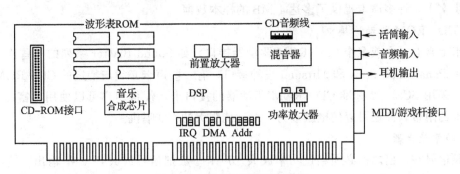

图 4-8 声卡的功能结构模型

1）音源

声卡可以接收话筒的信号输入（MIC IN）、外部的音频信号输入（LINE IN），或是内部连接的 CD 音频信号。各种输入信号的幅度不宜太小，也不宜太大，否则将引起信噪比下降或信号的失真。声卡的软件一般都提供检测外部输入信号大小的应用程序。

2）混音器（Mixer）

混音器芯片可以混合各种音源，包括数字化声音、MIDI（合成）音乐、CD 音频输入、LINE IN、MIC IN 以及 PC 扬声器，并通过软件控制多种音源的音量，实现混合录音。混音器芯片还可提供立体声／单声道选择和低频／高频滤波。声卡通过软件向用户提供一个控制混音的平台，如 Sound Blaster 提供的 Mixer，用户可以像操作一个调音台一样对 Mixer 进行操作。

3）前置放大器

在有些声卡上有独立的音频前置放大器芯片，它是一块模拟信号处理芯片，其主要任务是将各种音源的微弱信号放大到一定的电平，或进行选择、补偿、控制等处理，使其足以推动后级电路。前置放大器位于整个音频信号通路的前端，因此其性能对声卡的整体音频信号处理质量非常重要。

4）DSP（Digital Signal Processing，数字信号处理）芯片

DSP 是声卡的核心部件，是处理速度高、集成度大的可编程芯片，能及时处理数据并以所需要的方式传送给用户。就处理以运算为主的工作而言，DSP 较一般的 CPU 快数十倍。DSP 减轻了 CPU 的繁重负担，增加了声卡的智能性，诸如噪声滤波、声音压缩，甚至语音识别等功能都可由 DSP 完成。

5）音乐合成芯片

音乐合成芯片是处理 MIDI 音乐的关键，合成音乐有两种方式：频率调制（FM）和波形表（Wave Table）合成方式。较早期的 8 位声卡 Sound Blaster Pro 采用的是 FM 合成方式，现大多数 16 位声卡在保留了 FM 合成器的基础上采用了波形表合成方式来合成 MIDI 音乐。波形音效的逼真感远胜于 FM 合成器的效果。波形合成芯片依靠波形表 ROM 为其提供波形样本。

6）波形表 ROM

并不是所有的波形表都能达到相同的效果，取得成功的关键在于提供足够多的音色样本数据。对于 128 种声音的 General MIDI，利用 256 KB 的空间便可以存放所有乐器的基本数据。但事实上，许多声卡提供了多达 4 MB 的样本数据。

7）CD - ROM 驱动器接口

声卡上含有一个或多个 CD - ROM 驱动器接口，如 Sound Blaster 系列的一些声卡在卡上安排了 Panasonic、Sony 和 Mitsumi 三种接口，有一些声卡必须与特定的 CD - ROM 驱动器相连，采用 SCSI - 2 标准 CD - ROM 驱动器的接口卡，使得用户可以使用丰富的 CD 节目。声卡的附带软件还可以使电脑成为一个功能强大的 CD 唱机。

8）功率放大器

音频信号在输出之前必须经过功率放大。声卡一般把信号放大到 4 W 输出，输出的立体声音频信号可以接到耳机、有源音响或是功率较大的立体声功放。

9）总线连接

声卡插在电脑的总线扩展槽上，为了实现高速传输数据的要求，声卡和电脑内存之间采用 DMA 传输方式，当传输完毕时声卡向 CPU 发送一个中断请求信号（IRQ）。这种方式保证了数据的高速传输，减轻了 CPU 的负担，为声卡的后台工作提供了可能。

2. 声卡的基本工作原理

声卡有 4 种常见的处理声音信号的方式，在不同处理方式下，音频信号（数字的及模拟的）所通过的路径是不同的。声卡的工作原理如图 4-9 所示。

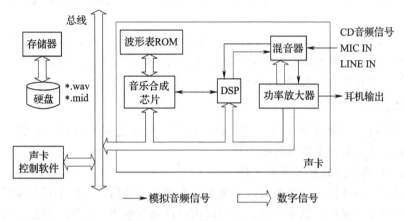

图 4-9 声卡的工作原理

1）纯模拟音频通道

外界的各种模拟音频信号，包括 LINE IN、MIC IN 及 CD 音频信号通过相应的输入插座送到声卡的混音器芯片，通过软件，可以控制混音器芯片对各种音源的选取、放大和混合比例，以及控制左右声道的输出平衡。在这个过程中，音频信号没有被数字化，声卡充当由电脑控制的模拟混音设备。

2）数字录音

外界音频信号经过混音器及前置放大器的混合放大，进入 DSP。根据软件设置的频率及采样频率，DSP 将模拟信号进行 A/D 转换，产生数字信号，然后利用 DMA 方式将声音的数字信号传输到计算机内存，最后在硬盘上形成声音文件，如 WAV 文件。

3）数字声音的回放

在播放声音文件时，数字化的声音调入内存，通过 DMA 方式输入声卡的 DSP。DSP 根据相应的采样特征对声音数据进行 D/A 转换，将其恢复成模拟信号，传送入混音器，最后模拟信号通过功率放大器向外界输出。

4）MIDI 的播放

MIDI 文件首先从硬盘调入内存，传送给声卡，音乐合成芯片根据 MIDI 文件的内容，从波形表中获取有关的预存放的声音样本，经过变换和加工产生模拟音频信号，此后通过混音器及功放向外界输出。

4.4.2 声卡的主要性能指标和功能

1. 声卡的主要性能指标

① 信噪比 SNR（Signal to Noise Ratio）是对声卡抑制噪声能力的评价。在一般情况下，有用信号功率与噪声信号功率的比值就是 SNR，单位是分贝（dB）。SNR 值越高说明声卡的滤波效能越好，声音听起来就越清晰。

② 总谐波失真 THD＋N（Total Harmonic Distortion ＋Noise）是对声卡保真度的总体评价。它将输入声卡的信号与声卡的输出信号相比较，看它们波形的吻合程度。当音频信号通过 D/A 转换成模拟信号后肯定会出现某种程度的失真（主要是高次谐波的出现）。THD＋N 就是代表这种失真的程度，其单位也是 dB。THD＋N 的数值越低，意味着声卡的失真率越小。

③ 频率响应 FR（Frequency Response）是对声卡 D/A 与 A/D 转换器频率响应能力的评价。人耳对声音的听觉范围是 20 Hz～20 kHz。作为声卡应对这一范围内的音频信号有良好的响应能力，以真实地重现播放的声音。

2. 声卡的功能

声卡必须配有功能强大的软件，这些软件在操作系统支持下运行，实现声卡的基本功能。这些功能是大多数声卡所具有的。

1）录制、编辑和回放数字声音文件

来自麦克风、录音机、收音机及激光唱盘等音源的声音信号，经采样、编码、处理后以数字声音文件的形式存储。数字声音文件可以由软件进行编辑、剪裁、粘贴、插入混合等工作，还可以进行一些特别的控制回声、音量等工作。数字声音文件在经过各种加工后可以存储起来，需要时又可以利用声卡回放。多数声卡均能对立体声和单声道声音信号进行采样、编码和回放。采样频率是可调的，最高采样频率为 44.1 kHz（或 48 kHz）。

2）对数据进行压缩和对压缩的数据进行解压的功能

在记录数字声音信号时，应先进行数据压缩。在进行数字声音文件的回放时，应先进行解压。在声卡上，利用专用语音信号压缩芯片或 DSP 对声音信号进行数据压缩，一般压缩比在 2∶1 以上。YAMAHA 公司用 ADPCM 方法使声音信号压缩比达到了 3∶1。还有更高压缩比的声音信号压缩方法，只是必须注意到，声卡用在记录、处理和回放要求音响效果很高的场合，因此追求压缩比的时候必须注意到声音的质量。

经过压缩的数字声音信号以某种记录格式存储在磁盘中，必要时再由磁盘文件制成CD-ROM 激光盘。回放时，先采用记录的逆过程对磁盘文件（或 CD-ROM）的数据进行解压缩，还原成原始声音信号，最后经滤波、放大，加到音箱上播放出来。

3）语音合成技术的使用

现在大多数声卡都具备语音合成的功能，能够将文字直接转换成声音。目前大多是英文文本到语音的转换。有了这种功能，多媒体计算机在声卡的支持下便可用语音来朗读各种文本文件。由于语音合成技术的限制，目前所产生的声音听起来不是很自然，但至少可用于发现文章的句法和语法错误，对校对文章是很有用的。

另外，有些声卡可在软件的支持下剪裁某段文本进行朗读，甚至朗读网络上发来的新闻和电子邮件。有的多媒体计算机还具有动态数据交换服务方式（DDE Sever）。在 Windows支持下，凡提供 DDE 和动态链接库（DLL）的应用程序，均可在声卡支持下加入文本朗读功能，而且，随着技术的不断发展，这一功能会不断增强。

4）语音识别功能

目前，声卡所具备的语音识别功能还只是初步的，而且不是每种声卡都具备这样的功能。当前声卡的语言识别功能主要用来识别操作人员的口令。同一般语音识别相仿，声卡在软件支持下，首先由操作人员进行训练学习，使计算机记下操作人员的语音口令特征，然后，就可以正式使用语音命令，让计算机完成某种命令的操作。现在，小词汇量的语音识别无论从识别率及识别速度上都达到了实用阶段。

5）音量控制

在声卡中，混声器集成电路芯片与软件相结合，可以对各种声源以及数字的、模拟的声音信号的音量进行控制。大多数声卡都为用户提供 Mixer 程序，它显示带有多个滑键的控制面板，可用来调节声卡上混音器的工作，还可用鼠标控制麦克风、录音机、激光唱盘及其他音源的音量，以及调节音调、增加回音等。

6）具有 MIDI 接口（乐器数字接口）

利用 MIDI 接口，计算机可以控制多台具有 MIDI 接口的乐器。乐器可由 MIDI 接口产生 MIDI 文件。这种文件比 WAV 文件更节省内存，而且也可以对 MIDI 文件进行编辑和回放。MIDI 接口可连接游戏操作杆，通过它人们可在多媒体计算机上玩各种游戏。

与音乐有关，大多数声卡上配有功能强大的 FM（调频）音乐合成器。这样一来，在软件的支持下，操作人员可以在计算机上自己谱曲，自己演奏，这对音乐爱好者来说是十分方便的。

7）多媒体制作及演示

多媒体软件的制作过程中少不了加入音频信号（语音、音乐及其他），因此必然需要声卡及其有关软件的支持。在多媒体硬、软件制作平台支持下，可制作各种语音、音乐、动画、图像以至电视节目。所有这些节目的制作过程中的演示，无不需要声卡硬、软件。

8）软件开发工具

凡是功能强的声卡，均配有十分完备的软件，其中包括用于二次开发（制作）的工具软件。这些工具软件与其他媒体的工具软件，再加上强有力的操作系统共同形成了多媒体计算机的软件平台。

思考与练习题

一、名词解释

模拟音频　　数字音频　　采样　　量化　　声道数　　MIDI 音频

二、不定项选择题

1. 数字音频采样和量化过程所用的主要硬件是（　　）。

A. 数字编码器　　　　　　　　　　　B. 数字解码器

C. 模拟到数字的转换器（A/D 转换器）　　D. 数字到模拟的转换器（D/A 转换器）

2. 音频卡的分类是按照（　　）进行的。

A. 采样频率　　　　B. 声道数　　　　　C. 采样量化位数　　　　D. 压缩方式

3. 两分钟双声道，16 位采样位数，22.05 kHz 采样频率声音的不压缩数据量是（　　）。

A. 5.05 MB　　　　B. 10.58 MB　　　　C. 10.35 MB　　　　D. 10.09 MB

4. 目前音频卡具备的功能有（　　）。

A. 录制和回放数字音频文件　　　　　　B. 混音

C. 语音特征识别　　　　　　　　　　D. 实时解/压缩数字单频文件

5. 以下的采样频率中，（　　）是目前音频卡所支持的。

A. 20 kHz　　　　B. 22.05 kHz　　　C. 100 kHz　　　　D. 50 kHz

6. 1984 年公布的音频编码标准 G.721，它采用的编码方式是（　　）。

A. 均匀量化　　　　B. 自适应量化　　　C. 自适应差分脉冲　　　D. 线性预测

7. AC‐3 数字音频编码提供了五个声道的频率范围是（　　）。

A. 20 Hz 到 2 kHz　　　　　　　　B. 100 Hz 到 1 kHz

C. 20 Hz 到 20 kHz　　　　　　　　D. 20 Hz 到 200 kHz

8. MIDI 的音乐合成器有（　　）。

A. FM　　　　B. 波表　　　　C. 复音　　　　D. 音轨

9. 下列采集的波形声音质量最好的是（　　）。

A. 单声道、8 位量化、22.05 kHz 采样频率

B. 双声道、8 位量化、44.1 kHz 采样频率

C. 单声道、16 位量化、22.05 kHz 采样频率

D. 双声道、16 位量化、44.1 kHz 采样频率

10. 在数字音频信息获取与处理过程中，下述顺序中正确的是（　　）。

A. A/D 变换、采样、压缩、存储、解压缩、D/A 变换

B. 采样、压缩、A/D 变换、存储、解压缩、D/A 变换

C. 采样、A/D 变换、压缩、存储、解压缩、D/A 变换

D. 采样、D/A 变换、压缩、存储、解压缩、A/D 变换

11. 以下不属于音频卡功能的是（　　）。

A. 音频的录制与播放　　　　　　　　B. MIDI 接口

C. 编辑与合成处理　　　　　　　　　D. 视频接口

12. 在数字音频信息获取过程中，顺序正确的是（　　）。

A. 量化、采样、压缩、存储　　　　　B. 采样、压缩、量化、存储

C. 采样、量化、存储、压缩　　　　　D. 采样、量化、压缩、存储

13. 目前，常用的声卡主要支持的采样频率是（　　）。

A. 20 Hz　　　　B. 22.05 kHz　　　C. 44.1 kHz　　　　D. 50 kHz

14. MIDI 音频文件是（　　）。

A. 一种波形文件

B. 一种采用 PCM 压缩的波形文件

C. 是 MP3 的一种格式

D. 是一种符号化的音频信号，记录的是一种指令序列，而不是波形本身

三、填空题

1. 常见的音频信号主要有电话音频信号、____、____和高保真数字的立体声音频信号。

2. 影响数字化声音质量的因素主要有三个，即____、____、____。

3. 由产生音频的方式不同，音频可分为波形音频，____和____三类。

4. 一个乐音主要由 3 个要素组成：音高、____和____。

5. MIDI 即____，是音乐与____结合的产物。它是一种计算机与____之间连接的硬件，

同时也是一种数字音乐的国际标准。

四、简答题

1. 选择采样频率为 22.05 kHz 和样本精度为 16 位的录音参数。在不采用压缩技术的情况下，计算和录制 2 分钟的立体声音需要多少 MB（兆字节）的存储空间（1 MB＝1 024×1 024 B)？

2. 声音的三要素是什么？各依赖于什么？

3. 什么叫 MIDI？它有什么特点？简述指定 MIDI 标准的意义。

第 5 章

视频信息处理技术

视频信号就是活动的、连续的图像序列。一幅图像称为一帧，帧是构成视频信息的最基本的单位。在空间、时间上互相关联的图像序列（帧序列）连续起来，就是动态视频图像。在多媒体应用系统中，视频信号以其直观、生动、信息量大等特点获得了广泛应用。

本章介绍视频的基本概念、视频信号的输入与输出、视频卡概述、非线性编辑系统、视频存储技术以及彩色电视图像制式。

5.1 视频的基本概念

5.1.1 视频信号的分类

活动图像序列根据每一帧图像的产生形式可分为影像视频和动画两类。

1. 影像视频

影像视频的特点是信息容量大且信息冗余度高，因此要求采样和传输速度较高，但也可以采用压缩技术来减少存储视频的数据。

1）帧速

视频的帧速为每秒内包含的图像帧数。根据视频制式，帧速有 30 fps（NTSC）和 25 fps（PAL，SECAN）两种。

2）数据容量

分辨率为 640×480，256 色的一帧图像，其数据容量约为 0.3 MB，对于 NTSC 视频制式来说，若要达到 30 fps 的活动图像，所需的存储量为 9 MBps，这样，一张 650 MB 的光盘只能存放大约播放 70 s 的图像数据，而且光盘数据传输率也必须达到 9 MBps 才能满足要求。

3）视频的质量

活动图像的视频质量取决于采样原始图像的质量和视频压缩数据的倍数。

2. 动画

用计算机实现的动画有造型动画和帧动画两种。帧动画是由一幅幅连续的画面组成的图像或图形序列。造型动画则是对每一个活动的对象分别进行设计，赋予每个对象一些特征（形状、大小、颜色等），然后用这些对象组成完整的画面。

计算机制作动画时，只要做好主动作画面，其余中间画面都可以由计算机内插完成。

5.1.2　视频处理

视频处理是指使用相关的硬件和软件在计算机上对视频信号进行接收、采集、编码、压缩、存储、编辑、显示和回放等多种处理操作。视频处理的结果使一台多媒体计算机可以作为一台电视机来观看电视节目，亦可以使计算机中的 VGA 显示信号编码为电视信号，在电视机上显示计算机处理数据的结果，另外，也可以通过接收、采集、压缩、编辑等处理将视频信号存储为视频文件，供多媒体计算机系统使用。

1．视频采集

视频信号的采集是在一定的时间内以一定的速度对单帧视频信号或动态连续地对多帧视频信号进行接收，采样后形成数字化数据的处理过程。

单幅画面采集时，将输入的视频信息定格，并可将定格后的单幅画面采集到的数据以多种图形文件格式进行存储。对于多幅连续采集，可以对输入的视频信号实时、动态地接收和编码压缩，并以文件形式加以存储。在捕获一般连续视频画面时，可以根据视频源的制式采用 25～30 fps 的采样速度对视频信号进行采样。对于电视、电影等影像视频来说，在对视频信号采集的同时必须采集同步播放的音频数据，并且将视频和音频有机地结合在一起，形成一个统一体，并以动态视频文件 AVI 格式进行存放。

2．编码和压缩

数字化视频信号的数据量极大，这对于多媒体系统来说要求海量存储容量和实时传输技术。虽然计算机外存储容量已经达到几十个 GB 的数量级，但也只能存放支持十几分钟的视频播放量，对于能支持 23 MBps～27 MBps 数据传输速度（相当于 PAL、NTSC 制式视频信号传输速率）的计算机也不多，如果不能达到这样的数据传输速度，就会导致大量数据丢失，从而会影响视频采样和播放的质量。例如，对于 PAL 制式视频信号，会由于在采样过程中不能保持 25 fps 画面的采样速度而丢帧，那么当存储的视频信息重新播放时，就会导致显示画面的不连贯性，从而出现抖动现象。

3．编辑与回放

1）编辑

在对视频信号进行数字化采样后，用户可以对它进行编辑、加工以达到用户的应用要求。例如，用户可以对视频信号进行删除、复制、改变采样频率或改变视频或音频格式等操作，将其改变成用户所需要的显示形式，压缩后存入硬盘。

2）回放

所谓回放，是指将存储的数字化视频数据通过实时解压缩恢复成原来的视频影像在计算机屏幕上显示重现。由于数字视频数据量庞大，因此视频的回放与屏幕显示的速度和质量密切相关，即与显示卡的质量有关。目前，在多媒体系统中通常用图形加速器代替普通显示卡来播放真彩色图像和数字视频。图像加速器上使用专用电路和芯片来提高显示速度。图形加速器上的视频存储器数量决定显示分辨率和色彩深度，显示每个像素所需的字节数乘以屏幕的分辨率即是所需的视频存储器的大小。例如，256 色图像每个像素需要 1 个字节，64 K 色图像每个像素需要 2 个字节，而真彩色图像的每个像素需要 3 个字节。

显示分辨率、颜色深度与视频存储器容量之间的对应关系如表 5-1 所示，对于真彩色的图像或影像视频的显示，一般需要1～4 MB的视频存储容量，因此图形加速器上常配置1 MB、2 MB或4 MB的视频缓存器，用户可以根据自己的应用需要来进行选择。

表 5-1　显示分辨率、颜色深度与视频存储器容量之间的关系

视存容量　颜色深度　分辨率	0.5	1	2	3
640×480	150 KB	300 KB	600 KB	900 KB
800×600	234 KB	469 KB	938 KB	1.4 MB
1 024×768	384 KB	768 KB	1.5 MB	2.3 MB
1 280×1 024	640 KB	1.3 MB	2.6 MB	3.8 MB

5.2　视频信号的输入与输出

5.2.1　视频信息源

视频信息源的种类繁多，按照其提供的视频信息形式，分为数字视频信息源和模拟视频信息源两类。

1. 数字视频信息源

这类信息源可直接提供数字化视频信号，而且，许多信息源提供的数字化信息是已按某种标准压缩的视频信号。

1) 光盘存储设备

这是一类存储（或记录）视频（也记录音频）信号的媒体，包括只读光盘、一次写多次读光盘及可读/写光盘等。

2) 数字磁带机

磁带机用于记录数字信号已使用多年，但由于其在容量、速度、可靠性等方面的限制，影响磁带机的发展。另外，由于它是不能随机存取的，因此要在很长的磁带上寻找某个文件要花很多时间。

3) 磁盘存储器

目前，10 GB硬盘是很常见的，而且，其平均寻道时间在10 ms以下，数据传输速率可达到几十 MBps。其他性能，如平均故障间隔时间在几十万到上百万小时；误码率、体积、重量、功耗等指标也都很好。因此，随着硬盘技术的发展，用硬盘来存取数字视频信号也是一种可选择的方法。

4) 扫描仪

扫描仪能直接将图像、照片、胶片以及各类图样、图形、文稿资料等输入到计算机中。

扫描仪的主要工作原理是：扫描仪的光源照射到被扫描的图像上，代表图像特征的反射光或透射光经光学系统采集聚焦在电荷耦合（CCD）器件上，而后，CCD器件将这些光信

号转换成相应的电信号，此电信号经放大、滤波并经 A/D 变换，变换成数字信号并输入到计算机中。

5）数字照相机

技术的发展已经改变了人们对照相机的传统认识，全数字化无底片照相机已经广泛使用。

全数字化照相机利用彩色液晶显示、取景，可存储几十至一百多张影像。

数字照相机有 RS-232C 或 RS-422 等接口可与微型计算机相连接，从而可将所得到的照相影像传送到计算机中进行显示和存储。

全数字式液晶取景照相机可作为视频信息源输出图像数据，而且其体积、质量都很小，携带很方便。例如，CASIO 的 QV-10 的质量为 0.190 kg，尺寸为 130 mm×40 mm×66 mm。

2. 模拟视频信息源

除了上面提到的能输出数字化视频信号的设备外，还有一些设备可以提供模拟视频信号。它们主要是电视摄像机、录像机和传真机等。

1）电视摄像机

各种制式（PAL、NTSC、SECAM 等）的电视摄像机种类繁多，常用的有家庭用的价廉的摄像机，也有性能和价格都比较高的专业级和广播级的电视摄像机。

高级的摄像机分辨率较高，伴音音频频带也很宽。摄像机可以送出射频（RF）电视信号、视频（Video）电视信号和 ENC、R、G、B 信号，用户可以根据需要选用。

摄像机送出的可以是中国制式的全电视信号。它的每帧电视由奇、偶两场叠加而成，因此，扫描方式是隔行扫描，这是电视信号很重要的特征。

2）录像机

目前的录像机都可送出模拟视频信号。它的种类繁多，有家用的较低档的录像机，也有专业级及广播级的性能和价格均较高的录像机。

录像机可输出射频（RF）电视信号，也可以输出全电视信号。有的录像机只输出一种制式的信号，而有的则可输出三种制式的信号。当录像机播放录像带时，即可获得模拟的视频信号。

3）传真机

传真机可以利用电话线路传送图像和文字。在发送端，传真机信号经调制解调器（MODEN）加到电话线路上。在接收端，传真信号经解调后可进入计算机进行处理，或者由计算机处理后加到接收端的传真机上输出。

传真机信号是经调制解调器的输出信号，亦可以被认为是视频信号，可经计算机处理后，加到电话网或其他网络上进行传送。因此，可以将传真机看做是模拟信息源中的一个设备。

5.2.2 视频输出设备

视频输出设备也有多种，它们也可以按其输入的信号形式进行分类。

1. 数字式视频输出设备

能接收数字信号的视频设备主要有如下几种：

① 可写入光盘；

② 磁盘；

③ 磁带机；

④ 数字监视器；

⑤ 打印机；

⑥ 绘图机。

监视器有着比家用电视机更高的性能和更多的功能。大多数监视器都具有多种制式（PAL，NTSC，SECAM 等）、多种屏幕尺寸和多种信号输入。在多媒体计算机中，经常用 VGA、SVGA 或其他高水平的显示卡来驱动监视器工作。

通常，各种彩色显示卡在计算机驱动程序控制下接收计算机的数字视频信号。显示卡输出监视器所需要的视频信号（例如，R、G、B 和同步信号或者是 Y、U、V 和同步信号），使显示器显示图像。

因此，视频监视器与显示控制卡结合在一起，构成数字视频监视器。

计算机显示控制卡（如 VGA 卡）所输出的视频信号与电视机的视频信号并不一样。表 5 - 2 列出了两者的不同，VGA 信号与电视信号行频和场频不一样而且每幅图像的有效行数也不相同。因此，由 VGA 到电视信号必须进行转换。反过来，要用 VGA 监视器播放电视信号也必须进行转换。

表 5 - 2　VGA 卡与电视机的视频信号

显示类型		信号	行频	场频	每幅图像行数	显示方式
VGA		RGB	31.5 kHz	45～72 Hz	200～768	隔行/逐行
TV	PAL	复合视频，Y/C，RGB	15.625 kHz	50 Hz	576	隔行
	NTSC	复合视频，Y/C，RGB	15.73 kHz	59.94 Hz	480	隔行

从原理上讲，VGA 与电视信号的相互转换并不复杂，只要想办法把一种行频、场频和显示行数以及显示方式转换成另一种显示类型的各项要求即可，利用硬件和大容量的先进先出（FIFO）内存缓冲器再配合适当的软件可以做到这一点。

打印机种类繁多，包括热敏、针式、激光、静电、喷墨、热蜡、染料热升华等多种打印机以及各种专用打印机。

绘图机有平板式、滚筒式、笔式、静电等结构，幅面尺寸也有大有小，是与计算机配套的典型图形输出设备。目前，黑白和彩色绘图机均在迅速发展中。

2. 模拟视频输出设备

1）电视机

一般的家用电视机的输入信号均为模拟信号。在多媒体计算机的配置中，可以通过专门的 TV 卡，产生计算机 CRT 所需要的模拟电视信号，这样，多媒体计算机就可以用来代替家用电视机。此外，目前有的国家正在播放的高清晰度电视（HDTV）采用的也是模拟信号。

2）投影电视

投影电视与一般电视的区别在于它利用高亮度的 CRT 通过光学反射原理将电视图像投

影到银幕上，主要目的是为了增加电视图像的显示尺寸。

3）大屏幕电视墙

大屏幕电视墙就是利用几十个或更多个大屏幕 CRT（例如，28 英寸或 29 英寸）构成长十几米，高几米的电视屏幕，用来显示动画、文字或电视图像。这种电视墙在显示图像时，由于每个 CRT 有边框而使图像出现黑色的格子，让人看起来不太舒服。

4）发光管大屏幕显示

发光管大屏幕是用大量的发光二极管构成大屏幕点阵进行图形和文字显示的，对于显示文字和简单的动画，实现起来并不困难。

利用红、绿、蓝三基色发光二极管可构成大屏幕点阵。通过微型机和相应硬件的控制，可实现对彩色电视图像、动画、图形和文字的显示。

5）液晶屏幕显示

单色的和彩色的液晶屏幕显示作为视频信号的输出设备常见于笔记本计算机。在多媒体中，它同样可以用于视频输出。

目前，市场上可见到各种形式的液晶显示屏，而且液晶板可直接利用微型机进行控制，使用起来十分方便，稍具微机知识的人都能将其用好。

5.2.3 图像的显示

当前，图像显示手段主要是 CRT。在微型计算机上，常利用显示控制卡来控制 CRT 的工作，同时，配有适当的显示驱动程序，可以使 CRT 按照人们的要求显示各种图像、图形和文字。

1. VGA 及其他

VGA（Video Graphics Adapter）是在微型计算机发展进程中，由 IBM 于 1987 年提出的。

VGA 由硬件卡和相应的软件构成，其硬件部分主要由显示存储器（VRAM）、图形控制器、CRT 控制器、并/串变换器、属性控制器、定时器及视频 D/A 变换器等部分组成。

VGA 的主要显示模式如表 5-3 所示，由表可以看到，配置在微型计算机上的 VGA 卡可以给用户提供多种显示模式，尤其是在多媒体计算机中，要显示动画和动态视频图像至少要用 VGA。在 VGA 显示卡中再配上相应软件，即可按照表中所列出的工作模式工作。

表 5-3　VGA 的主要显示模式

模式	类型	分 辨 率	彩色数
0, 1	彩色文本	40×25（320×200，8×8 字符）	16
0, 1*	彩色文本	40×25（320×350，8×14 字符）	16
0, 1+	彩色文本	40×25（320×400，9×16 字符）	16
2, 3	彩色文本	80×25（640×200，8×8 字符）	16
2, 3*	彩色文本	80×25（640×350，8×14 字符）	16
2, 3+	彩色文本	80×25（640×400，9×16 字符）	16
4, 5	彩色图形	320×200	4

续表

模式	类型	分 辨 率	彩色数
6	彩色图形	640×200	2
7	单色文本	80×25（720×350，8×16 字符）	单色
7+	单色文本	80×25（720×400，9×16 字符）	单色
D	彩色图形	320×200	16
E	彩色图形	640×200	16
F	彩色图形	640×350	单色
10H	彩色图形	640×350	16
11H	彩色图形	640×480	2
12H	彩色图形	640×480	16
13H	彩色图形	320×200	256

尽管现在还在使用 VGA，但随着技术的发展，VGA 已无法满足多媒体发展的需要。于是，人们又在原来 VGA 的基础上提出了 Super VGA，它与 VGA 在结构上大致相同。由于 Super VGA 所使用的显示存储器可达 1 MB，因而，它可支持更高的分辨率和更多的颜色。例如，在文本显示模式下，它可以显示 132 列文字；在图形显示模式下，它支持显示 640×480、800×600、1 024×768 像素点，显示颜色可达 256 种。许多微型计算机上用的 SVGA 和 TVGA 均属这一种，配上适当的监视器，在显示软件支持下，它们可以满足当前多媒体显示的需要。

但是，从多媒体发展的趋势来看，Super VGA 显示标准已难以满足发展的需要。进入 20 世纪 90 年代后，IBM 宣布了新的高性能视频显示标准 EVGA（Extended Video Graphics Adapter）。现在已有 EVGA 商品面市。

EVGA 的主要特点是与过去的 VGA（包括 SVGA 等）相兼容，因此，以往的显示方式、驱动软件均可在 EVGA 下运行，且性能大大提高。EVGA 支持 132 列文本显示方式，支持 16 位真彩色，其中红 5 bit、绿 6 bit、蓝 5 bit，从而使分辨率在 640×480 像素点下可显示 65 535 种颜色。

总之，目前所有微型计算机所采用的显示标准基本上都是与 VGA 相兼容的，尽管有一些小的差别，但它们大都遵循视频电子协会所制定的 VESA（Video Electronics Standards Association）标准。为了便于读者参考，将 VESA 标准显示模式列于表 5-4 中。

表 5-4　VESA 标准显示模式

模式号	类型	图形分辨率	字符分辨率	颜色	VRAM 起始地址	说明
6AH	图形	800×600	100×75	16	A000H	VESA 图形模式
100H	图形	640×480	80×25	256	A000H	VESA 图形模式
101H	图形	640×480	80×30	256	A000H	VESA 图形模式
102H	图形	800×600	100×75	16	A000H	VESA 图形模式
103H	图形	800×600	100×75	256	A000H	VESA 图形模式
104H	图形	1 024×768	128×48	16	A000H	VESA 图形模式

续表

模式号	类型	图形分辨率	字符分辨率	颜色	VRAM 起始地址	说明
105H	图形	1 024×768	128×48	256	A000H	VESA 图形模式
106H	图形	1 280×1 024	160×64	16	A000H	VESA 图形模式
107H	图形	1 280×1 024	160×64	16	A000H	VESA 图形模式
108H	文本	—	80×60	16	B0000H	VESA 文本模式
109H	文本	—	132×25	16	B0000H	VESA 文本模式
10AH	文本	—	132×43	16	B0000H	VESA 文本模式
10BH	文本	—	132×50	16	B0000H	VESA 文本模式
10CH	文本	—	132×60	16	B0000H	VESA 文本模式

2．图形、图像的表示

在微型计算机上显示的图形、图像是由计算机将来自硬磁盘（或 CD - ROM 等）的图形、图像数据进行一定的安排，而后送往显示卡（VGA）的 VRAM 中，经 VGA 变换成 RGB 再送往监视器显示的图形或图像。在微型计算机中，表示或存放图形和图像常用的方法有两种：矢量法和位图法。

1）矢量法

矢量法以数字的方法表示一幅图形，例如，一条直线，只要记下其两端点的坐标便可以显示（画出）该直线。

其他图形也是一样，三个点的坐标可决定三角形，圆心的坐标和半径可决定一个圆，曲线可用直线段插补等。这样一幅图便可以用矢量图加以存储，在显示时再按照欲先规定好的算法将其显示出来。

用矢量法表示图形最大的优点是占用内存少，处理速度快。因此，矢量法常用于图形的存储和处理。

2）位图法

位图法就是首先将照片按一定分辨率采集为若干像素点，例如，用 640×480 像素点表示一幅图像。对于黑白图像来说，每个像素点取 8 bit，则可表示 256 级灰度。如前所述，若用红色 5 bit、绿色 6 bit、蓝色 5 bit，则一个彩色的像素点可用 16 bit 来表示。然后将每个像素点存放于内存中（或其他媒体中），当显示时，根据内存与显示器的映射关系，将各像素点放在 VRAM 的适当位置（地址）就可以很好地显示一幅彩色图像。

位图存储的是每一个像素点，当分辨率比较高，表示的彩色比较多时，存放一幅图像要占相当大的内存（或外存）空间，因此，处理起来所花时间也会较长。

5.2.4　图像文件格式

1．GIF 图像文件格式

GIF（Graphics Interchange Format）文件格式是由 CompuServe 公司于 1987 年提出的。该文件格式采用了无损数据压缩算法（LZW），目前的大多数图像软件都能识别这种文件格式。

GIF 图像文件结构如图 5-1 所示。由图可见，GIF 图像文件以 6 个字节的标记/版本号开始，例如，用"GIF87a"或"GIF89a"作为标记/版本号。接下来是显示屏描述符，其中包括图像水平及垂直的分辨率、图像属性（如像素的位数、彩色的多少等）、背景颜色以及一个保留字节。这一部分主要说明显示屏的大小、图像像素的位数、彩色的多少及背景的颜色等，它们均是与显示屏幕有关的信息。

在图 5-1 中，规定了全局彩色安排表和局部彩色安排表。其含义是在 GIF 文件中可以包括多幅图像，假如所有的图像或多幅图像均用同一个彩色安排表，则此表就为全局彩色安排表。若一幅图像有它自己定义的彩色安排表，而在这幅图像进行彩色生成时只用它自己定义的表，则此表就是局部彩色安排表。

在 GIF 文件中，允许选用两个扩展块：第一扩展块用于注释，第二扩展块用于附加一些图像控制命令。扩展块的数据格式如图 5-1 所示。

图像描述块的第一个字节为图像分割符，也叫做同步字节，用以标志图像描述块的开始，用

图 5-1 GIF 图像文件结构

ASCII 码中的"!"符号（21H）表示。该块中第 2 到第 5 个字节分别表示图像左上角的坐标 X 和 Y 的位置，接下来的 4 个字节分别表示图像的宽度和高度。图像描述块的最后一个字节是标志信息，包括：使用全局还是局部彩色安排表，数据是顺序存放还是错行存放，像素的彩色数等。

2. TIFF 图像文件格式

TIFF（Tag Image File Format）是由 Aldus 和 Microsoft 公司提出的用来存储图像数据的文件格式。在 CD-ROM 中经常以此文件格式记录图像数据。

TIFF 图像文件的存储格式由三个基本部分组成：文件头、图像目录和目录项目。其结构如图 5-2 所示。

TIFF 文件头由 8 个字节构成。开始用两个字节说明存储图像数据时是先写最低位后写最高位，还是高位在前低位在后；用两个字节表示 TIFF 的版本号；最后 4 个字节表示第一个图像文件目录的偏移量（或称偏移地址）。

由第一幅图像文件目录的偏移量便可得到这幅图像的文件目录。

图像文件目录的头两个字节用来表示在本幅图像中有多少目录项，即构成图像的条目项有多少。接下来逐个条目项进行存放，从项 0、项 1……直到最后一项。可见，组成一幅复杂的大的图像，用的条目项数会多一些，而小的简单的图像，条目项会少一点，图像文件目录长度是可变的。

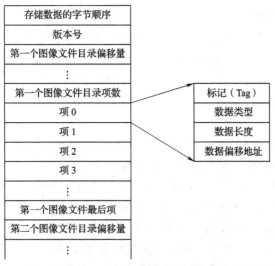

图 5-2 TIFF 图像文件的结构

每一项由固定的 12 个字节组成，如图 5-2 所示。标记（Tag）用两个字节表示，用来标记图像数据的特征，TIFF 文件规定有几十种标记。可以想像，一幅图像由许多项构成，而每一项具有不同的特征（例如，高度、宽度、分辨率、压缩方法等）。一幅完整的图像便由这些具有不同 Tag 的图像块拼接而成。

项的第二个内容是用两个字节表示数据类型，即说明在本项中具有 Tag 的数据是什么类型的数据；接下来用 4 个字节表示数据的长度；最后 4 个字节指出存放数据的偏移地址（偏移量）。请注意，在条目项中给出的是存放数据的偏移地址，要到那个地址上才能取得数据。当然，条目项中所得到的是数据的起始地址。

这样，一幅图像就可以完整地加以表示了。以此格式存放，再以此格式读取。

3. PCX 图像文件格式

PCX 图像文件格式主要由三部分组成。

1）文件头

文件头的长度为固定的 128 字节，用来标记文件厂商、版本号、数据压缩方法、每个像素的位数、图像的尺寸、水平及垂直分辨率等一系列有关图像的参数。128 个字节中未用的部分用空格填满。

2）实际的图像数据

在实际的图像数据存放区域里，以不同的模式表示各种类型的图像，因而，存放图像数据的形式也不一样。

实际的图像数据都是经压缩的数据。采用的压缩方法是仅对一行像素点进行的，也就是说，压缩是在一行像素点上分成若干扫描段来实现的。

3）256 色调色板

构成 PCX 图像文件的第三部分是调色板。只有当存放 256、64 色彩色图像或 256 级灰度图像时，这部分才出现在 PCX 文件中。该部分用 768 个字节描述调色板的特性。当采用其他模式存储图像数据时，不需要这一部分。在此情况下，PCX 图像文件就只由文件头和实际的图像数据两部分组成。

4. TGA 图像文件格式

TGA 图像文件格式是 Turevision 公司提出的，用于存储彩色图像。由于该文件格式清晰、使用方便，故得到了极广泛的应用。它是目前国际上比较流行的一种数据格式。

TGA 图像文件的结构如图 5-3 所示，TGA 图像文件由文件头、图像/彩色变换数据、开发者区域、扩展区及文件尾几部分组成。

① TGA 文件头：文件头是对文件的一个最基本的说明。

② 图像/彩色变换数据：这里面包括图像鉴别字 ID，这个鉴别字是可变长度的，最大为 256 个字节；同时，在这部分中还包括彩色变换数据，它也是长度可变的；最后是图像数据。

TGA文件头
图像/彩色变换数据
开发者区域
扩展区
TGA文件尾

图 5-3　TGA 图像文件的结构

③ 开发者区域：TGA 文件的第三部分是留给开发者的，它包括开发者的说明及开发者目录，两者的长度均是可变的。

④ 扩展区：扩展区用来存放开发者的附加说明。该区的位置由文件尾中 4 个字节的偏移量来指定。该区中还可包括许多内容，本书不作详细说明。

⑤ TGA 文件尾：它包括扩展区的地址指针（偏移量）、开发者目录区域的地址指针（偏移量）及结束标记。

5.3　视频卡概述

5.3.1　视频卡综述

视频卡的种类繁多，有的一块卡具备一种功能，有的则具备两种甚至多种功能。各种视频卡按功能大致可分为以下 5 类。

1. 视频采集卡

视频采集卡的功能就是将视频信号与计算机 VGA 显示卡的 VGA 信号相叠加，将叠加后的信号显示在显示屏上。同时，还可以加入某些特技效果。视频采集卡的工作原理可由图 5-4 来说明。

所谓视频采集，就是将视频信号经过采样、量化后转换成数字图像并与 VGA 信号叠加存储到帧存储器内的过程。视频采集的模拟信号源可以是录像机、摄像机、影碟机等。可以将原来保存在录像带、激光视盘等介质上的图像信息通过视频采集卡转录到计算机内部，也可以通过摄像机将现场的图像实时输入计算机。

由图 5-4 可见，视频输入信号在视频采集卡中进行处理，包括对它进行 A/D 变换，变为数字信号，然

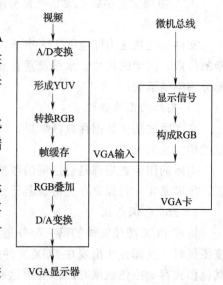

图 5-4　视频采集卡工作原理框图

后再对其解码得到亮度 Y 和色差（VU）信号，YUV 信号通过某种算法可变换为红绿蓝（RGB）信号，并将此信号存入缓冲存储器中。另外，由 VGA 卡接收的计算机显示信号在 VGA 卡中变换为相应的 RGB 信号。

视频采集卡形成的 RGB 信号与 VGA 卡所产生的 RGB 信号在视频采集卡中叠加，获得叠加后的 RGB 信号。此 RGB 信号经 D/A 变换，形成显示器所需要的模拟信号，并在显示器上显示出来，此时所显示的就是两者叠加后的图像。

视频信号与 VGA 信号相叠加常用两种方式：一种是窗口方式，另一种是色键方式。

窗口方式是在显示屏上由软件命令在屏幕的任意位置上开设一个大小可指定的窗口。视频采集卡在工作过程中可从连续动态图像中（例如，PAL 或 NTSC 电视信号）捕获一帧（一个画面），并将捕获的画面显示在规定的窗口内。窗口的位置和大小是可以指定的，最大的窗口就是显示器的全屏。

色键方式是利用软件命令来定义某种颜色为色键的，也就是定义某种颜色为透明色。因而，就可以规定 VGA 信号中的某种颜色为透明色（即色键），也可以规定视频信号中的某种颜色为透明色。这样一来，当 VGA 图像与视频图像叠加时，被定义为色键的颜色将不影响另一图像的显示。

例如，当定义 VGA 图像上的白色为色键时，在 VGA 图像与视频图像相叠加显示在屏幕上时，所有 VGA 图像为白色的地方全都原样显示视频图像，也就是说白色的 VGA 部分对视频图像来说是透明的。

视频采集卡可捕获动态图像并有可能对其进行全屏播放。但这种捕获主要用于播放，若要将捕获的图像真正截取下来并存到硬磁盘中，视频叠加卡的能力就显得比较弱，例如，截取的画面不够大，每秒截取的帧数不够多等。要更好地捕获动态图像，需要其他的视频捕获卡。

2. 视频捕获卡

视频捕获卡专门捕获图像。它将捕获的图像数据以文件的形式存放在硬磁盘或其他媒体中。有了这样的图像数据文件，要对图像进行编辑、拷贝等各种处理也就容易了。

视频捕获卡可以以 25 fps（PAL）或 30 fps（NTSC）的速度捕获图像，并以某种格式，如 AVI 格式加以存储，捕获图像可达 1/4 屏。

这类捕获卡为达到以几十帧每秒的速率捕获图像数据，要用到前面所提到的一些采集、变换及压缩方法。目前，卡中常用专业级的硬件压缩芯片，例如，人们常提到的 Intel 公司的 i750。

同时，为存储所捕获的图像信号，要求有一定吞吐率的 CPU 和一定容量的硬盘。如前所述，这样的 CPU 和大容量、高速度的硬盘已不再成为问题。

对于某些视频捕获卡来说，卡上带有音频处理功能。因此，在捕获图像视频信号的同时，音频信号也一并捕获存于 AVI 文件中。AVI 文件允许将图像与声音存于同一文件中。

另外，在选用视频捕获卡时，要注意它是否支持全软件回放功能。全软件回放就是在没有视频捕获卡的计算机上能够不丢帧地实时回放由另一台具备捕获卡计算机所捕获的 AVI 文件。如果你所选用的视频捕获卡不支持全软件回放功能，那么回放的效果就会很差。

3. MPEG 卡

MPEG 卡包括 MPEG 视频压缩卡和 MPEG 视频解压缩（回放）卡。

MPEG 压缩卡用于完成前面所叙述的对视频和音频信号进行采集、编码、压缩等操作。最终对包括声音在内的动态图像实现约 100：1 的压缩。压缩的数据可对其进行存储、回放并可制作 VCD 节目。对于 MPEG-1 标准的压缩卡，经解压缩回放，可以达到 VHS 录像带水平而且声音效果很好。

MPEG 视频压缩卡根据 MPEG 的标准对图像（视频）和音频信号进行压缩，同时附加有关同步等系统工作信息，并将其以规定的数据格式存放在某种媒体上。这种媒体开始可能是硬盘，而后再将硬盘上的视频压缩信息制成 CD 光盘。

MPEG 解压缩卡的工作就是 MPEG 压缩卡工作的逆过程。如前所述，它将记录在媒体上的视频信息（例如，CD 光盘上的信息）进行解压缩，恢复为原始视频信号。在计算机的 CRT 监视器上或在电视机上可以播放 CD 光盘上的信息。

4．TV 调谐卡

TV 调谐卡主要包括电视接收机（或录像机）里的高频头及通道部分。前者提供选台功能，用于选择不同频道上的 PAL 或 NTSC 电视信号，而后者可提供所选中频道的图像和声音信号。很明显，只有 TV 协调卡，并不能在计算机的 CRT 上欣赏电视节目。

但是，当将 TV 调谐卡与前面提到的视频采集卡配合使用时，就可以做到利用计算机来显示电视图像。这时，TV 协调卡的视频及音频信号可进入采集卡，而后形成计算机 VGA 所要求的显示格式。

为了方便使用，有些厂家将 TV 调谐卡与视频采集卡做在一块卡上，叫做电视卡。它确实可以使计算机的 CRT 显示器显示电视信号，这时的计算机变成了一台家用电视机。

5．电视编码卡

电视编码卡所完成的功能与视频采集卡刚好相反。它是将计算机 VGA 显示卡所送出来的 VGA 显示信号转换成标准的电视视频信号（PAL 或 NTSC）。将转换出来的信号加到普通家用电视机上，则可用电视机观察计算机显示器上的画面。若将转换出来的标准电视信号加到普通家用录像机上，则可录下计算机的显示画面。

5.3.2 视频卡举例

随着多媒体技术的迅速发展，各种视频卡不断涌现。对于大多数视频卡用户来说，要用好它并不难，只要按照说明书的要求，在软件提示下进行操作就可以达到目的。下面对常见的视频卡 Video Blaster 作一简要介绍。

1．Video Blaster 视频卡的硬件结构

Video Blaster 视频卡属于前述的视频采集卡，其硬件结构框图如图 5-5 所示，视频信号输入（可选三路输入中的任一路）经 A/D 变换器 TDA8708 转换为数字信号，再由解码器 SAA9051 形成 YUV 信号加到窗口控制器 82C9001A 上。

窗口控制器 82C9001A 是该视频卡的核心，其功能强大，主要表现在以下三个方面：

① 将 SAA9051 解码器送来的 YUV 信号和同步信号进行处理，并将处理后的信号送往帧缓冲存储器 VRAM；

② 与微机 AT 总线相连接，可以通过 82C9001A 实现微机对帧缓存 VRAM 的读写；

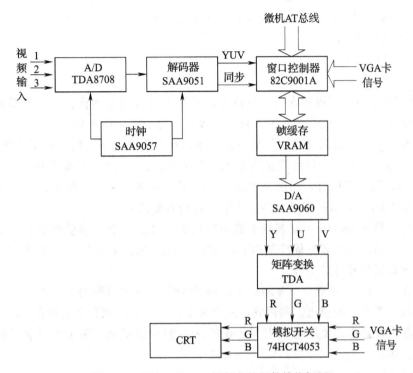

图 5 - 5　Video Blaster 视频卡的硬件结构框图

③ 实现与 VGA 卡的接口，接收由 VGA 卡送来的数据和同步信号，完成对 VGA 卡信号的显示和叠加。

除此之外，Video Blaster 视频卡还包括帧缓存、D/A 变换、YUV 到 RGB 的转换和模拟开关等硬件，这些硬件的功能很易理解。

总之，Video Blaster 视频卡可以捕获输入的视频信号并进行显示，可显示 VGA 卡上的信号，也可对两者进行叠加并显示。

2．Video Blaster 视频卡支持软件

首先，必须明确 Video Blaster 视频卡是插在微机上的一块电路板，是其设计者针对 IBM PC 机设计的，因此，它必须对 PC 机硬件、软件系统有一些基本要求。

1）系统环境需求

使用 Video Blaster 视频卡需要如下的系统：

① IBM 或兼容的 486 以上的 PC 机；

② 配有 VGA 卡；

③ 操作系统必须有 DOS 3.0 以上或 Windows 3.0 以上版本。

任何视频卡，当然也包括 Video Blaster 视频卡，产品的研制者除了研制视频卡硬件电路板提供给用户之外，还必须研制与视频卡配套使用的软件。只有在这些软件的支持下，才能更好地发挥视频卡的效能，达到用户不同的目的。

Video Blaster 视频卡软件可运行于 DOS 和 Windows 环境下，通过运行前对视频源进行设置来实现。下面只对 Windows 环境下的软件进行最简单的说明。

2）Windows 平台下的应用程序

在 Windows 环境下，Video Blaster 视频卡的应用程序如下：

① VIDEOKIT. EXE；

② VBSOUND. EXE；

③ VBSETUP. EXE。

VIDEOKIT 应用程序可实现在计算机的监视器上收看电视图像。在菜单提示下，操作者可以调节图像的亮度、饱和度、对比度，以及红、绿、蓝色的成分。

在菜单提示下，可以冻结或捕获某一帧图像，并可用选择不同的文件格式来存放图像。可以定义显示窗口的大小，并且能够利用屏蔽色度和亮度产生某些特殊效果。

VBSOUND 程序运行时，利用菜单提示可控制话筒或线路输入的音量，实现左、右声道的控制以及 Video Blaster 视频卡两个内部音频输入的控制。

VBSETUP 是 Video Blaster 视频卡的初始设置软件，用于在菜单提示下对视频源信息设置隐含值，例如，设置彩色标准是 NTSC 还是 PAL，选择第几个（0，1 或 2）视频输入，视频为逐行扫描还是隔行扫描等。

总之，在 Windows 平台下，Video Blaster 视频卡的应用程序为用户提供了一些基本的简单视频（包括声音）的应用。利用它，用户可以收看视频图像并听到声音，同时，也可以捕获图像并存入硬盘中。使用者利用 Video Blaster 使用说明书，在菜单提示下很容易实现这些简单的应用。

3）Video Blaster 视频开发工具

Video Blaster 视频开发工具是为二次开发人员利用 Video Blaster 开发软件而提供的。目前，有三个开发 Video Blaster 的软件平台：

① DOS 环境下，使用 DOS 下常驻的驱动程序 VBLSTDRV. COM；

② Windows 环境下，使用 PCVIDEO. DLL 动态链接库；

③ Windows 媒体控制接口（MCI）下，使用 MCIVBLST. DRV MCI 覆盖驱动程序。

下面只就 Video Blaster 视频编程基础知识作一简要说明，作为多媒体软件开发的基础。

（1）Video Blaster 视频卡的数据流向

了解视频卡的数据流向十分重要，它有助于人们理解视频卡的工作，而且对于编制程序进行二次开发也是很有用的。Video Blaster 视频卡的数据流向如图 5-6 所示。

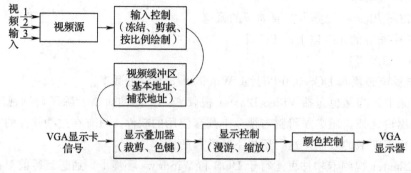

图 5-6　Video Blaster 视频卡的数据流向图

由图 5-6 可以看到，三个视频输入信号由视频源进行选择，被选中的视频信号经数字化进入输入控制，在其中可进行冻结、依据窗口的大小进行剪裁、按比例绘制等处理；而后，视频数据以 YUV 格式存放于视频缓冲区中；再把视频缓冲区中的视频数据加到显示叠加器上，与来自 VGA 显示卡的信号进行叠加，通过剪裁窗口的调节和色键的设置实现各种叠加功能，通过显示控制可以选择显示区域的大小及对显示图像的漫游等；最后，经过对颜色的控制，调节亮度、色度、饱和度等形成要显示的信号，加到显示器上。

（2）Windows DLL 编程接口

动态链接库 PCVIDIEO. DLL 是为 Windows 平台下 Video Blaster 编程提供的。该动态库为人们提供了大量的函数。这些函数功能强，在编程时可随时调用，使用起来很方便。在用户进行二次开发时，通过高级语言编程并调用这些函数，可以比较容易地实现二次开发的要求。

5.4　非线性编辑系统

非线性编辑（NES：Nonlinear Editing System）是能够对视频、音频信号进行采集、重放、处理和编辑的计算机系统。非线性编辑是相对于线性编辑而言的，非线性编辑是直接从计算机的硬盘中以帧或文件的方式迅速、准确地存取素材，进行编辑的方式。它是以计算机为平台的专用设备，可以实现多种传统电视制作设备的功能。编辑时，素材的长短和顺序可以不按照制作的长短和顺序的先后进行。对素材可以随意地改变顺序，随意地缩短或加长某一段。

5.4.1　非线性编辑系统的构成及工作流程

非线性编辑系统由一系列的硬件和软件组成，非线性编辑系统是随多媒体技术的飞速发展而产生的。它以计算机为平台，配以专用的板卡和大容量的高速硬盘，利用相应的软件控制完成视频、音频的制作。非线性编辑系统包括硬件部分和软件部分，其构成及工作流程如图 5-7 所示。

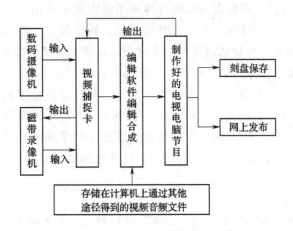

图 5-7　非线性编辑系统的构成及工作流程

1）硬件部分

可由计算机、视频卡、声卡、高速 AV 硬盘、专用板卡以及外围设备构成；还可带有

SDI 标准数字接口以及 1394 接口，以保证数字视频输入、输出的质量。对非线性编辑系统的硬件设备选择方案较多，只要能保证视频、音频信号损失少，并能有较高的工作效率均可选择。但 AV 硬盘一定要高速的（7 200 转以上）。

2）软件部分

可由非线性编辑软件、二维动画软件（如 Animator Studio）、三维动画软件（如 3DSMAX）、图像处理软件（如 Photoshop）、三维字幕处理软件（如 Cool 3D）、音频处理软件（如 Sound Forge、Wave Studio）等构成。非线性编辑软件国内主要选择 PREMIERE 软件，该软件具有使用方便、易学、功能强大等特点，对很多视频卡具有较好的技术支持。

5.4.2　非线性编辑系统的特点

1. 非线性编辑系统的优势

1）高质量的图像信号

传统的编辑方式存在一个棘手的问题，即母带的磨损和"翻版"，素材在检索过程中反复搜索，录像带和磁鼓之间的磨损较大，而且在制作过程中，视频信号经过特技台、字幕机等设备后，信号质量有一定的衰减，导致图像质量不高。而非线性编辑的素材是以数字信号的形式存入到计算机硬盘中的，采集的时候，一般用分量采入，或用 SDI（Serial Digital Interface 数字串行接口）采入，信号基本上没有衰减。

非线性编辑的素材采集采用的是数字压缩技术，采用不同的压缩比，可以得到相应不同质量的图像信号，即图像信号的质量是可以控制的。

2）强大的制作功能

一套非线性编辑的功能往往集录制、编辑 特技、字幕、动画等多种功能于一身，而且可以不按照时间顺序编辑，它可以非常方便地对素材进行预览、查找、定位、设置出点和入点；具有丰富的特技功能。可以充分发挥编辑人员的创造力和想像力。编辑节目的精度高，可以做到正负 0 帧。便于节目内容的交换与交流，任何一台计算机中 TAG、BMP、FLC、JPC、WAV 等格式的文件，都可以在非线性编辑系统中调出使用。一般非线性编辑系统都提供复合、YUV 分量、S-VHS、DV、SDI 数字输入输出接口，可以兼容各种视频、音频设备，也便于输出录制成各种格式的资料。多类型素材实时混编及输出技术，可直接编辑的文件类型包括 N 制及 P 制的 DV AVI、无损 AVI、无压缩 AVI、高清 AVI、MPEG1、MPEG2、MPEG2 TS 流、MOV、MP3 音频、TGA、IFF 等图像序列。在兼容 HDV 设备的同时，与 DV、DVCAM、Professional DV 及便携式 DV 设备连接使用也可获得最佳的图像编辑效果，远非普通的 1394 采集卡所能比拟。通过各种编解码技术，也可以在毫无质量损失的情况下，将高清素材实时下变换到标清，或者将标清素材实时上变换到高清，使新、老设备完美兼容。

3）可靠性高、拓展方便

由于非线性编辑集多种功能于一身，在实际使用时，就大大减少了传统的编辑系统的连线，使故障率大大降低，工作可靠性大大提高。随着网络技术的不断发展，电视台内部的网络连接已经广泛应用，网上传送节目、审片、网上编辑等技术已经日趋成熟。非线性编辑系统的应用，对于扩展网上的应用来说，前景非常广阔。

2．非线性编辑系统的不足

① 存储介质硬盘价格贵，数字压缩低时需更多硬盘空间，压缩高时图像质量会下降。

② 特技生成不实时，需处理运算后才能看到生成效果，影响编导情绪。

③ 前期摄像仍需用磁带，使得非编设备仍未摆脱磁带录像机。

④ 机器性能还不够稳定，会有死机现象，造成工作数据丢失。

⑤ 缺少全方位复合人才，制作人员的制作能力、美学修养、计算机水平、多媒体操作全面均衡发展不够，多是专于某一方面，在一定程度上限制了非线性编辑系统的普及。

5.4.3　非线性编辑系统的工作过程

1．素材采集

在使用非线性编辑系统编辑节目之前的首要任务就是采集素材，其实这一环节也是节目制作的预编过程和素材的浏览过程。因为外拍的素材，不是全部都符合节目的要求，如果把大量多余的素材采集到硬盘，就会占据大量的硬盘空间，影响制作人员对素材的阅读速度和计算机运行速度。所以，在采集素材时，必须注意以下几点。

1）提高素材的存储速度

素材文件尽可能保存在 SCSI 硬盘上，因为 SCSI 硬盘的储存速度比 IDE 硬盘快，并且 Scratch Disks 中的 Temp/CapturedMovies、Video Preview Temps 和 Audio Preview Temps 所设置的硬盘区与文件保存的硬盘区最好也保持一致，如 Scratch Disks 中所设置项目都是 E 盘，那么，素材文件最好存储在 E 盘上，这样也可以提高素材的存储速度。

2）选择接口

在输入设备中，应尽量使用数字接口，如 QSDI 接口、CSDI 接口、SDI 接口、DV 接口。如果放像机或非线性编辑系统没有数字接口，可使用分量信号接口、S－Video 接口或复合信号接口。

3）选择压缩方式和压缩比例

对于同一种压缩方式来说，压缩比越小图像质量越高，但占用的存储空间相应就越大。所以，可以根据节目内容、性质选择适当的压缩比例。如制作几分钟的 MTV 或几十秒的节目片头，这类内容制作素材少，但质量要求比较高，可以选择低压缩或不压缩。

2．节目编辑

1）素材输入

素材是 Premiere 制作节目的最基本元素，其输入的文件格式可以是 AVI、WAV、MPEG 等 20 多种。当 Premiere 引入一个素材文件时，并不是把文件拷贝到 Premiere 的项目下，而是将项目窗口中的文件与外部存储的文件链接。这样，在引入素材时，可节省大量空间。如果引入素材文件后，又删除或更改源文件，则破坏了 Project 文件与源文件的链接关系。如果把源文件移到其他硬盘区，一样也会破坏这种链接关系，从而导致 Project 文件不能正常播放。

2）编辑定位

在确定编辑点时，非线性编辑系统最大的优点是可以实时定位，既可以手动操作进行粗略定位，也可以使用时码精确定位编辑点。确定编辑点就是设置入点和出点，并且设置好出、入点的片段可以反复被引用。

2）音频编辑

声音对于电视节目是一个不可缺少的部分，而音频剪辑与视频剪辑方法基本上一样，可以使用 Timeline 窗口中的各种工具进行剪辑，也可以利用其他音频编辑软件进行剪辑（如 ACD、Cool Edit Pro 等）。而声音的输入可以从 CD 唱片、MIDI 文件中录制波形声音，波形声音可以直接在屏幕上显示音量变化，随时调整音量的大小，随时对声音效果进行处理。而使用非线性编辑系统对声音进行编辑的最大优点是它不受音轨数量限制，基于这个特点它可以进行多轨声音合成。

在非线性编辑系统中，录制声音一般都是以不压缩的采样波形文件的形式保存。模数转换的采样频率和采样深度直接影响存储的声音信号的质量和音频素材所占用的磁盘空间。采样频率越高，采样深度越大，录制的声音质量就越好，相应占用的存储空间也越大。目前多数电视台播出时采用单声道的电视伴音信号，一般采样频率为 22 kHz 以上，采样深度 16 bit 即可满足要求。随着对伴音质量要求的提高，部分电视台已过渡到使用立体声音频信号进行部分节目的播出，相应地需要选择 CD 质量的声音处理方式，即以 44.1 kHz 的频率采样，记录成 16 bit 的立体声信号。

4）素材组合

素材组合就是通过非线性编辑系统把各段素材有机地组合起来，而各段素材的相互位置可以随时调整，既可以在任何时候插入或删除节目中的一个或多个素材，也可以实现磁带编辑中常用的插入和组合编辑。同时，素材之间可以使用特技衔接，增强了节目的观赏性。

3. 节目输出

1）输出到录像带上

这是联机非线性编辑最常用的输出方式，对连接非线性编辑系统的录像机和信号接口的要求与输入时的要求相同。为保证图像质量，应优先考虑使用数字接口，其次是分量接口、S – Video 接口和复合接口。

2）输出编辑操作列表 EDL（Edit Decision List）

如果对画面质量要求很高，即使以非线性编辑系统的最小压缩比处理仍不能满足要求，可以考虑在非线性编辑系统上进行草编，输出 EDL 表至 DVW 或 BVW 编辑台进行精编。这时需要注意 EDL 表格式的兼容性，一般非线性编辑系统都可以选择多种 EDL 表的格式输出。

3）直接用硬盘播出

这种输出方法可减少中间环节，降低视频信号的损失，但必须保证系统的稳定性或准备好备用设备。同时，对系统的锁相环功能也有较高的要求。

5.5 视频存储技术

5.5.1 视频存储功能及其特点

1. 视频存储模块应包含的功能

① 素材的数字化。

② 编目登录归档。

③ 数据整合及存储管理。

④ 读取应用。

⑤ 系统安全及素材版权的管理。

2. 多媒体视频存储系统的特点

① 容量大。

② 数据交换、吞吐量非常大。

③ 膨胀速度快。

④ 保存时间长。

⑤ 要求版权保护。

⑥ 存储系统管理维护要求智能化、自动化。

目前的存储介质除芯片（半导体存储器）外主要有硬盘、光盘及磁带等，三者各有特色，适用各自不同的领域，但主要围绕着存储容量、响应速度及传输速率这三种指标做文章。在应用于电视行业要求的超大容量、高速度的存储系统中，硬盘用于对查询速度要求高的场合，存放常用的数据；磁带作为主要存储介质，存放日常工作中的大量数据；光盘作为新生的存储媒介，有远大的发展前景，但对电视行业的应用来讲，其技术仍未发展到完全成熟的水平，不宜做大规模的应用，而只能作为磁盘、磁带存储的一种补充。

随着技术的发展，几种记录媒介的性能价格比均不断提高，相互之间的互补关系也在加强。当设计一个存储架构时，依照系统的使用要求，综合考虑如响应速度、访问频率、归档管理、介质维护、存储成本等因素，实时监控调整，在不同的需求层次上选用不同的存储介质，构成一种层次型分级存储介质管理构架，配以相关的动态、智能化管理软件，实现智能化层次型存储管理系统（Hierarchical Storage Management，HSM）。

5.5.2　存储方式的选择

电视台等单位存储的内容以视音频素材为主，在选择存储方式时，应综合考虑过去、现在已经使用和将来要使用的方式，选择高效率、高质量、便于利用的方式存储各种不同类型的数据。

在专业视频应用领域里，不管是压缩还是非压缩的，大部分集中在分量格式领域，这是进行格式选择时要特别注意的。根据具体应用情况，不同阶段选用合适的信号格式，使整个生产流程平滑过渡，尽量减少信号转换造成的损失，以达到最佳质量效果。若信号采用不压缩方式记录存储，信号质量最好，无损失，但存储数据量非常大，仅以 1 h 无压缩数字视频信号 D1 计算，其数据量就高达 100 GB 以上，对电视台数以万计盘的磁带来说，如此庞大的数据量会使存储成本、管理费用非常高，日常维护费用也会增加。随着压缩技术的成熟，由于压缩所带来的信号损失越来越小，已经达到可使用的程度，选择合适的压缩技术和格式对信号进行压缩后再存储，降低存储成本是必然的选择。

5.5.3　数字视频网络及其存储技术

1. 基于 FC 技术构建的视频网络结构

FC 光纤通道技术是 ANSI 为网络和通道 I/O 接口建立的一个集成标准，支持 HIPPI、

SCSI、IP、ATM 等多种高级协议。它的最大特性是将网络和设备的通信协议与传输物理介质隔离开，这样多种协议可在同一个物理连接上同时传送，高性能存储体和宽带网络使用单一 I/O 接口使得系统的成本和复杂程度大大降低。FC 光纤通道支持多种拓扑结构，主要有点到点（Links）、仲裁环（FC-AL）和交换式（Fabrics）网络结构。

FC 光纤通道对于视频图像和海量数据的存储及传输极为理想。目前，FC 技术已被许多计算机厂家推荐为电视节目制作设备的数据存储连接标准，同时得到了 Avid、松下等非线性编辑厂家和硬盘存储生产厂家的广泛响应。就目前而言，主流的基于 FC 技术构建的视频网络结构有两类：一是基于 FC 技术和以太网结合构建的双网架构的视频网络结构；二是基于 FC 技术的存储区域网络（Storage Area Network，SAN）结构的视频网络。

1）基于 FC 技术和以太网结合构建的双网架构的视频网络

以太网的特点是能共享系统资源、各工作站之间易于传递信息、可实时共享同一数据文件的操作结果等。为保证数据传输的可靠性和减低网络成本，一种选择就是选用高压缩比素材进行编辑，最后用低压缩比素材输出的方式，即构建以 FC 为主干、千兆以太网为辅助的双网结构的视频网络，如图 5-8 所示。上载的素材分为两路，一路以低压缩比（4∶1 或更低）高数据率通过 FC 光纤传输到 FC 硬盘阵列中，同时另一路以高压缩比（30∶1 或更高）低数据率通过以太网传输到以太网服务器硬盘阵列中。编辑时调用高压缩比素材进行编辑，然后形成 EDL 编辑表，下载时根据 EDL 编辑表，从 FC 硬盘阵列中以低压缩比高数据率下载。

2）基于 FC 技术的存储区域网络 SAN 结构的视频网络

基于 FC 技术的存储区域网络 SAN 结构的视频网络简称 FC-SAN，如图 5-9 所示。这个网络体现的 SAN 的最大特点是网络中工作站接点与存储器最直接地连接，这样才能达到最快访问速度的目的。每个工作站都独立于中央磁盘阵列工作，装有 FC 网卡。系统设置一个媒体服务器，对系统进行监控和管理。可以看出该系统采用 SAN 结构克服了媒体访问方面各种速度瓶颈（服务器及复杂网络协议）。用户在网络上任意一台工作站通过访问共享中央存储体得到素材信息，通过使用光纤网络的高带宽性能，就可以轻易地将共享硬盘当做用户端的本地硬盘来装载所需资料，避免了服务器方式的瓶颈效应。

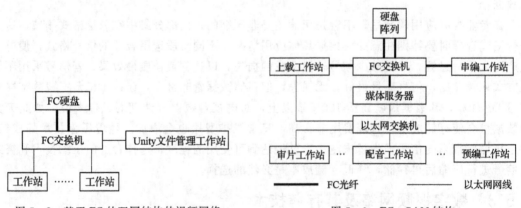

图 5-8　基于 FC 的双网结构的视频网络　　　图 5-9　FC-SAN 结构

2. FC-SAN 网和双网架构各自特点的比较

FC-SAN 网是一种直接面对存储体的光纤通道网络。它既具有通道的特点，又具有网络的特性。事实上，可以把 FC-SAN 网简单地看做是由多个终端设备通过交换机与中央存储器相连的网络结构。FC-SAN 网的单通道能够提供 100 Mbps 的速度，双通道则为 200 Mbps 的速度，它所提供的传输带宽从 266 Mbps~4 Gbps 不等，支持超过 10 km 的传输距离，完全能够满足视音频的相连和数据的管理。FC-SAN 网一般采用的"仲裁环（FC-AL）"结构能接 8 个左右的客户端，若采用基于交换机的交换仲裁复用结构，客户端的数量可扩充至 16 个。

而以太网是一种典型的传统局域网，它最大的特点是共享数据资源，每个工作站之间易于传递信息，成本较低，但目前由于网络协议的限制，对于传输连续高速的多媒体数据流有着先天不足。在以太网与 PC 网相结合的双网结构中，FC 网提供实时的广播级视音频数据访问，以太网提供低质量视频信号的传输并提供数据的管理，两者的结合构成了性价比较高的新闻制作网，成为当前广播电视界应用最为广泛的网络方案。但是这并不代表该网络结构就是最优化的网络架构，它无论从网络整体的稳定性、拓展性、安全性以及可管理性方面都无法与基于 FC-SAN 结构的网络相比。

3. 数字网络未来的发展趋势

1）基于 FC 技术的以 SDD 为核心的新一代 SAN 结构网络

SDD（SAN Data Director）是一种新型的集中存储设备，它的核心技术是由 SAN 公司开发的 SANappliance 技术，其结构如图 5-10 所示。它将交换、缓冲、RAID、I/O、ASIC 以及数据和文件的管理集于一身，并可以完成数据和网络的管理，为数据交换提供高带宽、高容错的集中存储访问。SDD 内部有两个完全相同的组件，称之为 HSTD。每个 HSTD 有四个 100 Mbps 带宽流量的数据交换端口，称之为 HOST。一个 SDD 拥有两个 HSTD 的 800 Mbps 带宽。HOST 端口可直接与服务器、工作站相连，也可与光通道交换机相连。每个 HSTD 还有一个 60 芯的数据总线用于和硬盘阵列相连完成数据交换。SDD 具有 5GB 容量的数据缓冲能力，为整个系统读写公用，从而保证大量数据的持续读写功能。

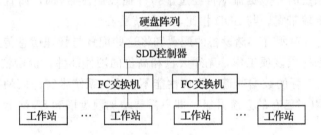

图 5-10 以 SDD 为核心的 SAN 结构网络

SDD 的主要技术优势有以下几点。

（1）带宽处理能力大幅度提高

SDD 内建强大的 RAID 引擎，它的处理能力远大于磁盘通道和主机通道标称的带宽，使阵列的控制器不会成为瓶颈。单个 SDD 可提供高达 800 Mbps 的带宽，同时提供广泛的、线性的性能提升。

（2）扩展性好

在 SDD 网络中，FC 交换机都与 SDD 控制器相连处于并行工作状态且互不影响。当站点增加时，不用交换机级联，只需将新的 FC 交换机接入 SDD 即可，不用改动以前的连接。

带宽得到线性增长，能构架大型网络。

（3）稳定性、安全性好

网络结构简单，连接点少，出错的概率小，易判断出错点。比较图 5-10 与图 5-9，在相同网络规模下，SDD 网络结构连接简单，故障点少。在存储硬盘与 SDD，FC 交换机与SDD 之间都采用双链路备份，容错能力强。

（4）SDD 的 RAID 结构

SDD 的 RAID 是在盘塔之间做 RAID。这样当一个盘塔发生故障，整个 RAID 也不会出现问题，大大提高了存储系统的容错能力。同时，SDD 是在 10 个磁盘通道上做 RAID，读写一个 RAID 时，对磁盘的访问是同时并发的，充分利用了系统的多通道、高带宽的性能。另外 SDD 的 RAID 结构采用两级 RAID，即在 RAID3 的基础上再将多个 RAID 组以 RAID0方式捆绑。这样做一方面单个盘符容量大大增加，可达几 TB，使存储数据得到充分共享；另一方面，带宽集中利用，单个分区的带宽可达 360 Mbps 以上。

2）基于 FC 技术的以 STOREAGE 为核心的虚拟存储网络系统

以 STOREAGE 为核心的虚拟存储网络系统如图 5-11 所示，其特性是利用多个硬盘塔和专用的控制器，实现网络存储带宽的扩展。实际上，它和 SDD 的原理都是增加 RAID 控制器的带宽，只不过 SDD 采用了集成在内部的专门控制器，而 STOREAGE 则利用外部的虚拟存储设备控制器（SVM）将已有的 RAID 控制器带宽聚合起来。SVM 处于系统数据通道之外，不直接参

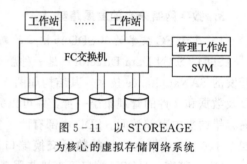

图 5-11　以 STOREAGE
为核心的虚拟存储网络系统

与数据的传输，主机可以直接经过标准的交换机对存储设备进行访问。

SVM 只对存储设备进行读/写操作的通道端口配置，然后将配置信息提交所有主机。单个主机在访问存储系统时，数据流不再经过虚拟存储控制器 SVM，而直接使所有存储设备并发工作，以增加传输带宽。与 SDD 相比，它的优势在于：

① SVM 只是进行对所有存储设备的配置和将这些配置与管理信息传送给单个主机的工作，主要利用软件来完成该项工作，无须大量和高价的硬件部件，价格较低；

② SVM 不占用实际的数据通道，硬件性能不会成为系统带宽的瓶颈；

③ 存储系统可以对已有的系统升级，即只需要增加硬盘塔和 SVM 控制器。配置比较灵活，技术开放性好；

④ SVM 系统保持标准 SAN 结构，为系统互连和扩展提供了技术保障。

数字视频网络逐渐由以服务器为中心的网络架构向以存储器为中心的网络架构过渡，FC-SAN 技术的出现使磁盘阵列等存储设备集群通过 FC 以高传输速率与服务器集群相连，使集群技术的应用成为现实。而且 FC-SAN 技术在大容量、高速度、高可靠性要求的场合有一定的优势，其无缝扩容、集中化管理等诸多优点，给用户的使用提供了极大的灵活性。从数字视频网络的发展来看，有理由认为网络软件较之硬件将在今后起到更大的作用，在大家所使用的硬件和系统拓扑相当或接近时，智能化、高性能、高性价比、高可靠性的实现更多地落到了软件系统的设计上。目前，国外的厂商做得比较好，国内的厂商在这方面较弱。随着计算机以及网络技术的飞速发展，新一代的数字视频网络的发展规模将不断扩大，性能

将更加稳定而高效，其应用前景也会越来越广阔。

5.6　彩色电视图像制式

彩色电视机的图像显示由红、绿、蓝三基色信号混合而成，三种颜色信号不同的亮度构成了缤纷的彩色画面。而如何处理三基色信号，并实现广播和接收，需要一定的技术标准，这就形成了彩色电视的制式。电视的制式是从拍摄记录节目信号时就开始的，所以，电视台、录像带、录像机、影碟片、影碟机也都是有制式的。简言之，彩色电视机的制式主要是指对三基色信号（或由其组成的亮度信号和色差信号）的加工处理和传输方式而言的，对信号采用不同的处理和传输方式，就构成了不同的制式。

5.6.1　彩色电视制式

在彩色电视技术中，彩色是根据光的视觉物理特征来定义的。光特性的综合视觉反应产生亮度、色调和色饱和度，这三个物理量被称为彩色三要素，它们代表了彩色的定义和重现彩色时所必需的总信息。具体含义如下。

亮度：是光作用于人眼时所引起的明亮程度的感觉，它与被观察物体的发光强度有关。彩色光的强度降到使人看不到，在亮度标尺上它对应的是黑色；强度变很大时，与白色对应。对于同一物体，照射光越强，反射光也越强，也称为越亮；对于不同物体在相同照射情况下，反射越强看起来越亮。

色调：是当人眼看一种或多种波长的光时所产生的彩色感觉，它反映颜色的种类，是决定颜色的基本特性。

色饱和度：是指颜色的纯度即掺入白光的程度，或者说颜色的深浅程度，对于同一色调的彩色光，饱和度越深颜色越鲜明或说越纯。

通常，把色调和色饱和度通称为色度。

在彩色电视制式中，根据三基色原理，采用了相同的 R、G、B 摄像机设备和 R、G、B 三基色信号，而且，接收机（显像管）重现三基色信号的方式也相同——空间相加混色。也就是说，发送端最初的光—电转换和接收端最终的电—光转换方式相同。彩色电视制式的不同，主要是对三基色信号的编码和传送方式上的不同。

光—电转换产生的三基色信号 R、G、B，经编码处理并保证兼容要求，形成彩色视频信号的基本方式，如图 5-12 所示，各种彩色电视制式均传送亮度信号和色度信号，亮度信号占用视频中宽的频带，以传送图像亮度（黑白）细节，保证图像清晰度。色度信号占用视频中窄的频带，传送图像的色调和色饱和度，这是因为彩色都是大面积分布的，且人眼的色分辨力远低于亮度分辨力，因此，色度信号的频带可以压缩。

所有彩色电视制式的以下基本特征是相同的：相同的三基色信号 R、G、B，三基色原理；相同的光—电、电—光转换方式；均传送宽带亮度信号和窄带色度信号。同时，考虑到兼容要求，以下参数必须和相应的黑白电视制式中的相同：每帧行数、场频、带宽（视频带宽、残留边带、音频带宽）、伴音载频、频道分配等。其中，扫描参数是电视制式中最基本的技术标准，也是各种电视制式间差异性的最根本体现。

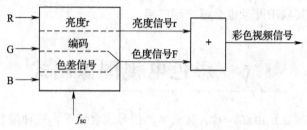

图 5-12　彩色视频信号（兼容）形成的基本方式

彩色电视制式，是在满足黑白电视技术标准的前提下研制的。为了实现黑白和彩色信号的兼容，色度编码对副载波的调制有三种不同方法，形成了三种彩色电视制式，即 NTSC 制、SECAM 制和 PAL 制（对于 NTSC 制，由于选用的色副载波的频率不同，还可分为 NTSC4.43 和 3.58 两种），以上是从技术的角度对制式的概括介绍。

1. 彩色电视机的制式种类

严格来说，彩色电视机的制式有很多种，例如我们经常听到国际线路彩色电视机一般都有 21 种彩色电视制式，但把彩色电视制式分得很详细来学习和讨论并没有实际意义。在人们的一般印象中，彩色电视机的制式一般只有三种，即 NTSC、PAL、SECAM 三种彩色电视机的制式。

（1）NTSC（National Television System Committee）制式——正交平衡调幅制

它是 1952 年由美国国家电视标准委员会指定的彩色电视广播标准，它采用正交平衡调幅的技术方式，故也称为正交平衡调幅制。其优点是电路简单、设备成本低。缺点是两色差信号传输过程中的串扰和在接收端色差信号分离不彻底，容易出现颜色失真、串色。现在的摄像机、VCD、DVD 很多都是 NTSC 制式，采用这种制式的国家有美国、日本、加拿大、墨西哥和菲律宾等。这种制式的帧速率为 29.97 fps，每帧 525 行 262 线，标准分辨率为 720×480。

（2）PAL（Phase Alternation Line）制式——正交平衡调幅逐行倒相制

它是联邦德国在 1962 年指定的彩色电视广播标准，它采用逐行倒相正交平衡调幅的技术方法。为了克服 NTSC 制的串色问题，PAL 制两个色差信号中的一个由 PAL 开关控制每行倒相一次，在接收端采用梳状滤波器可实现两色差信号的良好分离，大大减少了串色问题。其缺点是增加了设备复杂性。现在采用 PAL 制的国家有德国、荷兰、英国、新西兰、澳大利亚、比利时、泰国和中国等。PAL 制式克服了 NTSC 制相位敏感造成色彩失真的缺点。这种制式帧速率为 25 fps，每帧 625 行 312 线，标准分辨率为 720×576。PAL 制式中根据不同的参数细节，又可以进一步划分为 G、I、D 等制式，其中 PAL-D 制是我国采用的制式。

（3）SECAM（Sequential Couleur Avec Memoire or Sequential Color with Memory）制式——行轮换调频制

ECAM 是法文的缩写，意为顺序传送彩色信号与存储恢复彩色信号制，是由法国在 1956 年提出，1966 年制定的一种新的彩色电视制式。SECAM 制传输每一行信号时，只传送一个色差信号，在传送下一行信号时再传送另一个色差信号，而把上一行传送的那个信号存储下来供本行使用，因两行图像信号间的差别不大。SECAM 制使传送信号每一时刻都只有一色差信号，不存在互扰和分离的问题，从而彻底克服了串色问题，其图像质量受传输通道失真的影响最小。缺点是不能实现亮度信号和色度信号的频谱交错，故副载波光点干扰可见度大，兼容性不如 NTSC 制和 PAL 制，同时亮度对色度串扰也大。采用这种制式的国家有俄罗斯、法国、东欧各国等。SECAM 制式也克服了 NTSC 制式相位失真的缺点，但采用时间分隔法来传送两个色差信号。这种制式帧速率为 25 fps，每帧 625 行 312 线，标准分辨率为 720×576。

三种制式各有优缺点，NTSC 制的优点是电视接收机电路简单，缺点是容易产生偏色，因此 NTSC 制电视机都有一个色调手动控制电路，供用户选择使用；PAL 制和 SECAM 制可以克服 NTSC 制容易偏色的缺点，但电视接收机电路复杂，要比 NTSC 制电视接收机多一个一行延时线电路，并且图像容易产生彩色闪烁。

2. 彩色电视机的制式现状

随着节目来源的增多，如卫星电视、激光视盘和各种录像带，近年市场上出现了多制式电视机和背投，如 2 制式、4 制式、11 制式、17 制式、21 制式和 28 制式等。这里所说的制式既不是平常所说的 PAL、NTSC、SECAM 彩电三大制式，也不是黑白电视制式，而是指电视机用多少种方式接收。如 2 制式是指既能接收我国内地电视图像和伴音，又能接收香港电视图像和伴音；28 制式能接收 6 种电视广播、8 种特殊录像机放像、7 种激光视盘放像和 7 种有线电视系统。

目前，世界上有 13 种电视体制、三大彩电制式，兼容后可组合成 30 多个不同的电视制式。但根据对世界 200 多个国家和地区的调查，仅使用其中的 17 种：8 种 PAL，2 种 NTSC，7 种 SECAM。使用最多的是 PAL/B、G，有 60 个国家和地区使用；NTSC/M，有 54 个国家和地区使用；SECAM/K1，有 23 个国家和地区使用。所以多制式电视机都不是全制式，但只要能接收 PAL/D、K、B、G、I，NTSC/M，SECAM/K、K1、B、G 制式，就能收到世界上 80% 以上国家和地区的电视节目。

除此之外，多制式背投还能接收激光视盘和多制式录像带播放的节目，做到一机多用，非常方便。为了实现背投的多制式接收，背投内要设置许多新电路。多制式背投的解码也不同于一般背投，这是由于三种彩色电视的编码方式、副载波频率不同，所以在解码前要设置三种制式识别和转换电路。一般根据场频不同先把 NTSC 制和 PAL、SECAM 制分开，然后再根据 SECAM 制调频行轮换制和 PAL 制隔行倒相制识别 SECAM 制和 PAL 制。这些制式识别工作均在集成电路内进行，一般背投都会自动识别，当然也可以用手动强制其执行某种制式。

彩色电视虽然主要有 PAL、NTSC、SECAM 这三大制式，但以它们为基础，由于场频、彩色调制频率和伴音调制频率的变化，可派生出 28 种制式，如表 5-5 所示。各种制式的参数变化范围是：场频为 50/60 Hz（扫描行数 525/625），彩色调制频率为 4.43/3.58 MHz，伴音调制频率为 4.5/5.5/6.0/6.5 MHz。我国采用的 PAL D/K 制的场频为 50 Hz，彩色调制频率为 6.5 MHz。

表 5-5　彩色电视制式

序号	广播电视系统制式（共 6 种）
1	PAL B/G（西欧）
2	PAL I（中国香港）
3	PAL D/K（中国内地）

序号	广播电视系统制式（共6种）
4	SECAM B/G（CCIR，国际无线电咨询委员会）
5	SECAM D/K（东欧、俄罗斯）
6	NTSC M（美国、日本）
序号	视频输入制式（共22种）
7	NTSC 4.43 MHz/5.5 MHz
8	NTSC 4.43 MHz/6.0 MHz
9	NTSC 4.43 MHz/6.5 MHz
10	NTSC 3.58 MHz/5.5 MHz
11	NTSC 3.58 MHz/6.0 MHz
12	NTSC 3.58 MHz/6.5 MHz
13	SECAM I（6.0 MHz）
14	SECAM L
15	S - VIDEO IN SECAM
16	S - VIDEO IN SECAM - L
17	S - VIDEO IN PAL
18	S - VIDEO IN NTSC 4.43
19	S - VIDEO IN NTSC 3.58
20	S - VIDEO IN 50 Hz/60 Hz
21	VIDEO IN 50 Hz/60 Hz
22	NTSC 3.58 MHz/4.5 MHz/60 Hz
23	PAL 5.5 MHz/60 Hz
24	PAL 6.0 MHz/60 Hz
25	PAL 6.5 MHz/60 Hz
26	SECAM 5.5 MHz/60 Hz
27	SECAM 6.0 MHz/60 Hz
28	SECAM 6.5 MHz/60 Hz

目前在市场上出售的彩色电视机均是多制式的，主要有21制式、26制式、28制式等，而28制式则是真正的全制式。对中国的观众来说，由于节目源主要是PAL制和NTSC制，因此，只需要PAL和NTSC双制式就基本能满足收看国内电视、观看国外卫星节目、播放影碟机和录像节目的需要。当然，购买21制式的电视机基本可以满足需要，但是最好购买28制式的电视机。

5.6.2 国际间图像交换概况

面对电视制式不同的现状，国际上广播电视图像的交换是很困难的。由于所有的黑白和彩色电视制式都能应用电影胶片，人们研究和制造了一种特殊的电视摄像机，它工作于行数为625行、场频为48 MHz的状态，这种场频有意地做成与帧频为24 MHz的电影标准一致，但这种交换电视节目的方式既费时，成本又高。

具有相同扫描频率和视频带宽的不同制式间进行节目交换比较简单，但图像质量有不同程度的降低，目前已研究成功了应用于场频为 50 Hz 及 60 Hz 之间的不同制式标准的交换电路。

在三种彩色电视制式之间直接进行电视节目交换显然更为复杂，对不同扫描频率的相同彩电制式，可通过特殊编码转换电路来实现制式转换。从一种色度编码技术转换为另一种色度编码的更复杂的制式转换也是可能的，然而常常需要以降低一定的清晰度和影响一些性能为代价。目前，已经能做到在 NTSC 制 525/60 系统和 PAL 制 625/50 系统之间，同时完成扫描频率和色度编码的转换。

电视信号的数字化和高清晰度电视发展的新技术，已使得通过一种中间方案方便实现不同制式间电视节目交换成为可能（国际标准统一的数字化彩色编码技术）。

思考与练习题

一、名词解释

视频卡　　模拟视频　　数字视频　　影像视频　　流式视频　　非线性编辑系统

二、不定项选择题

1. 在数字视频信息获取与处理过程中，下述顺序中正确的是（　　）。

A. A/D 变换、采样、压缩、存储、解压缩、D/A 变换

B. 采样、压缩、A/D 变换、存储、解压缩、D/A 变换

C. 采样、A/D 变换、压缩、存储、解压缩、D/A 变换

D. 采样、D/A 变换、压缩、存储、解压缩、A/D 变换

2. 视频卡的种类很多，主要包括（　　）。

A. 视频捕获卡　　　　　　　　　B. 电视卡

C. 电影卡　　　　　　　　　　　D. 视频转换卡

3. 下列关于 Premiere 软件的描述，正确的是（　　）。

A. Premiere 软件与 Photoshop 软件是一家公司的产品

B. Premiere 可以将多种媒体数据综合集成为一个视频文件

C. Premiere 具有多种活动图像的特技处理功能

D. Premiere 是一个专业化的动画与数字视频处理软件

4. 彩色全电视信号主要是由（　　）组成。

A. 图像信号，亮度信号，色度信号，复合消隐信号

B. 亮度信号，色度信号，复合同步信号，复合消隐信号

C. 图像信号，复合同步信号，消隐信号，亮度信号

D. 亮度信号，同步信号，复合消隐信号，色度信号

5. 下面关于数字视频质量、数据量、压缩比的关系的论述，正确的是（　　）。

A. 数字视频质量越高数据量越大

B.　随着压缩比的增大解压后数字视频质量开始下降

C.　压缩比越大数据量越小

D.　数据量与压缩比是一对矛盾

6.　数字视频的重要性体现在（　　　）。

A.　可以用新的与众不同的方法对视频进行创造性编辑

B.　可以不失真地进行无限次拷贝

C.　可以用计算机播放电影节目

D.　易于存储

7.　帧频率为 25 fps 的制式为（　　　）。

A.　PAL　　　　　B.　SECAM　　　　　C.　NTSC　　　　　D.　YUV

三、填空题

1.　视频处理是指使用相关的硬件和____在计算机上对视频信号进行接收、____、编码、____、存储、____、显示和回放等多种处理操作。

2.　在微型计算机中，表示或存放图形和图像常用的方法有两种：矢量法和____。

3.　各种视频卡按功能大致可分为以下 5 类：视频采集卡、____、____、____、____。

4.　目前，国际上流行的视频制式标准主要有____、____、____。

5.　FC 光纤通道技术是 ANSI 为____建立的一个集成标准，FC 光纤通道支持多种拓扑结构，主要有____、____、____网络结构。就目前而言，主流的基于 FC 技术构建的视频网络结构有两类：一是基于 FC 技术和以太网结合构建的双网架构的____；二是基于 FC 技术的____的网络。

6.　当设计一个存储架构时，依照系统的使用要求，综合考虑如响应速度、访问频率、归档管理、介质维护、存储成本等因素，实时监控调整，在____的需求层次上选用不同的____，构成一种____分级存储介质管理构架，配以相关的动态、智能化管理软件，实现智能化层次型存储管理系统（HSM）。

四、简答题

1.　图像文件格式为什么会影响数据量？

2.　图像文件的体积指的是什么？怎样计算？

3.　世界上主要的彩色电视制式是哪几种？

4.　简述视频卡的分类。

第 6 章

多媒体软件系统

多媒体软件是综合利用计算机处理各种媒体的最新技术，如数据压缩、数据采样、二维及三维动画等，能灵活地调度使用多媒体数据，使各种媒体硬件和谐地工作，使 MPC 形象逼真地传播和处理信息，所以说多媒体软件是多媒体技术的灵魂。

本章介绍多媒体软件分类与结构、多媒体操作系统、多媒体应用软件写作工具、多媒体数据库技术，以及如何使用 HTML 语言制作多媒体网页。

6.1 多媒体软件分类与结构

从功能上可以把多媒体软件分为驱动程序、多媒体操作系统、多媒体数据准备软件、多媒体编辑创作软件和多媒体应用软件五类。从结构上可将多媒体软件划分为三层，如图 6-1 所示。

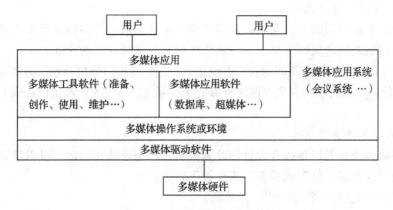

图 6-1 软件系统分层示意图

① 多媒体驱动软件：多媒体软件中直接和硬件打交道的软件称为驱动程序。它完成硬件设备的初始化、设备的各种控制与操作等基本硬件功能的调用。这种软件一般随硬件提供，也可以在标准操作系统中预置。

② 多媒体操作系统：多媒体操作系统是多媒体计算机系统的核心。它处于驱动程序之上、应用软件之下，负责多媒体环境下的多任务调度、媒体间的同步、多媒体外设的管理等。

③ 多媒体数据准备软件：是用于采集、加工多媒体数据的软件，如视频采集、声音录制、图像扫描、动画制作等软件及对声、文、图、像进行加工处理的软件。

④ 多媒体编辑和创作软件：包括多媒体创作工具软件和支持多媒体开发的程序设计语言。多媒体创作工具软件的功能是把各种多媒体数据按照应用的要求集成编辑为一个节目，

如教学 Title、多媒体网页制作、动画生成等。

⑤ 多媒体应用软件：在多媒体操作系统之上开发的、面向应用的软件系统，与具体应用不可分割，如办公自动化系统等。

6.2 多媒体操作系统

6.2.1 多媒体操作系统的类型

多媒体操作系统支持多媒体的实时应用，其首要任务是调度一切可利用的资源完成实时控制任务，其次要提高计算机系统的使用效率。多媒体实时任务主要包括：任务管理、任务间同步和通信、存储器优化管理、实时时钟服务、中断管理服务。实时操作系统具有规模小、中断被屏蔽的时间很短、中断处理时间短、任务切换很快等特点。根据不同的使用规模，多媒体操作系统可分为单机、互联式和分布式。

1）单机多媒体操作系统

单机多媒体操作系统是指支持非网络环境中的 MPC 的操作系统，例如，Windows 95 以后的操作系统就属于单机多媒体操作系统。Windows XP 操作系统更是从系统级上支持单机多媒体功能，其 DVD 支持技术、内置的 DirectX 多媒体驱动、与操作系统无缝连接的光盘刻录与擦写技术等，给用户提供了更加丰富多彩的交互式多媒体环境。

2）互联式多媒体操作系统

与单机操作系统不同的是，互联式多媒体操作系统面对的是多台计算机或多个局域网系统，它要支持多机之间的资源共享、用户操作协调和与多机操作的交互。

网络操作系统可以构架于不同的操作系统之上，也就是说网络中所连接的计算机可以装有不同的操作系统，通过网络协议实现网络资源的统一配置，在较大的范围内构成互联式网络操作系统。

3）分布式多媒体操作系统

分布式多媒体操作系统是指有大量的计算机通过网络连接在一起，可以获得极高的运算能力及广泛的数据共享。分布式操作系统有如下特征：

① 统一性——它是一个统一的操作系统；

② 共享性——分布式系统中所有的资源是可共享的；

③ 透明性——用户并没有感觉到分布式系统上有多台计算机在运行；

④ 独立性——处于分布式系统的多个主机在物理上是独立的；

⑤ 低成本——分布式系统中的计算机不需要具备特别高的性能；

⑥ 可靠性——由于有多个独立的 CPU 系统，因此个别 CPU 的故障不影响系统性能。

与网络操作系统的主要区别是，分布式操作系统比较强调单一性，使用同一种操作系统，即使用同一种管理与访问方式。

6.2.2 多媒体操作系统的特殊要求

多媒体操作系统的特殊要求包括以下几个方面。

（1）实时性。多媒体操作系统必须处理实际媒体，满足实时性要求。

① 进程管理必须考虑处理多媒体数据的时间约束。

② 必须提供合适的进程调度算法。

③ 进程间的通信与同步机制必须满足不同媒体间的实时性要求和时间约束。

④ 存储管理必须提供保证一定延时限制的数据存取和有效的数据管理。

（2）多任务。传统的操作系统一般都具备多任务能力，但多媒体操作系统要求更高，如任务间的同步机制。

（3）大内存的管理能力。如满足实时性要求的虚拟内存技术。

（4）设备独立性和可扩展性，支持快速外围设备。

（5）各种媒体间方便的集成方法（文件管理技术）。

（6）快速图形处理技术。

6.2.3　Windows 操作系统的多媒体功能

目前，Apple 公司推出的应用于 Macintosh 机上的 Quick Time 和 Microsoft 公司的 WME（Windows with Multimedia Extension）是最流行的两种具有多媒体功能的操作系统。鉴于国内大多数用户使用 MS－Windows，在此主要介绍 WME 的有关多媒体功能。

1）MS－Windows 的多媒体扩展

由 Windows 加上多媒体扩展构成。Windows 多媒体扩展由以下三个扩充模块组成。

① MMSYSTEM 库：它提供媒体控制接口（MCI）服务和低级多媒体支持函数（即低层 API），多媒体应用程序可以直接调用低层 API 中的函数，也可以通过高层 MCI 服务调用 MCI 设备驱动程序以完成多媒体处理。

② 多媒体设备驱动程序：它实现 MMSYSTEM 库中低级函数和多媒体设备之间的通信。

③ MCI 设备驱动程序：它提供多媒体设备的高层支持。

2）MS－Windows 多媒体应用编程接口

多媒体 Windows 中 MMSYSTEM 库中包括了一系列有关多媒体服务的函数，提供了 Windows 的多媒体应用编程接口。包括高层音频、低层波形音频、低层 MIDI 音频、辅助音频设备、多媒体影片播放、MCI、文件 I/O、操纵杆、定时器、屏幕保护和位图显示等服务函数。用户可以像使用 SDK 中的其他函数一样来使用这些函数。

3）媒体控制接口（MCI）

媒体控制接口是控制多媒体设备的高级命令接口，它用来实现 Windows 与 MCI 设备驱动程序间的通信。由于多媒体扩展的系统结构设计遵循可扩展性原则，所以当用户需要在系统中加入某类 MCI 设备时，只要在系统中加入相应的 MCI 设备驱动程序即可。例如，若在系统中增加视频设备驱动程序 MCIAVI. DRV，则高层的多媒体应用程序就可以使用其提供的 MCI 命令进行各种视频处理。MCI 除了具有可扩展性外，它还实现了真正的设备无关性，当应用系统更换设备时，只要更换设备驱动程序即可，这也是采用 MCI 标准开发多媒体应用软件的好处之一。

4）动态链接库（Dynamic Linking Libraty，DLL）

Windows 提供了一种称为"动态链接库"的特殊函数库，用于应用程序之间共享代码和资源。多媒体应用程序可直接调用某些 DLL 中的媒体信息处理函数，用户也可以自己定义 DLL 函数。目前很多多媒体硬件都以动态链接库形式提供多媒体开发工具。

5）动态数据交换（Dynamic Data Exchange，DDE）和对象连接嵌入（Object Linking Embeded，OLE）

动态数据交换是 Windows 应用程序之间进行数据交换的一种方法。它实际上是一种数据交换的消息协议。通过 DDE，应用程序可利用 Windows 的消息进行数据交换和远程命令的执行。对象连接嵌入是 Windows 的动态数据交换 DDE 的一种高级形式。它能使多个 Windows 应用程序之间动态地进行数据的连接和合并。这些数据对象可以是文字、图形图像或电子表格，也可以是声音或视频等媒体数据。

6）RIFF 文件格式及使用

多媒体扩展支持一种带标记的文件结构，称为资源交换文件格式（Resource Interchange File Format），简称 RIFF 文件格式。它非常有用，是用于保存、交换多媒体数据的一种标准文件格式。Windows 的多媒体文件 I/O 功能支持 RIFF 格式文件，能够对 RIFF 格式文件进行创建、定位、读写等操作。目前，几种典型的 RIFF 格式有：调色板文件为 ".PAL"；图像文件为 ".RDI"；MIDI 文件为 ".RMI"；影片文件为 ".WAV"；视频文件为 ".AVI"。

7）Windows 的多媒体使用程序

多媒体 Windows 不仅为开发多媒体应用程序提供了各种高层和低层的函数支持，还配带了多个多媒体实用程序。它们是声音记录器（Sound Recorder）、媒体播放程序（Media Player）、文件声音设定程序（Sound）、MIDI 映射程序（MIDI Mapper）和驱动程序设置程序（Driver）。

6.2.4　基于 Windows 的多媒体信息处理

在开发多媒体节目的过程中，必须先对节目中出现的各种媒体信息进行获取和处理，这些媒体信息包括声音、图形图像、动画、视频和文字等。下面简要介绍各种媒体信息的处理及其常用工具。

1. 基于 Windows 的数据准备工具

Microsoft 公司的多媒体开发工具包 MDK 提供了多个多媒体数据准备工具，包括以下几项。

① Convert：用于将数据文件转换成与多媒体 Windows 相兼容的格式，可对音频文件、位图文件、调色板文件和 MIDI 文件进行转换。

② BitEdit：用于显示和编辑位图文件，除可进行简单的画图、编辑外，还可与调色板编辑程序 PalEdit 一起配合使用，对位图的颜色进行编辑和调整。

③ PalEdit：用于显示和编辑位图的调色板，包括对各颜色单元进行编辑修改，调整所有颜色的亮度、对比度和色度，进行彩色归纳等。

④ WaveEdit：用于显示、播放、编辑和录制波形音频文件。

⑤ FileWalker：用于显示和编辑数据文件，可作为十六进制编辑器使用，也可以字符方式显示文件的结构和轮廓。

2. 声音信息处理及其工具

在多媒体节目中，声音信息一般为解说词、背景音乐和一些效果声。声音信息可用采样法和合成法获得。采样法通过将声源发出的声音进行采样、量化、编码、保存到计算机中而形成波形文件；合成法用于语音和音乐的获取，将电子乐器演奏的音乐用一种专门的语言来描述以形成 MIDI 文件。

波形文件的处理一般包括波形声音的录制、剪辑、播放及添加各种效果。一般的声音处理工具都能满足多媒体节目的需要，常用的有 Windows 中的 Sound Recorder、MDK 中的 WaveEdit、Voyetra 软件包中的 WinDAT、Creative 公司的 WaveStudio 等。

MIDI 文件的处理包括 MIDI 音乐的录制、乐曲中音符的编辑修改、乐曲的剪辑、移调、速度改变、多轨调音等。用于 MIDI 文件处理的工具软件称为音序器软件。MIDI 文件的制作有两种方式：一种是作曲家方式，通过音序器软件将音符等基本构件用鼠标器拖到五线谱表中而生成 MIDI 文件；另一种是演奏家方式，通过音序器软件将电子乐器上的演奏过程记录下来而生成 MIDI 文件。各种音序器软件很多，初级的有 Voyetra 公司的 Seguence plus，Passport Designs 公司的 Trax 和 Music Time 以及 Midisoft 公司的 Recording Session 等；专业级的有 Passport Designs 公司的 Master Tracks Pro，Midisoft 公司的 Studio for Windows 以及 Twelve‐tone System 公司的 Cake‐Walker Professiona 等。

3. 图形、图像信息处理及其工具

多媒体节目中的背景画面、艺术字等都离不开图形图像的处理。图形图像信息可用绘图或画图软件生成，也可通过扫描仪或摄像输入。有关图形图像处理的软件有以下几类。

① 数字化软件：用于将输入的画面进行采样、量化、编码等数字化处理，以获取图形图像文件，该类软件一般随扫描仪或视频卡等图像输入设备而配备。

② 绘、画软件：提供各种绘、画工具及手段，直接在计算机屏幕上绘制图形或图像，该类软件有很多，如 Paintbrush、Freehand、Illustrator、Designer、Corel Draw 和 Auto-CAD 等。

③ 图像增强、编辑软件：用于对图像进行各种剪辑、变换、上光、上色等处理。该类软件有很多，如 Photoshop、Photostyle、Picture Publisher 等。

④ 文件格式转换软件：用于图形图像文件的格式转换，如 Convert、BitEdit 等。

4. 动画处理及工具

动画的加入给多媒体节目增添了极大的可视性。动画技术正越来越多地运用于动画片、电视广告、科幻电影等。动画制作可分为以下几类。

① 二维动画：通过在预设运行轨迹的指定点上快速显示具有不同形态的画面而产生动画。该类动画处理软件有 Animator Pro、IconAnimate 等。

② 三维动画：先构建一个二维图形；然后对其放样，生成一个三维物体，再对该物体进行上光、上色等处理，使其变为一个三维图像；最后，对其设定相关的动画参数以产生动画。该类软件有 3D‐Studio、Macromodel 等。

③ 基于角色的动画：单独设计某个运动物体、背景画面、声音、调色板等各类角色，为每个角色指定其特性（如位置、大小等），然后将各角色安排到一个个场景中，像 Macromedia 公司的 Director 就可以处理这类动画。

④ 基于帧的动画：像电影胶片或视频信息一样，将静止的画面放到一帧帧图像序列中，然后按照设定的帧频播放该序列以产生动画，像 Adobe 公司的 Premiere 可处理该类动画。

5. 视频信息处理及工具

来源于视频源的活动画面，将使多媒体节目更加生动形象，更加富有感染力。视频信息一般都是通过视频获取卡得到的，有时也可用视频处理软件来生成。用于视频处理的视频卡有以下几种。

① 视频获取卡：用于从视频源中获取数字化视频信息，该类卡中最低档的是直通型卡，最高档的是支持 MPEG 的视频压缩卡，用其获取的文件可在单速 CD－ROM 平台上播放。

② 视频回放卡：也称解压卡，ReelMagic 视频卡就是一种典型的 MPEG 标准的回放卡。

③ 电视调谐卡：利用它与相应软件配合，可在屏幕上选择电视频道；与视频获取卡配合，可捕获来自接收天线的视频信号。

④ 电视编码卡：用于将计算机生成的文字、图形图像、动画等转换成视频信号，输出到电视机或录像机上进行显示或存储。

视频信息的处理一般包括视频序列（包括伴音）的捕获、剪辑、压缩、音频视频同步及格式转换等。Microsoft 公司的 Video for Windows 就是一种典型的视频处理工具，对于一般处理要求，用它就足够了。若要进行特技处理，就必须用视频特技软件，如 Adobe 公司的 Premiere。

6.3　多媒体应用软件写作工具

根据其提供的编辑、写作方式的不同，可将各类写作工具分为以下三种。

1. 基于脚本的写作工具

该类多媒体写作工具提供一套脚本语言，帮助创作者控制各种媒体数据的播放。脚本语言类似于高级编程语言，因此较适合于有编程经验的用户使用。美国 Asymetrix 公司的 ToolBook 写作工具就是一种典型的基于脚本的写作工具。它用脚本命令来控制节目的流程，有关节目的内容以页的形式来展现，可在页上安排图形图像、文字、声音等各种媒体数据。其中 OpenScript 语言允许对 MCI 进行调用，以 MCI 命令字符串形式使用 MCI 命令，控制各类 MCI 设备的播放或录制。

2. 基于流程图的写作工具

Authorware、IconAuther 和 HSC InterActive 是三种典型的基于流程图的写作工具。该类工具使用流程图来安排节目的流程，每个流程图由许多图标组成，这些图标扮演脚本命令的角色，并与一个对话框对应，可在对话框中输入相应的内容，它与脚本命令要填入的参数大同小异。

3. 基于时序的写作工具

编制多媒体节目除了要安排节目的内容和流程外，还要控制各种媒体数据同步。基于时序的写作工具通过将元素和事件沿一根时间线安排来达到同步的目的，Action 是最有代表性的基于时序的写作工具。一个 Action 节目通常由多个类似 ToolBook 中页的场景组成，可直接在场景内安排各对象的位置关系，还可用时间线来控制对象间的先后关系和同步。

　　在实际应用中可供选用的软件很多，大致可以分为动画制作软件和声音处理软件两类。软件分类详细情况如表 6-1 所示。

表 6-1　软件分类

类别		软件	功能
动画制作软件	绘制和编辑动画软件	Animator Pro	平面动画制作
		3D Studio MAX	三维造型与动画制作
		Maya	三维动画制作软件
		XSI	三维动画制作软件
		Lightwave	三维动作制作软件
		Cool 3D	三维文字动画制作
		Poster	人体三维动画制作
	动画处理软件	Animator Studio	动画加工、处理
		Premiere	电影影像、动画处理
		Media Studio	集视频、声音、采集等功能于一体
		GIF Construction Set	网页动画处理
		After Effects	电影影像、动画后期合成
	计算机语言	Authorware	多媒体平台软件
		Visual Basic	具有多媒体功能的计算机语言
		Visual C	具有多媒体视窗功能
声音处理软件	声音数字化转换软件	Easy CD-DA Extractor	将光盘音轨转换成 wav 格式的数字化音频文件
		Exact Audio Copy	将多种格式的光盘音轨转换成 wav 格式的数字化音频文件
		Real Jukebox	在 Internet 互联网上录制、编辑、播放数字音频信号
	声音编辑处理软件	Goldwave	带有数字录音、编辑、合成等功能的声音处理软件
		Cool Edit Pro	编辑功能众多、系统庞大的声音处理软件
		Acid WAV	声音编辑与合成器
	声音压缩软件	L3Enc	将 wav 格式的普通音频文件压缩成 mp3 格式的文件
		Xingmp3 Encoder	将 wav 格式的音频文件转换成 mp3 格式的文件
		WinDAC32	将光盘音轨直接转换并压缩成 mp3 格式的文件

6.4　多媒体数据库技术

　　多媒体信息如音频、图像、视频等需计算机处理的二进制数据是非结构化的，不能简单地用数学解析式表示。多媒体数据库必须取得基于这些媒体对象内容及信息特征的解释，才能完成存储及至检索应用，这些解释称为元数据。通过对元数据归类、整理，实现标准化的存储与检索是多媒体数据库中的主要问题。多媒体元数据数据库结构庞大，数据种类繁多，应用范围也极广，如网上数据共享、网站的网页制作、远程多媒体教学以及多媒体课件制作等。完善元数据的存储与检索机制，是对信息处理技术的重大贡献。

6.4.1　多媒体元数据采集与处理

元数据中，由内容描述的元数据占有较大成分。内容描述的元数据与媒体信息属性有关，它不能从它们的内容单独或自动地生成，必须用使用者的描述或媒体内容的代表特征来勾画出媒体对象的特性。

1. 元数据生成

元数据是通过媒体对象的特征提取函数生成的。特征提取函数提取元数据需要一定的语义空间，不同属性媒体其语义特征也不同。例如，颜色或结构可以用于图像数据的特征，静默期可用于音频数据的特征。特征提取函数使用的同类语义空间的集合构成了相同属性的媒体元数据。元数据生成过程如图 6-2 所示。

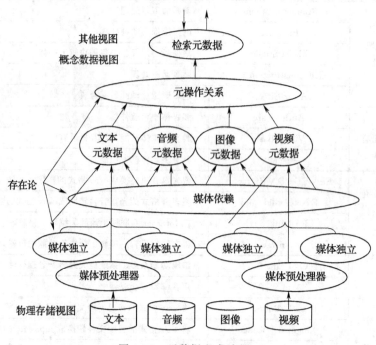

图 6-2　元数据生成过程

原始媒体信息经特征提取函数（媒体预处理器）提取媒体特征后形成独立媒体，再经后级特征提取函数处理形成媒体依赖，即媒体的产生时间、地点和所有者等形成元数据，各类属性的元数据通过检索接口输出，存储并供用户查询。

2. 多媒体数据库的存取

存取多媒体信息的过程必须迅速，从而使检索的时间缩短到最低限度。数据存取的基础是为构成一个数据库的各种媒体而产生的元数据。为了提供高效率的存取，元数据必须使用合适的索引结构来存储。采取什么样的索引结构应根据媒体、元数据以及被当做数据库应用程序一部分的查询类型而定。

3. 多媒体信息的检索

数据库检索是数据库系统最重要的功能之一，典型的检索包括以下几部分：

① 需要输出的数据项；

② 可供查询的信息库；

③ 查询条件（查询谓词），根据谓词描述的内容和媒体特征以及谓词被指定的方式可用不同的类型对多媒体数据库进行查询。

6.4.2 基本媒体元数据的存取

基本媒体元数据包括文本元数据、音频元数据、图像元数据和视频元数据，它们构成了数据存取的基础。

1. 文本元数据的存取

文本元数据主要指归类、编码、压缩处理后的文本（文档）格式描述的元数据的总称。文本元数据要使用所谓的文本信息语言来描述，如标准生成标记语言（SGML）用于描述印刷品上的控制标记和文档结构等。其中可使用文档类型定义（DTD）来描述元素类型，DTD 规范的元素类型由标题信息（Titleinfo）、摘要（Abstract）、内容（Contents）及参考文献（References）等构成，SGML 文档 DTD 定义描述了文档结构的元数据。

为快速存取文本，必须使用合适的存取结构。同时，选择用于文本存取的索引特性，必须有助于根据用户的查询选出适当的文件。常采用的两种方法是全文扫描和倒排文件。

① 全文扫描，即在整个文件集合中查找所要的查询特性。在整个文件中查找索引特性的一个简单算法是将查找媒体的特征与那些在文件中出现的特性进行比较。在查找不匹配时，搜索在文件中查找的位置，一次往右移一下，一直这样移下去，直到在文件中找到该特性或搜索到文件的末尾。这种存取特点是不必为文件保存另外的查找信息（如索引文件），其明显的缺点是再次查询时需要进行全文查找。

② 倒排文件用来存储一个文件或一组文件的查找信息。查找信息包括索引特性和一组指向索引特性出现的文件指针，如图 6-3 所示。

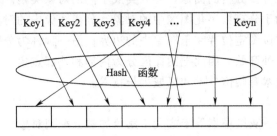

图 6-3 用 Hash 表存储倒排索引

倒排索引可使用散列表形成或存储。此方法使用散列功能来映像，以字符或字符串形式出现的所有特性，并放进散列表中，是基于倒排文件技术的散列方法。

2. 语音元数据的存取

语言涉及口语，通常被看做是音频的一种，并定义为独立的数据类型。它的元数据分离较为困难，一般通过辨识语音的单词、语音韵律的变化、静默的时间、发音位置给出，还应能把静音时间和非语音的声音识别出来，并存储为元数据。利用配套硬件及开发软件可组成语音识别系统，如图 6-4 所示。它由符号处理模块和模式匹配模块两部分组成。

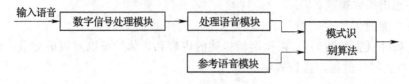

图 6-4　语音识别系统

数字信号处理模块获取语音模拟信号（通过麦克风或录音机）并进行数字化转换后，再经处理语音模块检测静音时间，以及语音和非语音的区别。把原始的波形转换成频率域表示形式，并进行数据压缩。处理过的语音信号用于口语单词及说话人韵律信息的识别。识别过程是通过把处理过的语音和存储模式进行匹配，由模式识别算法最终得出语音元数据。

语音元数据的存取具有如下特点。

（1）用先进的神经网络模型和动态时间分配算法识别索引特性的模式匹配算法。

（2）单词和短语作为一个语言索引特性，单元过于庞大复杂，因此，子单词（subword）单元可用于语音索引特性，步骤如下：

① 决定可用于语言索引特性的可能子单词单元；

② 从语音文档中提取每个索引特性的不同发音；

③ 使用不同的发音，训练识别索引特性的模式匹配算法。

检索语音文档是检查一个给出的单词或句子是否出现在一个有效的文档集合中。检索的实现方法是在查找索引特性的元数据与数据库中有效检索特性的元数据之间寻找最优匹配。

3. 图像元数据的存取

知道图像的类型，对生成元数据的算法是有好处的。算法可根据指定的图像类型属性的信息分析，其中也包括图像对象的颜色和纹理信息。图像元数据析取的基本要求是定位图像上的对象，这就要求把图像分段成区域或对象；另一种方法是根据对象中的指定属性或特性，这些特性有助于区分要分析的图像，并分类成不同的对象类型。

图像分段处理有助于分离数字化图像中的对象。分离图像中的对象有两种方法：第一种称为边界检测方法，它试图定位存在于对象中的边界；另一种称为分区方法，它从决定像素落在一个对象之内或之外开始，因此把图像区分为内部和外部点集。

主要的图像分段技术有阈值技术和区域生长技术。

1）阈值技术

阈值技术的原理是：灰度像素等于或大于阈值的被分配到对象中，小于阈值的像素落在对象之外。这种技术可应用于图像分段，有助于特定背景下对象的简单识别，当然，要精心地确定阈值。

2）区域生长技术

区域生长技术开始好像对象的内部在生长，直到它们的边界与对象的边界相一致。这里，一个图像被分成一组细小的区域，这些区域可能是单一的像素或一组像素。识别出区分对象（如灰度、颜色、纹理）的属性，给每个区域的这些属性赋一个值，将这些值进行集合的并集运算，形成可理解图像界（子区域）即图像的元数据。

上面描述了图像元数据产生的方法。图像元数据描述了对象的不同特性，诸如它们的位置、颜色、纹理。为了便于存取，产生的元数据必须以适当的索引结构存储，通常有以下两种技术用于存储图像元数据：

① 存储图像中对象之间的定位与空间关系的逻辑结构；

② 对于有相似特性诸如颜色和纹理的图像来讲，相似簇生成技术能把它们归类在一起。

4. 视频元数据的存取

产生视频元数据最简单的方式是提供文本描述，用于描述手动记录和与存储相关的数据库信息。另一种方法是用自动/半自动机生成所需的元数据。由内容描述的元数据的生成必须基于用户或应用程序输入的视频对象。为了保证视频元数据的生成过程，所用工具必须具有以下功能：

① 识别视频中的逻辑信息单元；

② 识别视频中的摄像操作的不同类型；

③ 识别视频中的低级图像属性（如亮度）；

④ 识别语法分析逻辑单元的语义属性；

⑤ 识别视频中的对象及其属性（如对象动作）。

要自动对其进行语法分析的信息逻辑单元称为摄像镜头或剪辑。假设镜头是表示时间和空间一个连续动作的帧序列，镜头识别的基本思想是帧的任何一边出现摄像中断都会引起信息内容的明显变化。视频分析算法应能探测到信息内容的这一变化，以此识别镜头的边界。

视频数据的存取依靠视频元数据。视频元数据通常包括特定的视频点和对视频点的描述，视频点的描述着重于摄像头的移动、对象移动和某一视频帧的质量。为了快速存取，元数据的存储必须使用恰当的存储结构。如果查询包括对象、事件和摄像机的描述，那么存储元数据标志的数组首先要被存取。此数组给出了节段数的顺序列表，这些节点轮流给出视频帧的序列。而摄像机操作数组如图 6-5 所示将首先被存取。此数组给出一系列节段数的节点：2，3，4，5，6，7，8。存取这些节点，得到视频帧序列 [5，10]，[10，15] 和 [15，30]（对应对象数组）。如果查询能够直接操作节段树，那么从节段树中就可以搜索出所需要的视频帧序列，例如，如果查询需要标记在某一个帧序列中的对象，节段树可以存取对象并标记它。

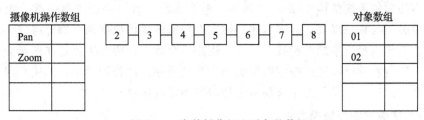

图 6-5　存储摄像机和对象的数组

6.4.3　数据库对多媒体数据的支持

多媒体数据占据很大的存储空间，数据库必须提供相应的存储管理方法。由于多媒体数据的特性使得多媒体数据的存储与管理必须满足一定的特殊要求：第一，具有同时存储与管理格式化与非格式化两种数据类型的能力；第二，要能承载特别巨大的非格式化数据；第三，必须具有多种媒体数据综合表示能力。

传统的数据库无法表示上述三种特殊需求。首先，传统数据库一般只能表示格式化数据，而对非格式化的数据，特别是对兼有格式化和非格式化数据类型的要求无法满足；其次，传统数据库在单位结构内无法存储大量数据；再者，传统数据库在多种媒体数据综合表示能力上尚有所欠缺，无法从语义上完整表示。因此，传统数据库无法支持多媒体数据在存储和管理上的要求。

为此，必须对传统数据库作适当的改造才能满足多媒体数据库管理上的要求，目前采用的多媒体数据管理方式一般有三种：文件管理方式、关系数据库管理方式和面向对象数据库管理方式。这三种方式中，文件管理方式为早期多媒体应用所采用，下面主要介绍关系数据库的管理方式和面向对象数据库的管理方式。

1. 关系数据库的管理方式

由于近年来各大关系数据库系统，如 Oracle，Sybase，Informix 等，均先后作了适应多媒体数据存储和管理的改进，普遍增添了专用的多媒体属性，其专用属性的存储容量可达 8GB 以上，因此关系数据库管理方式是当前多媒体数据管理的主流。

1）扩展的关系数据库

关系数据库是目前应用最多的一种数据存储方法。传统的关系模型结构简单，是单一的二维表，数据类型和长度也被局限在一个较小的子集中，又不支持新的数据类型和数据结构，很难实现空间数据和时态数据，缺乏演绎和推理操作，因此表达数据特定的能力受到了限制。为了使关系数据库能支持多媒体数据，必须对现有的关系模型进行扩充，使它不但能支持格式化数据，也能处理非格式化数据，通常采用模型扩充法。

2）基于内容的检索

基于内容的检索就是根据多媒体信息的内容来检索，即根据媒体对象的语义、特征进行检索。它包含信息内容和检索两方面。信息内容与信息的理解有关，比如图像理解、视频理解等；检索不仅与采用的搜索方法有关，还与匹配的判断准则有关系。通常情况下，基于内容的信息检索首先要对媒体信息进行分割，使其成为单独的检索对象，然后再对每个媒体对象进行特征提取，特征的集合构成了它的内容描述。接下来，就可以根据要求从多媒体信息库中返回一组与检索要求的内容描述最接近的对象。

基于内容检索的系统结构如图 6-6 所示，整个系统由客户和服务器两部分组成。服务器部分由对象分割与特征提取、内容描述、搜索引擎和多媒体数据四个部分组成。对象分割与特征提取是基于内容检索的关键技术之一，也是一个难点；内容描述是在图像分割与特征提取的基础上对内容进行描述；搜索引擎的功能是接受用户的查询请求，其核心问题是如何做到既提高搜索的速度，又不至于遗漏满足相似度要求的信息。

2. 面向对象数据库的管理方式

多媒体数据的数据量十分庞大，各种数据之间的语义联系非常复杂，表达形式多样。尽管以关系代数作为其理论基础的关系型数据库管理系统发展到今天已能够比较完善地处理传统的常规数据，但关系型数据库管理系统在处理文本、图形、图像、声音、动画、视频等复杂的多媒体对象时显得难以适应，数据库管理系统面临着许多新的挑战。面向对象模型是目

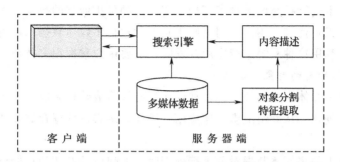

图 6-6　基于内容检索的系统结构

前最理想的多媒体数据模型，它吸收了面向对象的编程技术和其他数据模型的优点，能提供对不同媒体的统一用户界面，具有对复杂对象的描述能力和对象间关系的表示能力。

1) 多媒体数据库的面向对象机制

由于多媒体数据的复杂性，多媒体数据库一般采用面向对象的机制，将多媒体数据、展示属性、操作方法封装在一起，以降低用户使用多媒体数据的复杂性。在多媒体应用中，多种媒体有着不同的数据结构与操作要求，也有着不同数据类型要求，它们之间有着复杂的语义联系并构成一个整体。面向对象数据库系统是数据库技术与面向对象技术相结合的产物，它综合了面向对象编程技术和传统数据模型的优点。多媒体应用的这些要求也正是面向对象数据库所具有的特点，因而面向对象数据库管理方式是多媒体数据管理最为理想的方式。

2) 多媒体数据库的面向对象实现途径

基于面向对象模型开发多媒体数据库主要有以下 4 种实现途径。

（1）扩充的关系模型

关系数据库是一种格式化结构的数据库，它无法满足多媒体数据在存储管理上的要求。在关系型数据库系统中增加面向对象的功能，通常的做法是用面向对象的特性来扩充关系的行和列模型，以使其能存储与管理多媒体数据。

（2）纯面向对象型数据库

纯面向对象型数据库系统是直接根据面向对象的基本特点，用全新的技术和方法去设计和实现数据库系统。整个系统完全按面向对象的方法开发，从底层实现面向对象数据库系统。

（3）程序语言持久化

以当前的面向对象系统为基础，嵌入数据库功能形成面向对象数据库。数据库中的数据和普通程序设计语言依赖的数据的主要区别在于数据的持久性，即数据库中的数据存储在外存中可以重复利用，而普通程序设计语言的变量数据暂存在内存中缺乏重复利用的机制。因而，在面向对象语言中增加持久性对象的存储管理，使之支持类的并发控制、恢复机制等数据库管理系统的能力，增加数据库操作功能。依靠面向对象程序设计语言的类型系统和编程模式，增加强制数据成为持久的、可共享的数据结构机制，就可以实现持久对象数据的重复利用。

（4）数据库系统工具箱

只用一种类型的数据库管理系统很难满足各种不同应用领域的需求，所以有人倡导开发一种可在任何层次上进行扩充的数据库管理系统。这种可扩展型的数据库管理系统可由核心系统加上若干开发工具构成，用户可用这些工具开发包括多媒体数据库在内的各类面向对象应用系统。不过，利用这种系统进行应用开发时，需要用户掌握很多技巧。

3）多媒体数据的面向对象存储结构

多媒体数据是多媒体应用的核心，多种媒体只有转换成数据并以一定形式存储和管理后才能用计算机加以处理，从而组成多媒体应用。因此，多媒体数据存储及其管理是多媒体数据库的关键问题。

对存储于磁盘上的多媒体数据对象进行处理时，如何设计有效的存储结构和存取方法是面向对象数据库系统所要解决的一个重要问题。目前，存储结构的实现方法可分为两大类：一类是基于传统关系数据库的存储结构方法，另一类是重新设计的更符合多媒体对象特点的存储结构方法。

4）面向对象多媒体数据库的特点

① 能够提供复杂的建模能力和大规模的数据管理；

② 对象类与实例的概念有效地维护了多媒体数据的语义信息；

③ 封装和信息隐藏概念提供了模块化机制；

④ 通过继承有效地减少媒体数据的冗余存储，提供了软件重用机制；

⑤ 保持各种媒体的独立性和透明性，用户的操作可最大限度地忽略各种媒体的差别，而不受具体媒体的影响和约束，从而实现复杂数据的统一管理。

6.5　多媒体网页制作基础

6.5.1　超媒体

超文本是一种文本，它和书本上的文本是一样的。与传统的文本文件的主要差别是，传统文本是以线性方式组织的，而超文本是以非线性方式组织的。这里的"非线性"是指文本中遇到的一些相关内容通过链接组织在一起，用户可以很方便地浏览这些相关内容。这种文本的组织方式与人们的思维方式和工作方式比较接近。

超媒体是超文件和多媒体在信息浏览环境下的结合，它是超级媒体的简称。超文本可引用链接其他不同类型（内含声音、图片、动画）的文件，这些具有多媒体操作的超文本，称为超媒体（Hyper Media），即以多媒体的方式呈现相关文件信息。而创作和关联超媒体的系统称为超媒体系统。超媒体不仅可以包含文字而且还可以包含图形、图像、动画、声音和电视片段，这些媒体之间也是用超级链接组织的，而且它们之间的链接是错综复杂的。

超媒体与超文本之间的不同之处是，超文本主要是以文字的形式表示信息，建立的链接关系主要是文本之间的链接关系；超媒体除了使用文本外，还使用图形、图像、声音、动画或影视片断等多种媒体来表示信息，建立的链接关系是文本、图形、图像、声音、动画和影视片段等媒体之间的链接关系。

超媒体的应用主要包括以下几方面。

1）多媒体信息管理

超媒体被许多人称为"天然"的多媒体信息管理技术，这是因为对于多媒体来说，超媒体的方式更易于反映出媒体之间的联系和关系。在多媒体信息应用领域，超媒体技术可以应用于百科全书、词典等工具书，也可以应用于各种各样的参考书、科技期刊中。利用超媒体技术，人们可以很容易地对浩如烟海的、分散在各处的各种书籍、图片、概念等进行有效的组织，使得用户使用起来更加方便。

2）个人学习

超媒体技术在辅助个人学习方面非常有效。如果将学习的资料编成固定的形式，虽然可以协助个人学习，但不能适应每个人的特点和想法。超媒体化的学习资料可以给人们提供过程的选择，随着学习的进行，人们可以随时要求解释和选择更恰当的学习路径。特别是对复杂的学习内容，超媒体学习系统不仅可以提供丰富的多媒体化的资料，可以以联机求助的方式得到帮助，而且还可以用搜索、参与的方式进行学习，大大地提高了学习效率。

3）工作辅助

超媒体化的维修手册、技术文档、方针政策手册、年度报告等都可以大大地提高工作效率。使用超媒体维修手册可以针对具体问题得到具体的答案，而不用逐页地查找有关的数据和信息。现在几乎每一种计算机软件都配有超媒体方式的"求助"系统，特别是那些编程语言、工具等，这种求助系统发挥了巨大的作用，早期的那种靠一大本手册的工作方式已经看不见了。

4）商业展示和指南、娱乐和休闲

超媒体化的产品目录和广告、单位的形象介绍、展览会的展示、旅游和饭店的指南、机场和车站的查询机等都为用户提供了一种很好的展示方式。这些随处可见的、用户可以任意操纵的超媒体工具，不仅有利于提高商业效益，也大大方便了用户。

6.5.2 超链接

HTML 文件中最重要的应用之一就是超链接，超链接是一个网站的灵魂。Web 上的网页是互相链接的，单击被称为超链接的文本或图形就可以链接到其他页面。超文本具有的链接能力可层层相连相关文件，所以这种具有超级链接能力的操作，即称为"超级链接（Hyperlink）"，也称为"热链接（hotlink）"，或者称为"超文本链接（hyper‐text‐link）"。

建立超链接的标签为＜A＞和＜/A＞。格式为：＜A HREF＝"资源地址" TARGET＝"窗口名称" TITLE＝"指向连接显示的文字"＞超链接名称＜/A＞。

标签＜A＞表示一个链接的开始，＜/A＞表示链接的结束。属性"HREF"定义了这个链接所指的目标地址，目标地址是最重要的，一旦路径出现差错，该资源就无法访问。"TARGET"属性用于指定打开链接的目标窗口，默认方式是原窗口，其属性值如表 6‐2 所示。

表 6‐2　TARGET 目标窗口的属性值

属性值	描　　述
_ parent	在上一级窗口中打开，一般使用分帧的框架页，会经常使用
_ blank	在新窗口打开
_ self	在同一个帧或窗口中打开，这项一般不用设置
_ top	在浏览器的整个窗口中打开，忽略任何框架

URL（Uniform Resource Locator）的中文名字为"统一资源定位器"，指的就是每一个网站都具有的地址。同一个网站下的每一个网页都在同一个地址之下，在创建一个网站的网页时，不需要为每一个链接都输入完全的地址，只需要确定当前文档同站点根目录之间的相对路径关系就可以了。因此，链接路径可以分为以下三种。

1）绝对路径

绝对路径包含标志 Internet 上的文件所需要的所有信息，如：http://www.sina.com.cn。文件的链接是相对原文档而定的，包括完整的协议名称、主机名称、文件夹名称和文件名称，例如：

http://www.sina.com.cn/web/index.html

协议　　　主机名　文件夹名 文件名

其格式为：通讯协议：//服务器地址：通信端口/文件位置…/文件名。

其中网络协议是 HTTP（Hypertext Transfer Protocol，超文本传输协议）；资源所在的主机名为 www.sina.com.cn，通常情况下使用默认的端口号 80；资源在 WWW 服务器主机 Web 文件夹下；资源的名称为 index.html。例如：http://www.163.net/myweb/book.html，表明采用 HTTP 网络协议，从名为 www.163.net 的服务器上的目录 myweb 中获得文件 book.html。

2）相对路径

相对路径是以当前文件所在路径为起点，进行相对文件的查找，如 news/index.html。一个相对的 URL 不包括协议和主机地址信息，表示它的路径与当前文档的访问协议和主机名相同，甚至有相同的目录路径。相对路径通常只包含文件夹名和文件名，甚至只有文件名。可以用相对 URL 指向与源文档位于同一服务器或同文件夹中的文件，此时，浏览器链接的目标文档处在同一服务器或同一文件夹下。如果链接到同一目录下，则只需输入要链接文件的名称；要链接到下级目录中的文件，只需先输入目录名，然后加"/"，再输入文件名；要链接到上一级目录中的文件，则先输入"../"，再输入文件名。相对路径的用法如表 6-3 所示。

表 6-3　相对路径的用法

相对路径名	含　义
href＝"shouey.html"	shouey.html 是本地当前路径下的文件
href＝"web/shouey.html"	shouey.html 是本地当前路径下称作"web"子目录下的文件
href＝"../shouey.html"	shouey.html 是本地当前目录的上一级子目录下的文件
href＝"../../shouey.html"	shouey.html 是本地当前目录的上两级子目录下的文件

3）根路径

根路径目录地址同样可用于创建内部链接，但大多数情况下不建议使用此种链接形式，如 d|/web/news/index.html。根路径目录地址的书写也很简单，首先以一个斜杠开头，代表根目录，然后书写文件夹名，最后书写文件名。如果根目录要写盘符，就在盘符后使用"|"，而不用"："，这点与 DOS 的写法不同，如：/web/highight/shouey.html 可写为 d|/web/highight/shouey.html。

6.5.3　超文本标记语言 HTML

HTML 语言是超文本标记语言（Hyperlink Text Markup Language）的缩写，是 WWW 的描述语言，由 Tim Berners-lee 提出。设计 HTML 语言的目的是为了能把存放在一台电脑中的文本或图形与另一台电脑中的文本或图形方便地联系在一起，形成有机的整体，人们不用考虑具体信息是在当前电脑上还是在网络的其他电脑上。这样，你只要使用鼠标在某一文档中点取一个图标，Internet 就会马上转到与此图标相关的内容上去，而这些信息可能存放在网络的另一台电脑中。

HTML 语言使用描述性的标记符（称为标签）来指明文档的不同内容。标签是区分文本各个组成部分的分界符，用来把 HTML 文档划分成不同的逻辑部分（或结构），如段落、标题和表格等。标签描述了文档的结构，它向浏览器提供该文档的格式化信息，以传送文档的外观特征。HTML 标签规定 Web 文档的逻辑结构，并且控制文档的显示格式，也就是说，设计者用标签定义 Web 文档的逻辑结构，但是文档的实际显示则由浏览器来负责解释。可以使用 HTML 标签来设置链接、标题、段落、列表和字符加亮区域等。

大部分 HTML 标签是这种形式的：＜标签名＞相应内容＜/标签名＞。标签的名字用尖括号括起来。HTML 标签一般有起始标签与结束标签两种，分别放在它起作用的文档两边。起始标签与结束标签非常相似，只是结束标签在"＜"号后面多了一个斜杠"/"。后面将会看到，某些 HTML 元素只有起始标签而没有相应的结束标签，如换行标签，由于不包括相应的内容，所以只使用＜BR＞就可以了。还有一些元素的结束标签是可以省略的，如分段结束标签＜/＞、列表结束标签＜/LI＞、词语结束标签＜/DT＞和定义结束标签＜/DD＞等。

用 HTML 语言写的页面是普通的文本文档（ASCII），不含任何与平台和程序相关的信息，它们可以被任何文本编辑器读取。HTML 文档包含两种信息：页面本身的文本和表示页面元素、结构、格式和其他超文本链接的 HTML 标签。

思考与练习题

一、名词解释

多媒体软件　　多媒体操作系统　　文本元数据　　音频元数据　　图像元数据　　视频元数据　　基于内容的检索　　超文本　　超媒体　　超链接　　HTML

二、不定项选择题

1. 使用多媒体创作工具的理由是（　　）。

A. 简化多媒体创作过程

B. 比用多媒体程序设计的功能、效果更强

C. 需要创作者懂得较多的多媒体程序设计

D. 降低对多媒体创作者的要求，创作者不再需要了解多媒体程序的各个细节

2. 下列功能中，（　　）是多媒体创作工具的标准中应具有的功能和特性。

A. 超级链接能力　　　　　　　　B. 编程环境

C. 动画制作与演播　　　　　　　D. 模块化与面向对象化

3. 多媒体系统是一种（　　）系统。

A. 软件　　　　　　　　　　　　B. 硬件

C. 计算机控制　　　　　　　　　D. 软件与硬件相结合的复杂系统

4. 下列说法中错误的是（　　）。

A. Authorware，Director 是微软开发的多媒体制作工具。

B. Director 是微软开发的多媒体制作工具，Authorware 是 Macromedia 开发的。

C. Authorware，Director 是在 Windows 系统和 Macintosh 系统两个平台上都可以运行的多媒体制作工具。

D. Authorware 是在 Windows 系统和 Macintosh 系统两个平台上都可以运行的多媒体制作工具，Director 只能运行在 Windows 系统上。

5. 适合做三维动画的工具是（　　）。

A. Authorware　　　B. Photoshop　　　C. Auto CAD　　　D. 3DS MAX

6. 以下多媒体创作工具是基于传统程序语言的有（　　）。

A. Action　　　B. ToolBo　　　C. HyperCard　　　D. Visual C++

7. 下列多媒体创作工具中，（　　）是属于以时间为基础的著作工具。

A. Micromedia Authorware　　　　B. Micromedia Action

C. Tool Book　　　　　　　　　　D. Micromedia Director

8. HTML 文件中最重要的应用之一是（　　）。

A. 超文本　　　B. 超链接　　　C. 超媒体　　　D. WEB

9. 每一个网站都具有的地址是指（　　）。

A. URL　　　B. WWW　　　C. HTML　　　D. WEB

10. ＜HEAD＞标签出现在文档的（　　）。

A. 起始　　　B. 中间　　　C. 末尾　　　D. 一

三、填空题

1. 从功能上可以把多媒体软件分为____、____、____、____、____五类。

2. Windows 多媒体扩展由以下三个扩充模块组成：____、____、____。

3. 在多媒体节目中，声音信息一般为解说词、背景音乐和一些效果声。声音信息可用采样法和合成法获得。采样法通过____、____、____将声音源发出的声音保存到计算机中而形成____；合成法用于语音和音乐的获取，将电子乐器演奏的音乐用一种专门的语言来描述以形成____。

4. 波形文件的处理一般包括波形声音的____、____、____及添加各种效果。

5. 基于帧的动画是像电影胶片或视频信息一样，将静止的画面放到____中，然后按照设定的____播放该序列以产生动画，像 Adobe 公司的 Premiere 可处理该类动画。

6. 视频信息的处理一般包括____的捕获、剪辑、压缩、____同步及格式转换等。Microsoft 公司的____就是一种典型的视频处理工具，对于一般的处理要求，用它就足够了。若要进行特技处理，就必须用____，如 Adobe 公司的 Premiere。

7. 数据库检索是数据库系统最重要的功能之一，典型的检索包括____、____、____。

8. 基于内容的检索，简单地说就是根据多媒体信息的内容来检索，即根据媒体对象的
____、____进行检索。它包含____、____两方面。

四、简答题

1. 多媒体操作系统有哪些特殊要求？

2. Windows 操作系统的多媒体功能有哪些？

3. 简述基于内容的检索过程。其关键的特征匹配问题主要采用哪些方法解决？

4. 试比较关系数据库和面向对象数据库。

5. 面向对象的数据库系统有哪些特点？为什么说它能对多媒体数据进行有效管理？

6. 超文本和超媒体的区别是什么？

7. 链接分为哪些路径？

8. 超链接应用于哪些方面？

9. 超文本和超媒体的区别是什么？

第 7 章

多媒体程序设计

目前使用人数最多的多媒体程序设计开发工具是 Visual Basic（简称 VB），是由美国 Microsoft 公司推出的基于 Windows 平台的程序开发工具，它从根本上改变了传统的程序设计模式，大大简化了 Windows 应用程序设计，可以编程处理文本、图像、动画、声音等多媒体数据，以设计或构造适合不同需求的多媒体应用系统。

本章介绍 VB 的基本概念，利用 VB 及其自身提供的 MMCONTROL 控制对象、多媒体控件及 API 函数的调用来开发多媒体程序。

7.1   多媒体程序设计概述

设计多媒体软件，关键是对多种媒体设备的控制和使用。在 Windows 系统中，对多媒体设备进行控制主要有三种方法。

第一种方法是使用 OLE（Object Linking & Embedding，对象链接与嵌入），它为不同软件之间共享数据和资源提供了有力的手段。目前，OLE 技术得到了广泛的关注，OLE2.0 标准得到越来越多的软件开发商的支持。

第二种方法是使用微软公司 Windows 系统中对多媒体支持的 MCI（Media Control Interface，媒体控制接口），MCI 是多媒体设备和多媒体应用软件之间进行设备无关的沟通的桥梁。通过 VB 提供的 MCI 控件，就可以在 VB 中使用 MCI 指令控制各种多媒体外部设备，并读取各种多媒体系统所需的文件格式。

第三种方法是通过调用 Windows 的 API（Application Programming Interface，应用程序接口）多媒体相关函数实现媒体控制。

7.1.1   多媒体应用结构

为支持多媒体，微软公司早在 Windows3.0 的基础上添加了多媒体扩充软件，而 Windows3.1 系统直接包含多媒体扩充软件，并支持对象的链接和嵌入（OLE）技术，为开发多媒体应用程序的软件人员提供了各种低级和高级服务功能，其中，MCI 是其主要功能。WIN98/2000 及更新版本加强了支持多媒体的能力，如即插即用，支持 CD 播放等。

Windows 多媒体应用结构如图 7-1 所示。

① MMSYSTEM 库，它提供了多媒体控制接口（MCI）服务和底层的多媒体支持函数（低级 API 函数）服务。

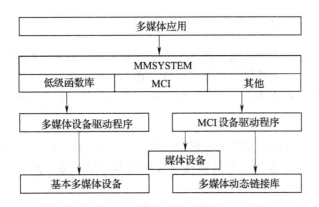

图 7-1 多媒体应用结构

② 多媒体设备驱动程序，它提供了低级 MMSYSTEM 函数与基本多媒体设备（如波形音频设备、MIDI 设备、操作杆、定时器）之间的通信。

③ 媒体控制接口（MCI）的驱动程序，它提供了对媒体设备的高级控制，用于记录波形音频，演奏 MIDI，播放 CD、影碟等。

④ 提供了其他一些 MCI 设备驱动程序，像 FLC、FLI 三维动画，DVI 动态视频，AVI、MCI 影片器，以及与其他 Windows DLL 的高层接口（如 AAPLAY.DLL）等。

由上可知，多媒体控制接口（MCI）为多媒体模块中的高级接口，它是一种人机界面友好的接口，其控制能力比低级接口弱，但一般已能满足用户的要求。它通过 API 的某些函数调用，启动 MCI 指令，来控制多媒体设备，根据调用方式可分成基于字符串或基于消息的两类 MCI 接口。而用低级接口中的多媒体 API 函数，可以直接控制 Waveform、MIDI、计时器、游戏操纵杆以及动画等。这类函数以 "wave"，"midi"，"time"，"joy"，"mmp"，"snd"，"aux"，"mmi" 开头。

7.1.2 VB 编程的基本概念

VB 作为一种可视化的编程语言，具有如下特点：

1）三个重要概念

① 窗口：窗口是一种有边界的矩形区域，例如，VB 窗口、Word 的文档窗口、对话框窗口等。

② 事件：事件是通过鼠标、按键的操作、程序的控制或其他窗口所产生的操作或行为。

③ 消息：事件发生时就引发一条消息发送到操作系统。

2）事件驱动模型

事件驱动模型具有非过程化的特点，在事件驱动模型中，程序代码不是按照预定的顺序执行，而是在响应不同的事件时执行不同的代码片段。

3）Windows 的工作方式

Windows 操作系统通过给每一个窗口提供一个唯一的标志符来管理所有窗口。操作系统连续地监视每一个窗口的活动或事件信号。当事件发生时，就引发一条消息，操作系统处理该消息并广播给其他窗口，最后，每一个窗口根据自身处理该条消息的指令而采取适当的操作。

7.1.3 VB 中的对象

对象是代码和数据的组合，可以作为一个单位来处理。对象，简单地说就是我们经常看到的各种窗口、按钮、文本框等。对象可以是应用程序的一部分，比如控件或窗体。整个应用程序也是一个对象。具体地说，在 VB 中对象可分为全局对象和程序界面对象。

1. 全局对象

全局对象是指应用程序在程序的任何层次都可以访问的对象，共有以下几种。

① APP：设计的应用程序，它的属性决定应用程序的标题、路径、可执行文件名以及帮助文件名等。

② Clipboard：它就是 Windows 中的剪贴板，在 VB 应用程序中可用关键字 Clipboard 来访问它，从而操作其上的数据或图形，即将数据送到剪贴板上或从剪贴板上取回数据。

③ Screen：计算机屏幕，也是应用程序窗口的"容器"，通过它可以设置应用程序的窗口在屏幕上的位置以及鼠标指针的形状。

④ Debug：调试窗口，当应用程序在 VB 集成环境中运行时它才显示出来，用于调试程序。

⑤ Printer：打印机，联机的打印机也是一个对象，应用程序可操作它在纸上输出结果。

2. 程序界面对象

程序界面对象共有以下几种。

1）Form：窗体

VB 工程中的每一个窗体都是独立的对象，类似控件对象，它们提供一些事件过程，可作为程序界面或对话框。绝大多数情况下，人们把窗体当做在其中能放置控件的框架，它是应用程序界面中的部件或对话框中的部件的"容器"。

2）Control：控制部件（控件）

这是和用户交互的标准部件，命令按钮、文本框、列表框、滚动条、菜单等都属此类。除菜单控件外，所有控件都可用工具箱中的工具"画"出来。菜单控件是用菜单设计窗口作为工具设计出来的。界面设计就是在窗体上放置控件并指定其属性。

3）数据库访问对象

数据库是对象，并且还包含其他对象，如字段、索引等。专业版的 VB 可以操作数据库，数据库访问对象是为访问数据库而设的。

7.1.4 VB 程序设计要素

通常，一个 VB 程序至少含有一个窗体，在这个窗体中可以包含一个或多个对象，并以控件的形式存在。控件不仅拥有属性，还拥有事件过程，它决定当控件有一个或几个操作行为激活时所发生的事情。

1. 属性（Properties）的设置

属性是一个对象的性质，它决定对象的外观和一般行为。对象的属性中，有的属性在设计时可更改，可通过属性窗口加以设置；有的属性是系统赋予对象的，只能在运行时访问，但不可更改；有的属性仅在运行时才可访问和更改。后两种属性出现在属性窗口的列表中。

在程序中，访问对象属性的格式如下：

［对象名.］属性

其中，对象名和属性间用"."连接，若省略对象名，则指当前具有焦点的对象。上述组合可看做是一个变量，即可对其赋值（除非是只读属性），也可将其值赋予别的变量。

2. 事件（Event）的产生

事件就是系统可以感知的用户操作信息，可以看做是系统对对象的响应。事件通常触发 VB 程序中的一段代码。事件可分为鼠标事件、键盘事件和其他事件。每个对象都可引发事件，在 VB 中都已经准备好对应的事件过程，程序员只需编写响应事件的代码。

3. 函数（Function）、过程（Procedure）和方法（Method）的作用

1）函数

函数是包含操作数据的程序语句集。当我们需要完成某种任务时，就要调用过程；当我们需要返回值时，就要调用函数。VB 包括几十种函数，这些函数执行通用的操作，如修改字符串的前导空格或去掉其尾部空格或计算一个角度的正弦。

2）过程

在 VB 中，每个对象可引发的事件过程的模板已经准备好，在设计时，双击控件，可打开与此控件有关的代码窗口，在过程下拉列表框中，列出了这个控件可能引发的事件对应的过程。选择某一过程可打开该过程的代码模板。另一种过程就是函数，和对象相联系的函数用于改变或设置对象的某种属性，例如，LoadPicture 函数可设置窗体的 Picture 属性。

3）方法

VB 中的窗体和控件对象给我们提供了一种特殊的过程，它在程序控制下工作，可以看做是对象的动作。在面向对象程序设计中，这样的过程叫做方法。方法是一种特殊的过程，它和过程的差别是它从属于特定的对象，因此调用时必须指明对象。方法的调用语法为：

［对象名.］方法［参数］

对象名和方法之间用"."连接，若省略对象名，则对象指的是当前的活动对象。例如，调用 Debug 对象的 Print 方法，可用语句：

Debug. Print

4. 模块（Module）组织

VB 应用程序的代码是以分层方式组织并存储在模块中的。典型的应用程序应包括若干模块：应用程序中每个窗体的窗体模块、共享代码的可选标准模块及可选的类模块。每个模块包含若干含有代码的过程：Event 事件过程、Sub 子过程或 Function 函数以及 Property 属性过程。

每个标准模块、类模块和窗体模块都可包含声明及过程。

① 声明：可以将常数、类型、变量和动态链接库（DLL）过程的声明放在窗体、类或标准模块的模块级。

② 过程：可以是 Sub、Function 或 Property 过程。它包含可以作为单元来执行的代码片段。

7.2　利用 VB 编写特殊效果的程序

在这一部分主要是利用 VB 编写各种特殊效果的程序，像字体的缩放/闪烁、流动屏幕的设计、图形大小的更改、简单动画的应用等。下面给出几个简单例子（以 VB6.0 版本举例）。

【例 7-1】　在屏幕上对字符串"多媒体应用实例一"进行自动缩放。

在屏幕上绘制一个标签控件和计时控件，有关属性设置如表 7-1 所示。

表 7-1　窗体及各控件属性

对　象	属　性	设　置　值
窗体	Name	Form1
	Caption	字体缩放演示
标签	Name	Label1
	Caption	多媒体应用实例一
	Left	345
	Top	240
	Height	180
	Width	1605
	Fontname	隶书
	Fontsize	五号
	Autosize	True
计时器	Interval	50

源程序如下：

```
Dim x，Label1first As Integer

Private Sub Form _ Load （ ）
    Label1. Left = （Form1. ScaleWidth － Label1. Width) / 2
    Label1first = Label1. Width
    x = 1
End Sub

Private Sub Timer1 _ Timer （ ）
```

```
If x = 1 Then
    Label1. FontSize = Label1. FontSize + 0. 5
    If Label1. Width > Form1. ScaleWidth Then
        x = 2
    End If
Else
    Label1. FontSize = Label1. FontSize - 0. 5
    If Label1. Width < Label1first Then
        x = 1
    End If
End If
End Sub
```

【例 7 - 2】 用计时器和图片框生成蝴蝶扑动的动画。

在窗体加入图片框 PictureBox 和计时控件 Timer。将 Picture1 的 Autosize 属性改为 True，Borderstyle 属性改为 0 - None。将 Timer1 的 Interval 属性设置为 50。在程序声明部分定义变量 y 为整型变量，在 Form1 窗体加载时，y 赋值为 0，修改 timer1 _ timer（）事件。源程序如下：

```
Dim y As Integer
Private Sub Form _ Load （  ）
    y = 0
End Sub


Private Sub Timer1 _ Timer （  ）
    If y = 0 Then
        Picture1. Picture = LoadPicture （ "d: \ vb\ samples\ pguide\ vcr\ bfly1. bmp"）
    '给出图片正确路径
        y = 1
    Else
        Picture1. Picture = LoadPicture （ "d: \ vb\ samples\ pguide\ vcr\ bfly2. bmp"）
        y = 0
    End If
End Sub
```

其中 bfly1. bmp 和 bfly2. bmp 是 VB 提供的蝴蝶扑动的两个不同时刻的图片，让其在图片框上交替显示，演示蝴蝶扑动的动画。

【例 7 - 3】 LoadPicture 函数实例。

使用 LoadPicture 函数将图片加载到窗体的 PictureBox 控件，单击窗体，PictureBox 控件上的图片被清除。源程序如下：

```
Private Sub Form _ Click （  ）
    Dim Msg As String                '声明变量
```

```
On Error Resume Next          '设置错误句柄
Height＝3 990                 '设置高度
Width＝4 890                  '设置宽度
Picture1. Picture ＝ LoadPicture（App. Path＋ " \ Pic1. jpg"，vbLPCustom，vbLPColor，
32，32)
                              ' 图片保存在当前工程文件所在的目录下
If Err Then                   '加载图片
   Msg ＝ "Couldn't find the . jpg file. "
   MsgBox Msg                 '显示错误信息
   Exit Sub                   '如果发生错误则退出
End If
Msg ＝ "Choose OK to clear the bitmap from the form. "
MsgBox Msg
Picture1. Picture ＝ LoadPicture（  ）   '清除 PictureBox 控件中的图片
End Sub
```

7.3　使用 OLE 控件开发多媒体程序

OLE 是 Object Linking and Embedding 的缩写，意思为对象链接与嵌入技术，其含义是将一个包含 OLE 功能的程序链接或嵌入到其他基于 OLE 的 Windows 应用程序中。OLE 技术能够实现不同软件之间的无缝集成，程序员可以把以前编写好、测试过的模块以对象方式插入到正在编写的程序中，这样就明显地提高了程序的结构性和软件开发效率。

7.3.1　OLE 控件属性介绍

在 VB 提供的 VB 工具箱中就有 OLE 控件对象。要使用 OLE 时，只要双击 OLE 控件，就能在窗体中绘制 OLE 控件，然后根据提问或直接在属性窗口设置 OLE 控件属性。其主要属性有以下几种。

① AutoActivate 属性，设置 OLE 对象的激活方式。取值如下：
• 0　Manual，程序控制，Action 值为 7 时数据激活；
• 1　GetFocus，当 OLE 控件获得输入焦点时数据激活；
• 2　DoubleClick，当双击 OLE 控件时数据激活，这是默认值；
• 3　Automatic，自动激活。

② Class 属性，返回/设置一个嵌入式对象的类名。常用的与多媒体有关的类名有 AVIFile（视频媒体）、midfile（MIDI 文件）、mplayer（媒体播放器）、soundrec（录音）、pbrush（画笔）等。

③ OLETypeAllowed 属性，返回/设置 OLE 容器控件所能包含的对象类型。

④ SizeMode 属性，决定 OLE 容器控件如何改变大小及如何显示图像。

⑤ SourceDoc 属性，返回/设置创建对象时的磁盘文件（目录＼文件名）。

⑥ SourceItem 属性，返回/设置创建一个可链接对象时被链接文件内的数据。

⑦ UpdateOptions 属性，决定修改链接的数据时对象如何更新。

⑧ Verb 属性，返回/设置当使用 Action 属性激活对象时所执行的操作。取值如下：

· 0　OLE 数据的缺省行为，一般为播放；

· 1　数据编辑，激发外部程序对数据编辑；

· 2　显示单独窗口进行数据编辑；

· 3　外部数据处理程序不可见。

⑨ AutoActive 的属性的缺省值为 DoubleClick，意味着当执行 VB 程序时，只要在 OLE 对象上用鼠标双击，就可以直接驱动对象的动作。也可以将这样的属性关闭，而通过事件来启动。

如要播放，则在事件中加入如下代码：

OLEn. verb＝0　　　　n 为 OLE 对象序号，表示直接 Play

OLEn. action＝7　　　表示直接驱动 OLE

如要启动相关工具，并处于允许用户编辑的状态，可以在事件中加入如下代码：

OLEn. verb＝－1　　　n 为 OLE 对象序号

OLEn. action＝7

如要停止一个 OLE 对象的动作，只要在事件中加入如下代码：

OLEn.　action＝9

7.3.2　多媒体 OLE 范例程序

【例 7 - 4】　在程序中嵌入一个位图。

① 在窗体上绘制 OLE 控件，显示插入对象窗口。

② 选择"由文件创建"，单击"浏览"按钮，选择所需嵌入的图像。如为链接图像，则在窗口中选择"链接"，也可为 OLE 对象选择一个"显示为图标"选项，此时单击"显示为图标"选项。

③ 按确定按钮。

在这里，可以看到 AutoActivate 属性默认为 DoubleClick，在应用程序执行时，只要用鼠标双击 OLE 对象，即可启动对应的动作。

【例 7 - 5】　设计两个 OLE 控件，一个用于播放 MIDI 序列，一个用于播放 AVI 视频。

在窗体上绘制两个 OLE 控件，在插入对象窗口选择"由文件创建"，从浏览器中选择相应的 MIDI 文件和 AVI 文件。

由于 AutoActivate 属性都为 DoubleClick，在应用程序执行时，只要用鼠标双击 OLE 对象，即可播放 MIDI 序列和 AVI 视频。

如要控制播放，比如单击"播放"按钮后播放，可针对 Command1 _ CLICK 事件编程。在本例中再增加三个按钮数组，即在窗体上绘制三个按钮，分别为"播放"、"编辑"、"结束"，然后进行复制，建立按钮数组。源程序如下：

```
Private Sub Command1 _ Click (Index As Integer)    '播放
    If Index = 0 Then
```

```
        OLE1. Action = 7
        OLE1. Verb = -1
     Else
        OLE2. Action = 7
        OLE2. Verb = -1
     End If
  End Sub

  Private Sub Command2 _ Click（Index As Integer）    '编辑
     If Index = 0 Then
        OLE1. Action = 7
        OLE1. Verb = 0
     Else
        OLE2. Action = 7
        OLE2. Verb = 0
     End If
  End Sub

  Private Sub Command3 _ Click（Index As Integer）    '结束
     If Index = 0 Then
        OLE1. Action = 9
     Else
        OLE2. Action = 9
     End If
  End Sub
```

7.4　使用 MCI 控件开发多媒体程序

下面介绍用 VB 开发多媒体系统的另一种方法，这也是使用 VB 开发多媒体系统最主要的方法之一，即运用 VB 内附的 MCI32. OCX，它是通过多媒体控制接口 MCI（Microsoft Multimedia Control 6.0）对多媒体设备进行控制的。

7.4.1　MCI 简介

MCI（Media Control Interface）是媒体控制接口的意思，它包含在 MMSYSTEM. DLL 库模块中，用来协调事件与 MCI 设备驱动程序之间的通信，为控制音频、视频等外围设备，提供了与设备无关的应用程序，并具有可扩充性。由于这些特性，用户的应用程序可以方便使用遵循 MCI 控制标准的多媒体设备，而且系统升级十分方便，使得开发应用系统无需了解多媒体产品的细节，大大提高了应用系统的开发效率。

1. MCI 的接口分类

MCI 接口可分成两类：一类是使用命令消息接口函数，另一类是使用命令字符串接口函数。这两种函数中的任何一种都可访问所有的 MCI 设备。命令消息接口使用消息控制 MCI 设备，命令字符串接口使用文本命令控制 MCI 设备。

Windows 本身的通信方式是使用消息（Message）来实现的，所以若使用命令消息接口函数来执行 Windows 的多媒体功能，则速度较快；若用命令字符串接口命令控制 MCI 设备，文本串中必须包含执行一个命令所需的所有信息，MCI 分析文本串，并把它翻译成能送到命令消息接口中的消息才能执行，所以命令字符串接口的执行速度一定慢于命令消息接口。

Windows 多媒体模块提供的与 MCI 有关的命令字符串接口函数有三个：

MCISENDSTRING（）   向一个 MCI 设备驱动程序发送一个命令字符串

MCIEXECUTE（）   为 MCISENDSTRING（）的简化函数

MCIGETERRORSTRING（）   返回一个同错误代码相对应的错误字符串

2. MCI 设备类型

MCI 可控制简单设备和复合设备，相应的设备驱动程序也分为简单和复合两类。简单设备是不需要指定数据文件的设备，如 CD 播放器。复合设备是需要指定相应的数据文件的设备，如 MIDI 数字音频设备。

应用程序通过 MCI 控制设备，必须有相应的 MCI 设备驱动，VB 编程中常用到的部分 MCI 设备驱动如表 7-2 所示。

表 7-2　部分 MCI 设备驱动

设备类型	设备驱动程序名	描　述
Cdaudio	Mcida. drv	Mci driver for adaudio devices
Sequencer	Mciseq. drv	Microsoft mci midi sequencer
Videodisc	Mcipronr. drv	Mci driver for pioneer videodisc player
Movice	Mcimmp. drv	Mcidriver for movice
Waveaudio	Mciwave. drv	Mci driver for waveform audio
其　他		
	Mciaap. drv	Mci driver for floor flc
	Mciavk. drv	Mci driver for avk
	Mciavi. drv	Mci driver for avi
	Mcisca. drv	Mci driver for visca

归纳起来，MCI 所能控制的多媒体设备如下：

① 简单设备：可编程控制的录放像机，可编程控制的激光影碟机，CD 音频设备，视频卡（如播放电视/录像机），MPEG 解压卡（如播放 CD-I Movie 光盘）。

② 复合设备：数字视频播放设备（如*.avi 文件），动画播放设备（如*.fli 文件），语音录放设备（如*.wav 文件），MIDI 音序器（如*.mid 文件），MPEG 解压卡（如*.mpg 或*.dat 文件）。

7.4.2　MCI32.OCX 的属性

　　媒体控制对象涉及的属性和事件很多，表 7-3 列出了 MCI 的部分属性，下面介绍媒体控制对象的一些重要属性。

表 7-3　MCI 的部分属性

属　性	描　述	属　性	描　述
AutoEnable	自动启用	NotifyMessage	确认信息
ButtonVisible	显示按钮	NotifyValue	确认设定值
CanEject	能否退出媒体	Orientation	定位
CanRecord	能否记录	Position	位置
CanStep	能否前进一格画面	RecordMode	记录格式
Command	MCI 命令	Shareable	能否共享
DeviceID	多媒体设备代码	Silent	静音
DeviceType	多媒体设备类型	Start	开始位置
Error	错误	TimeFormat	时间格式
ErrorMessage	错误信息	To	结束位置
FileName	文件名	Track	磁道
Frames	画面	TrackLength	磁道长度
Length	媒体长度	Tracks	磁道总数
Mode	目前所处状态	Visible	能否显示
MousePoint	鼠标指针形状	Wait	等待
Notify	确认	hWndDisplay	设定窗口
From	起始位置	TrackPosition	轨道起始位置
UpdateInterval	更新间隔		

1.　有关外观的属性

　　1）AutoEnable 属性

　　AutoEnable 属性设置为 True 时，媒体对象自动监测所指定的多媒体设备状态，并自动决定按钮的状态。AutoEnable 属性设置为 False 时，可通过 ButtonEnabled 属性设置，决定媒体控件中按钮的有效性。

　　2）ButtonVisible 属性

　　ButtonVisible 属性设置为 False 时，按钮在媒体控件上消失。

　　3）Visible 属性

　　设定媒体控制对象在程序执行阶段是否显示出来。

　　4）CanEject，CanRecord，CanStep 属性

　　这些属性在设计阶段不可见，即在属性窗口中不出现，运行时只读。主要用来监测打开的设备是否具有弹出媒体、播放、录制、步进等功能。

　　5）Orientation 属性

　　该属性设定媒体控制对象按钮的排列方向。

2. 对媒体的一般控制功能

一般控制功能是指对媒体的通用控制功能，它几乎适用于所有的媒体设备。

1）DeviceType 属性

指定要打开的媒体设备类型，MCI 控件可根据文件扩展名自动设置设备类型。

2）FileName 属性

以【打开】命令指定要打开的文件，或以【保存】命令指定要保存的文件。针对复合设备，必须指定文件名才可以打开和保存。

3）Command 属性

执行一个 MCI 控制命令，属性窗口不显示该属性。可以使用 14 个基本命令来完成一些功能，如表 7 - 4 所示。具体格式是：

媒体控制对象 . Command＝MCI 控制命令

表 7 - 4 MCI 常用控制命令列表

MCI 控制命令	说　明	MCI 控制命令	说　明
Open	打开媒体设备	Record	录制
Close	关闭媒体设备	Prev	回到目前磁道的起始点
Play	播放	Next	到下一个磁道的起始点
Pause	暂停	Seek	搜索指定的位置
Stop	停止	Eject	退出媒体
Back	后退一格画面	Sound	播放声音
Step	前进一格画面	Save	存储

4）hWndDisplay 属性

通过设置该属性，给需要窗口的多媒体设备设定一个窗口，这类多媒体设备通常指 Avivideo 和 Overlay 设备。对 Avivideo 设备而言，如果不提供窗口设置，系统主动提供一个缺省窗口显示视频。

5）From，To 属性

用在 Play 或 Record 前，表示播放或录制的起始、结束位置。

6）TimeFormat，Position，Start 属性

TimeFormat 用来设定时间格式，如果未设定 TimeFormat 或所用的设备不支持设定值，则系统会使用缺省值。Timeformat 的属性说明如表 7 - 5 所示。

表 7 - 5 TimeFormat 的属性说明

属性值	说　明
0	Milliseconds 以 ms 为单位
1	HMS 以时分秒为单位，用 4 个字节存储，前 3 个字节对应于时分秒，最后字节未用
2	MSF 以分秒帧为单位，用 4 个字节存储，前 3 个字节对应于分秒帧，最后字节未用
3	以帧为单位
8	以字节为单位
9	以取样为单位

　　根据设定的 TimeFormat 属性值，Position 属性返回已打开的媒体设备的位置，一般用 4 个字节表示。Position 属性在程序执行时只读，在属性窗口不可见，即用户不能通过改变该属性值来改变媒体设备的位置。Start 属性根据目前的时间格式，返回媒体设备的起始位置。同样，该属性在程序执行时只读，在属性窗口不可见。

　　7）Mode 属性

　　Mode 的属性说明如表 7 - 6 所示。

表 7 - 6　Mode 的属性说明

属性值	说　明	属性值	说　明
524	设备未打开	528	搜索状态
525	停止状态	529	暂停状态
526	播放状态	530	准备状态
527	记录状态		

　　为顺利运行下一个 MCI 命令，常可通过对 Mode 属性的读取，获得设备的当前状况。例如，在播放声音文件前，通过检测设备状态，确保设备关闭后再打开。其程序段如下：

If Not MMControl1. Mode = 524 Then

　　MMControl1. Command = "close"

End If

MMControl1. FileName = "指定要打开的文件名"

MMControl1. Command = "open" …

　　8）Silent 属性

　　决定声音是否可以播放。

　　9）Shareable 属性

　　决定多个程序是否能共享一个 MCI 设备。一般而言，此属性针对的是简单设备，而复杂设备不能共享。

　　10）Track，TrackLength，TrackPosition，Tracks 属性

　　目前，Track 只用在 cdaudio，videodisk 中，该属性指定特定的轨道（Track）供 TrackLength 及 TrackPosition 属性传回相关信息。就 cdaudio 而言，每个 TrackLength 代表一首歌中 Track 属性指定的轨道的时间长度。TrackPosition 指定轨道的起始位置，Tracks 传回轨道数。

　　11）UpdateInterval 属性

　　该属性的值决定两次 StatusUpdate 事件之间的 us 数。如果其值为 0，将不会有任何 StatusUpdate 事件发生。

7.4.3　MCI32. OCX 的事件

　　媒体控制对象的事件有 Done、ButtonClick、ButtonCompleted、ButtonGotFocus、ButtonLostFocus 和 StatusUpdate，事件描述如表 7 - 7 所示。Button 可以是【Prev】、【Next】、【Play】、【Pause】、【Back】、【Step】、【Stop】、【Record】或【Eject】九个按钮之中的一个，如 PlayClick 事件。下面对这些事件进行简单的说明。

表 7 - 7　媒体控制对象的所有事件及描述

事　件	描　述	事　件	描　述
Done	完成 MCI 命令动作	ButtonGotFocus	按钮取得焦点
BottonClick	单击按钮	ButtonLostFocus	按钮失去焦点
BottonCompleted	按钮动作完成	StatusUpdate	更新媒体控制对象的状态报告

1）ButtonClick 事件

语法格式：Sub MMControln _ ButtonClick（Cancel As Integer）。

其中 n 为媒体控制对象的序号，以后不再说明。

当 MCI 控件在运行阶段时，单击控件上的按钮激发相应的事件。在默认状态下，每个按钮的 Click 事件都是执行一个该按钮对应的 MCI 指令，例如，PlayClick（）事件执行一条 MCI 的 play 指令。即若在 ButtonClick 事件中，未将 Cancel 参数设为 True，或未传 True 给 ButtonClick 事件，则系统先执行按钮代表的 MCI 指令，再执行事件过程中的语句。反之，若将 Cancel 参数设为 True，则系统不执行按钮代表的 MCI 指令，而是直接执行事件过程中的语句。

2）ButtonCompleted 事件

语法格式：Sub MMControln _ ButtonCompleted（Errorcode As Long）。

媒体控制对象上按钮对应的 MCI 控制命令执行时，激发该事件。在事件中返回参数 Errorcode，错误代码 Errorcode 的值所代表的意义如下：

- 0　　　　　　MCI 控制命令执行成功
- 其他　　　　　MCI 控制命令执行不成功

3）ButtonGotFocus，ButtonLostFocus 事件

当媒体控制对象的按钮取得焦点或失去焦点时分别激发 ButtonGotFocus 或 ButtonLost-Focus 事件。

4）Done 事件

语法格式：Sub MMControln _ Done（NotifyCode As Integer）。

在 Notify 属性设置为 True 时，MCI 控制命令执行完毕时激发该事件。NotifyCode 的值表示 MCI 控制命令是否完成，其设定值说明如表 7 - 8 所示：

表 7 - 8　NotifyCode 的设定值说明

设定值	MCI _ MESSAGE	说　明
1	MCI _ NOTIFY _ SUCCESSFUL	执行成功
2	MCI _ NOTIFY _ SUPERSEDED	被其他指令所取代
3	MCI _ NOTIFY _ ABORTED	被用户中断
4	MCI _ NOTIFY _ FAILURE	执行失败

5）StatusUpdate 事件

该事件与 UpdateInterval 属性有关，每隔一个 UpdateInterval 属性，设定的值产生一次该事件。

7.4.4　MCI 编程举例

当进入 VB 6.0 时，工具箱（ToolBox）中不包含 MCI32.OCX，若要使用必须首先将其加入到工具箱中。办法如下：

① 在 VB 程序设计窗口的【工程】菜单栏中，单击选择【部件】，打开【部件】对话窗口；

② 在部件对话窗口中选择"Microsoft Multimedia Control 6.0"选项；

③ 按确定按钮，工具箱中将增加一个 MCI 控件。

采取以上方法后可看到在工具箱的尾端增加了一个图标，即 MCI 控件的图标。可以像绘制其他控件一样，在窗体中绘制 MCI 控件，它类似于一个录音机的按钮，不过此时出现的按钮呈现浅灰色，表示还没有激活这个对象。MCI 控件上的按钮从左到右依次为：上一首（Prev），下一首（Next），播放（Play），暂停（Pause），倒带（Back），步进（Step），停止（Stop），录音（Record）以及弹出（Eject）。

【例 7 - 6】　用 MCI 控件播放 CD 音乐。

要用 MCI 控件播放 CD 音乐，首先要在窗体中加入该控件，然后在 Form_Load（）事件中加入下面的程序，启动媒体控制对象。源程序如下：

Private Sub Form_Load（　）

　　MMControl1.DeviceType ="cdaudio"　'告诉 MCI 要使用的多媒体设备类别

　　MMControl1.Command ="open"　'要下达"Open"指令后，媒体控制对象才能使用

End Sub

MMControl1 是默认的媒体控制对象名，可以在属性窗口中进行修改。这个程序非常简单，此时只要按下黑色的［Play］按钮即可播放 CD 唱片。

在这个例子中，人们会发现媒体控制对象上有几个按钮呈灰色，无法使用。这是因为其 AutoEnable 属性的缺省值为 True，此时媒体控制对象会随时随地监测所指定的多媒体设备的状态，并自动决定按钮的状态。对于 CD 音响设备，［Step］、［Back］和［Record］功能无效，故按钮为灰色，无法使用。而［Pause］和［Stop］按钮在［Play］按钮按下后变黑，使用户可以暂停或停止音乐的播放，同时［Play］按钮变灰，处于无效状态。

Autoenable 属性虽然可以自动监测并设定按钮的状态，但它不会自行将无效的按钮从媒体控制对象上移走，要做到这一点，可将按钮相应的 Visible 属性设置为 False。例如：

MMControl1.StepVisible = False

MMControl1.NextVisible = False

MMControl1.RecordVisible = False

此三条语句可将［Step］、［Next］和［Record］按钮从媒体控制对象上移走。此外，如果不想系统自动监测，可以将 AutoEnable 属性设置为 False，设定按钮相应的 Enable 属性，迫使其处于有效或无效状态。例如下面两条语句：

MMControl1.PlayEnabled = True

MMControl1.RecordEnabled = False

这两句可以使［Play］按钮有效，使［Record］按钮无效。

【例 7-7】 在 MCI 控件的 ButtonClick 事件中，若将 Cancel 参数设为 True 时，系统不执行按钮代表的 MCI 指令，而是直接执行事件过程中的语句。例 7-6 中的程序改为如下：

```
Private Sub Form _ Load (   )
    MMControl1. DeviceType = "sequencer"
    MMControl1. FileName = "C: \ WINNT\ Media\ canyon. mid"
    MMControl1. Command = "open"
End Sub


Private Sub MMControl1 _ PlayClick （Cancel As Integer）
    Cancel = True
    MsgBox "Play button cancel!，不能播放"
End Sub
```

此时执行程序，单击【Play】按钮并不能播放 MIDI 音乐 canyon. mid，而是在消息框中显示"Play button cancel!，不能播放"。因为在 PlayClick 事件中，将 Cancel 属性设置为 True，所以媒体控制对象就没有执行按钮对应的 play 命令，仅执行事件过程中的语句。

【例 7-8】 设计应用程序界面。

首先创建一个新的工程文件，在窗体中加入一个 MCI 控件，对这个程序来说，MCI 控件的"录音"和"弹出"按钮是不需要的，可以在多媒体控件【属性页】对话框的【控件】选项卡中将这两个按钮的可视属性的对勾去掉，此时该控件中这两个按钮就会消失。接下来，在窗体上添加一个 PictureBox 控件作为播放视频文件的地方，再添加一个 CommonDialog 的控件，以显示"打开文件"对话框，方法是，单击【工程】菜单中的【部件】命令，弹出【部件】窗口，选择 Microsoft Common Dialog Control 6.0 控件。

添加 CommonDialog 控件到窗体后，在该控件上单击右键，选择快捷菜单的【属性】项，系统出现【属性页】对话框。接着修改各项参数，如图 7-2 所示。

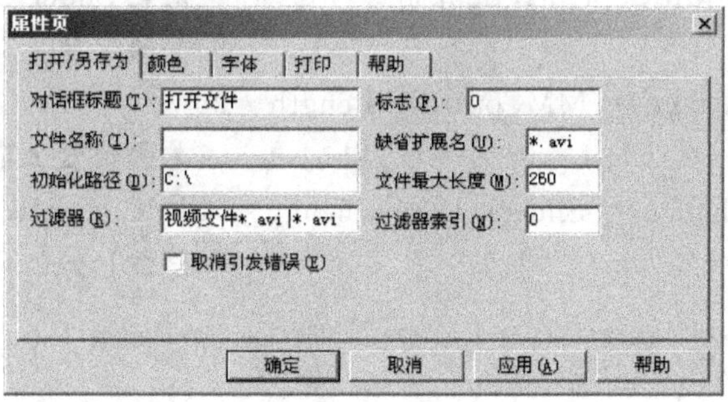

图 7-2 CommonDialog 控件属性对话框

同时，还需要一个定时器控件和两个按钮控制文件，分别是"打开文件"、"关闭文件"，并将定时器的 Interval 属性设置为 50 ms。最后再添加一个滑块控件，方法是单击【工程】菜单中的【部件】命令，弹出【部件】窗口，选择"Microsoft Windows Common Controls6.0"控件。这时工具箱中会多出几个控件来，其中有一个控件名为"Slider"，就是滑块控件，如图 7-3 所示。

最后一步，将窗体上所有控件都调整好位置，调整好后的设计窗体如图 7-4 所示。

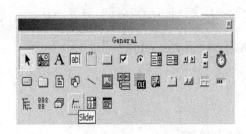

图 7-3　VB 工具箱

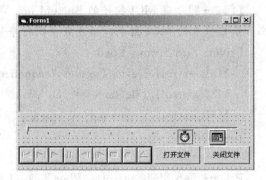

图 7-4　应用程序界面

编写代码如下：

```
Option Explicit
Private Sub Command1 _ Click（  ）
    MMControl1. DeviceType = "AVIvideo"          '设定使用设备类型为 AVIvideo
    CommonDialog1. ShowOpen                      '显示"打开文件"对话框
    MMControl1. FileName = CommonDialog1. FileName
                                                 'MCI 控件打开的文件

    Picture1. Visible = True
    MMControl1. hWndDisplay = Picture1. hWnd      '设定 Picture1 为演播舞台窗口
    MMControl1. Command = "open"                  '将播放设备打开
    MMControl1. From = 0                          '指定播放位置
    MMControl1. Command = "seek"                  '在打开的文件中，设置下一个操作
                                                 '位置
    Slider1. Min = 1                             '设定 Slider 控件的最小值为 1
    Slider1. Max = MMControl1. Length            '设定 Slider 控件的最大值为媒体文
                                                 '件的长度
    Slider1. SmallChange = MMControl1. Length / 20
                                                 '单击键盘上下键时变化长度
    Slider1. LargeChange = Slider1. LargeChange = MMControl1. Length / 10
                                                 '单击 PageDown 或 PageUp 时的长度
End Sub
Private Sub Command2 _ Click（  ）
    MMControl1. Command = "close"                '关闭播放设备
    Picture1. Cls                               '清除 Picture 控件中的内容
End Sub
Private Sub Timer1 _ Timer（  ）
    Slider1. Value = MMControl1. Position        '设定滑块的位置等于媒体文件的
                                                 '位置
End Sub
```

7.5　调用 API 函数开发多媒体程序

使用 MCI 控件开发 Windows 系统下的多媒体程序，具有简单、快捷、方便的特点，但在实际程序设计中，常会碰到一些利用 MCI 控件不好解决的问题。例如，VB 语言不包含语音支持、I/O 端口访问以及位图操作等。为适应不同层次程序设计人员的要求，VB 提供了直接调用 Windows 的 API 函数的功能，通过调用 API 函数，可以实现对系统的各个层次的功能调用。

7.5.1　VB 的 API 函数调用

VB 可以较为方便地调用 Windows 的 API 函数，以支持 VB 本身不具备的功能。Windows 将系统所使用的 API 函数封装在一系列的动态链接库中，常见的有 KERNAL. EXE，GDI. EXE，USER. EXE 等，此外还有许多 DLL 文件。支持多媒体的 DLL 文件有 MMSYS-TEM. DLL，AAPLAY. DLL 等。这些动态链接库可以看成是应用程序的函数库，一旦在应用程序中进行了声明，即建立了链接，在程序中就可像使用自己内附的函数一样调用封装在动态链接库中的函数。如果要使用的函数库文件不是放在 Windows \ System 目录下，则必须加上完整的路径名称。

1. 声明

在 VB 中按照声明变量的原则，也可将动态链接的 API 函数声明成全局或模块级，声明指令为 Declare，语法如下。

函数：Declare Function［函数名］Lib［动态链接库文件名］（参数）［数据类型］

过程：Declare Sub［过程名］Lib［动态链接库文件名］（参数）

如果希望这个 API 函数的调用返回一个函数值，则应将该函数声明成 Function，反之可声明成 Sub，函数名的数据类型可以省略。同时要注意的是，Declare 语句中的动态链接库一定要包含有声明的 API 函数。

此外，API 函数通常有许多参数，这是调用 API 函数最烦人的事，一方面要搞清楚每个参数在声明中的说明，另一方面由于传递参数的方式有两种：一种是传地址，另一种是传值。如不加以说明，VB 以传地址调用，但大部分的 API 参数都是使用传值调用的。所以按VB 的声明原则，在参数声明前要加上 ByVal。

2. 使用

一旦对这些 API 函数进行声明后，可以把它们当做和 VB 提供的 Function 或 Procedure一样在 VB 应用程序中使用。MMSYSTEM. DLL 动态链接库中，提供了一百多个具有多媒体处理功能的 API 函数。涉及各类多媒体设备，例如以 Wave 开头的 API 函数专门处理语音，还可直接控制 PC 喇叭发声：

CloseSound（）/OpenSound	关闭/打开声音驱动程序
SetvoiQueuesize（）	设置声音队列的大小
SetvoiceAclent（）	设置播放音符的音速

SetvoiceNote ()　　　　　　　把音符设置到声音队列中

StartSound ()　　　　　　　　开始播放声音

StopSound ()　　　　　　　　停止声音播放

这些都涉及底层函数调用，而涉及 MCI 命令的高级函数且和 VB 有关的是以下 3 个以 MCI 开头的函数：

MciSendString ()　　　　　传送指令字符给 MCI，由 MCI 接口解释执行指定字符串

MciExecute ()　　　　　　　简单的 MCI 指令执行调用函数

MciGetErrorString ()　　　获得 MCI 错误代码所表示的意思

相应的声明语句为（将其声明成函数形式）：

Declare Function mciSendString Lib "MMSYSTEM. DLL" (

ByVal mciCommand As String,

ByVal mciReturnString As String,

ByVal mciReturnLength As Integer,

ByVal mcihWnd As Integer) As Integer

　Declare Function mciExecute Lib "MMSYSTEM. DLL" (ByVal mciCommand As String) As Integer

Declare Function mciGetErrorString Lib "MMSYSTEM. DLL" (

ByVal mciError As Long,

ByVal mciErrorString As String,

ByVal mciErrorLength As Integer) As Integer

7.5.2　一些 API 函数的具体说明

和 VB 有关的 MCI 函数有三个，分别为 mciExecute ()，mciSendString () 及 mciGetErrorString ()，下面分别加以说明。

1. mciExecute () 函数

这是一个简单的 MCI 指令执行函数，其唯一的参数就是 MCI 指令字符串。该函数将 MCI 指令传给 MCI 接口，由接口解释执行。若执行 mciExecute 时发生错误，MCI 会显示一个对话框显示错误信息，并且传回一个非零的错误代码。如果要处理该错误信息，则可用 mciSendString () 函数进行处理。

例如，i% = mciExecute ("open CDAudio alias CD")

2. mciSendString () 函数

如在传递并执行 MCI 指令中，不希望在发生错误时看到系统提示的出错信息或想通过程序自行处理，则可以用 mciSendString () 函数代替 mciExecute () 函数。除了都有 MCI 指令字符串参数外，mciSendString () 函数的第二个参数为 mciReturnString，该参数返回一个文字信息字符串，第三个参数为 mciReturnLength，该参数为可接收字符串的最大长度，第四个参数是 mcihWnd，在 VB 中设置为 0 即可。

必须强调在参数传递时，第二个实参数一定是定长字符串，而不能是变长字符串，第三个实参数即是其长度；其次，如果 mciSendString () 执行不成功，会传回一个代表错误类

型的非零代码。再者，在应用程序中，上述两个 API 函数可混合使用。

例如，Dim ReturnString As String* 256

E% = mciSendString（"close ALL"，ReturnString，256，0）

注意，mciSendString（）实际接收的文字信息若是不定长的，则以空字符（CH $ W）代替字符串的结束。所以一方面可使用足够的定长字符串以容纳全部文字信息，另一方面可通过字符串处理函数（如 instr 函数）取得实际文字信息。

3．mciGetErrorString（）函数

由 mciSendString（）函数所传回的错误代码，可通过调用 mciGetErrorString（）函数获得错误代码所表示的具体意义，其第一个参数 mciError 为需要获得信息的错误代码，第二个参数 mciErrorString 是返回的文字字符信息，而第三个参数 mciErrorLength 为可接收字符串的最大长度。同样，实参的字符变量必须设定为定长，而且必须保证足够长。

7.5.3　API 程序设计举例

【例 7-9】　编写程序片段，播放德彪西的《月光》，播放时出现错误，则可显示错误信息。源程序如下：

```
'Module1. bas 在模块中对函数进行说明
 Declare Function mciExecute Lib "MMSYSTEM. DLL"（ByVal mciCommand As String）As Integer
Declare Function mciSendString Lib "MMSYSTEM. DLL"（
                        ByVal mciCommand As String，
                        ByVal mciReturnString As String，
                        ByVal mciReturnLength As Integer，
                        ByVal mcihWnd As Integer）As Integer
Declare Function mciGetErrorString Lib "MMSYSTEM. DLL"（
                        ByVal mciError As Long，
                        ByVal mciErrorString As String，
                        ByVal mciErrorLength As Integer）As Integer
'在 Form _ Load 事件中播放
Private Sub Form _ Load（  ）
   Dim codeError As Long，mciReturn As String* 128
   Dim ErrorReturn As String* 128，r1 As Integer
   r1 = mciExecute（"open C：\ WINNT\ Media\ 德彪西的《月光》. RMI alias 月光"）
   codeError = mciSendString（"play 月光 wait"，mciReturn，128，0）
   If r <> 0 Then
     r1 = mciGetErrorString（codeError，ErrorReturn，128）
     MsgBox mciError
     r1 = mciExecute（"close 月光"）
   End If
```

End Sub

思考与练习题

一、名词解释

窗口　　事件　　消息　　事件驱动模型　　对象　　OLE　　MCI　　API

二、不定项选择题

1. 多媒体控件的操作对象是（　　）。

A. 媒体控制接口（MCI）设备　　　　　　B. 计算机的所有外设

C. VB 应用程序　　　　　　　　　　　　D. 在并行通信口和串行通信口上的设备

2. 下列关于多媒体控件外观的说法中，正确的是（　　）。

A. 多媒体控件的外观是固定的，不可更改

B. 多媒体控件中的播放键可以由用户设置

C. 多媒体控件只支持水平方向的外形

D. 不显示多媒体控件就无法使用它

3. 下列设备中，（　　）是多媒体控件支持的设备类型。

A. AVI　　　　B. CDAudio　　　　C. WaveAudio　　　　D. MIDI 序列发生器

4. 当使用多媒体控件播放音乐 CD 时，应将其 DeviceType 属性设置为（　　）。

A. AVIVideo　　B. WaveAudio　　　C. CDAudio　　　　D. DigitalVideo

5. 下列按键中，（　　）不是多媒体控件所具有的按键。

A. Play　　　　B. Next　　　　　C. Button　　　　　D. Record

6. 下列（　　）语句能够停止多媒体设备的播放。

A. MMControl. Command＝"Pause"

B. MMControl. Command＝"Close"

C. MMControl. Command＝"Step"

D. MMControl. Command＝"Stop"

三、填空题

1. 程序界面对象共有以下三种：____、____、____。

2. VB 是由美国 Microsoft 公司推出的基于____的程序开发工具，VB 的程序设计风格与传统设计方法不同，它是____和____的程序设计方法。面向对象是一种全新的设计和构造软件的思维方法。在面向对象的程序设计中，____是系统中的基本运行实体。

3. OLE 是 Object Linking and Embedding 的缩写，意思为____，其含义是将一个包含 OLE 功能的程序____到其他基于 OLE 的 Windows 应用程序中。OLE 技术是实现不同软件之间的____，程序员可以把以前编写好、测试过的模块以____插入到正在编写的程序中，这样就明显地提高了程序的结构性和软件开发效率。

4. Windows 多媒体模块提供的与 MCI 有关的命令字符串接口函数有三个：____、____、____。

四、简答题

1. 在 Windows 系统中，对多媒体设备进行控制的方法有哪些？
2. 什么是媒体控制接口 MCI？MCI 设备类型有哪些？
3. MCI 命令可分为哪些类型？
4. 如何在工具箱中增加 MCI 控件？
5. 什么是 API？使用 API 函数设计多媒体程序有何优点？
6. 如何使用 OLE 控件设计多媒体程序？

第 8 章

动画制作技术

随着计算机技术的发展，动画除了被制作成电影外，更多地被应用到了多媒体、互联网、在线网络游戏以及电视广告等领域，尤其是计算机网络的普及和各种多媒体软件，如图形图像软件工具的广泛使用，不仅更好地推动了动画行业的发展，也为广大动画爱好者提供了选择的空间。

本章介绍多媒体动画的原理、分类及制作流程，主要是二维动画及三维动画的制作过程。

8.1 动画制作概述

8.1.1 动画制作原理

一个动画作品是由大量的画面"叠加"组成的，这里的画面就是动画制作中的最小单元，而计算机动画则称之为帧，如图 8-1 所示是火苗燃烧这个简单动画的示意图。

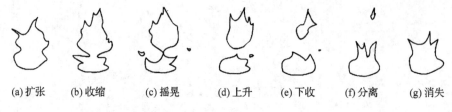

(a)扩张　　(b)收缩　　(c)摇晃　　(d)上升　　(e)下收　　(f)分离　　(g)消失

图 8-1　简单动画示意图

观看电影、电视或动画片时，画面中的人物和场景是连续、流畅和自然的。但当慢放一段电影或动画片时，看到的画面却一点也不连续。只有以一定的速率把胶片投影到银幕上才能有运动的视觉效果，这种现象是由视觉残留造成的。动画和电影的制作正是利用了人眼这一视觉残留特性。

实验证明，如果动画或电影的画面刷新率为 24 fps 左右，则人眼看到的是连续的画面效果。但是，每秒 24 帧的刷新率仍会使人眼感到画面的闪烁，要消除闪烁感，画面刷新率还要提高一倍。因此，每秒 24 帧的速率是电影放映的标准，它能最有效地使运动的画面连续流畅。

8.1.2 动画的分类及制作流程

从制作技术和手段看，动画可分为以手工绘制为主的传统动画和以计算机为主的计算机动画；按动作的表现形式来区分，动画大致分为接近自然动作的"完善动画"，即动画电视模式，和采用简化、夸张的"局限动画"，即幻灯片动画模式；如果从空间的视觉效果来看，又可分为二维动画和三维动画；从播放效果来看，还可以分为顺序动画和交互式动画，顺序动画是指连续动作，而交互式动画是指反复动作。另外一种分类方法是依据每秒放的幅数来分，可以分为全动画和半动画，其中全动画每秒放的幅数为 24，而半动画每秒放的幅数少于 24。

1．传统动画

传统的动画是产生一系列动态相关的画面，每一幅图画与前一幅图画略有不同，将这一系列单独的图画连续地拍摄到胶片上，然后以一定的速度放映这个胶片来产生运动的幻觉。根据人的视觉残留特性，为了要产生连续运动的感觉，每秒钟需播放至少 24 幅画。

传统动画的制作过程可以分为总体规划、设计制作、具体创作和拍摄制作四个阶段，每一阶段又有若干个步骤，如图 8-2 所示。

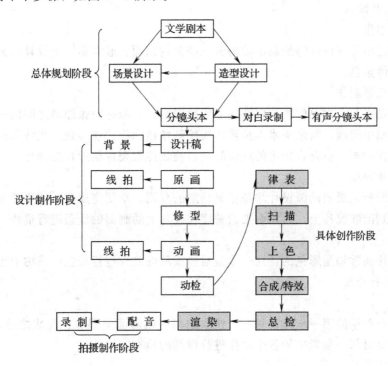

图 8-2　传统动画制作流程

1）总体规划阶段

（1）剧本

任何影片生产的第一步都是创作剧本，但动画片的剧本与真人表演的故事片剧本有很大不同。一般影片中的对话，对演员的表演是很重要的，而在动画影片中则应尽可能避免复杂的对话。

（2）故事板

根据剧本，导演要绘制出类似连环画的故事草图，将剧本描述的动作表现出来。故事板由若干片段组成，每一片段由一系列场景组成，一个场景一般被限定在某一地点和一组人物内，而场景又可以分为一系列被视为图片单位的镜头，由此构造出一部动画片的整体结构。故事板在绘制各个分镜头的同时，作为其内容的动作、道白时间、摄影指示、画面连接等都要有相应的说明。

（3）摄制表

摄制表是导演编制的整个影片制作的进度规划表，以指导动画创作集体各方人员统一协调地工作。

2）设计制作阶段

（1）设计

设计工作是在故事板的基础上，确定背景、前景及道具的形式和形状，完成场景环境和背景图的设计、制作。

（2）音响

在动画制作时，因为动作必须与音乐匹配，所以音响录音不得不在动画制作之前进行。

3）具体创作阶段

（1）原画创作

原画创作是由动画设计师绘制出动画的一些关键画面。通常是一个设计师只负责一个固定的人物或其他角色。

（2）中间插画制作

中间插画是指两个重要位置或框架图之间的图画，一般是两张原画之间的一幅画。助理动画师制作一幅中间画，其余美术人员再内插绘制角色动作的连接画。在各原画之间追加的内插的连续动作的画，要符合指定的动作时间，使之能表现得接近自然动作。

（3）誊清和描线

前几个阶段所完成的动画设计均是铅笔绘制的草图。草图完成后，使用特制的静电复印机将草图誊印到醋酸胶片上，再用手工给誊印在胶片上的画面的线条进行描线。

（4）着色

由于动画片通常都是彩色的，这一步是对描线后的胶片进行着色（或称上色）。

4）拍摄制作阶段

（1）检查

检查是拍摄阶段的第一步。在每一个镜头的每一幅画面全部着色完成之后，拍摄之前，动画设计师需要对每一场景中的各个动作进行详细的检查。

（2）拍摄

动画片的拍摄，使用中间有几层玻璃层、顶部有一部摄像机的专用摄制台。拍摄时将背景放在最下一层，中间各层放置不同的角色或前景等。拍摄中可以移动各层产生动画效果，还可以利用摄像机的移动、变焦、旋转等变化和淡入等特技上的功能，生成多种动画特技效果。

（3）编辑

编辑是后期制作的一部分。编辑过程主要完成动画各片段的连接、排序、剪辑等。

（4）录音

编辑完成之后，编辑人员和导演开始选择音响效果配合动画的动作。在所有音响效果选定并能很好地与动作同步之后，编辑和导演一起对音乐进行复制，再把声音、对话、音乐、音响都混合到一个声道上，最后记录在胶片或录像带上。

2. 计算机动画

计算机动画是指利用图形与图像的处理技术，借助于编程或动画制作软件生成一系列的景物画面，采用连续播放静止图像的方法而产生物体运动的效果，其中当前画面是前一画面的部分修改。

在计算机动画制作中涉及如下术语：帧，动画中最小单位的单幅影像画面，相当于电影胶片上的每一格镜头，在动画软件的时间轴上表现为一格或一个标记；关键帧，相当于二维动画中的原画，指角色或者物体运动或变化中的关键动作所处的那一帧，中间帧就是指两个关键帧之间的动画，可以由软件来创建，也叫做过渡帧。

计算机动画是使用计算机来产生运动图像的技术，一般可以分为两类。

1）二维动画系统

计算机辅助动画制作系统又称为关键帧系统。计算机可以自动生成两幅关键画面间的中间画。其过程为：设计师首先设计好复杂的、二维动画的关键画面，输入计算机进行编辑，计算和生成中间帧；定义和显示运动路径；交互式给画面上色；产生一些特技效果；实现画面与声音的同步；控制运动系列的记录等。

2）三维动画系统

三维动画系统属于计算机造型动画系统，三维动画软件在计算机中首先建立一个虚拟的世界，设计师在这个虚拟的三维世界中按照要表现的对象的形状和尺寸建立模型以及场景，再根据要求设定模型的运动轨迹、虚拟摄影机的运动和其他动画参数，最后按要求为模型赋予特定的材质，并打上灯光。当这一切完成后就可以让计算机自动运算、生成最后的画面了。

3. 动画文件格式

每一个动画作品都需要大量的数据做保证，当然数据要保存在动画文件中，这些文件必须有一定的文件格式。

1）GIF 格式

大家都知道，GIF 图像由于采用了无损数据压缩方法中压缩率较高的 LZW 算法，文件尺寸较小，因此被广泛采用。GIF 动画格式可以同时存储若干幅静止图像并进而形成连续的动画，目前 Internet 上大量采用的彩色动画文件多为 GIF 格式的文件。

2）FLIC 格式

FLIC 是 Autodesk 公司在其出品的 Autodesk Animator，Animator Pro，3D Studio 等动画制作软件中采用的彩色动画文件格式，是 FLC 和 FLI 的统称，其中，FLI 是最初的基于 320×200 像素的动画文件格式，而 FLC 则是 FLI 的扩展格式，采用了更高效的数据压缩技术，其分辨率也不再局限于 320×200 像素。FLIC 文件采用行程编码（RLE）算法和 Delta算法进行无损数据压缩，首先压缩并保存整个动画序列中的第一幅图像，然后逐帧计算前后两幅相邻图像的差异或改变部分图像内容，并对这部分数据进行 RLE（Run Length Encoding）压缩，由于动画序列中前后相邻图像的差别通常不大，因此可以得到相当高的数据压缩率。

3）SWF 格式

SWF 是 Micromedia 公司的产品 Flash 的矢量动画格式，所占用的存储空间较小，它采用曲线方程描述其内容，不是由点阵组成内容，因此这种格式的动画在缩放时不会失真，非常适合描述由几何图形组成的动画，如教学演示等。由于这种格式的动画可以与 HTML 文件充分结合，并能添加 MP3 音乐，因此被广泛地应用于网页上，成为一种"准"流式媒体文件。

4）AVI 格式

AVI 是对视频、音频文件采用的一种有损压缩方式，该方式的压缩率较高，并可将音频和视频混合到一起，因此尽管画面质量不是太好，但其应用范围仍然非常广泛。AVI 文件目前主要应用在多媒体光盘上，用来保存电影、电视等各种影像信息，有时也出现在 Internet 上，供用户下载、欣赏新影片的精彩片段。

5）MOV、QT 格式

MOV、QT 都是 QuickTime 的文件格式，该格式支持 256 位色彩，支持 RLE、JPEG 等集成压缩技术，提供了 150 多种视频效果和 200 多种 MIDI 兼容音响和设备的声音效果，能够通过 Internet 提供实时的数字化信息流、工作流与文件回放，国际标准化组织（ISO）最近选择 QuickTime 文件格式作为开发 MPEG4 规范的统一数字媒体存储格式。

6）DIR 格式

DIR（Director）是一种具有交互性的动画，可加入声音，数据量较大，多用于多媒体以及游戏中。

8.2　二维动画制作

采用计算机制作二维动画可以节约大量的手工劳动，尤其是"关键帧动画技术"的采用和交互式二维动画系统研制成功后，更是大幅度地提高了动画制作的效率和效果。

8.2.1　二维动画制作软件

现在，二维动画制作领域使用的软件种类众多，具体介绍如下。

1. TOONZ

TOONZ 是非常优秀的卡通动画制作软件系统，它可以运行于 SGI 超级工作站的 IRIX 平台和 PC 的 windows NT 平台上，被广泛应用于卡通动画系列片、音乐片、教育片、商业广告片等中的卡通动画制作。

TOONZ 利用扫描仪将动画师所绘的铅笔稿以数字方式输入到计算机中，然后对画稿进行线条处理，检测画稿，拼、接背景图，配置调色板，画稿上色，建立摄影表，上色的画稿与背景合成，增加特殊效果，合成预演以及最终图像生成。利用不同的输出设备将结果输出到录像带、电影胶片、高清晰度电视以及其他视觉媒体上。

2. RETAS PRO

RETAS（Revolutionary Engineering Total Animation System）的制作与传统的动画制作过程相近，替代了传统动画制作中描线、上色、制作摄影表、特效处理、拍摄合成的全部过程。主要由四大部分组成。

① TraceMan：通过扫描仪扫描大量动画入计算机，并进行描线处理。

② PaintMan：高质量的上色软件，使得大批量上色更加简单和快速。

③ CoreRETAS 和 RendDog：使用全新的数学化工具，实现了传统动画摄影能表现的所有特性，并且有极高的自由表现力，可使用多种文件格式和图形分辨率输出 CoreRETAS 中合成的每一场景。

④ QuickChecker：灵活的线拍软件，确保高质量的动画。

最新一代的 RETAS PRO 具备摄影表压感笔功能，也就是说可以在摄影表里直接画动画，而不需要在纸上画了，这就是日本比较流行的无纸动画。这个功能在 PS 的个人版里也支持。

3．USAnimation

USAnimation 是一款实用的二维动画创作工具，使用它可以轻松地组合二维动画和三维图像；可利用多位面拍摄、旋转聚焦以及镜头的推、拉、摇、移，无限多种颜色调色板和无限多个层来进行动画制作。USAnimation 的相互连接合成系统能够在任何一层进行修改后即时显示所有层的模拟效果。

USAnimation 软件在当初设计时考虑到在整个生产流程的各个阶段如何获取最快的生产速度。USAnimation 软件采用自动扫描，动画制作的质量实时预视；其以矢量化为基础的上色系统被业界公认为是最快的；阴影色、特效和高光均为自动着色，使整个上色过程节省 30%～40% 时间的同时，不损失任何图像质量；USAnimation 系统产生最完美的"手绘"线，保持艺术家特有的笔触和线条。

USAnimation 软件所采用的生产工具包括彩色建模、镜头规划、动检、填色、线条上色、合成、自生成动作和三维动画软件的三维动画输入接口以及特效，还包括带有国际标准卡通色（Chromacolour）的颜色参照系等。

4．ANIMO

ANIMO 是英国 Cambridge Animation 公司开发的运行于 SGI O2 工作站和 Windows NT 平台上的二维卡通动画制作系统，世界上大约有 220 多个工作室使用 ANIMO 系统，数量超过了 1 200 套。众所周知的动画片《空中大灌篮》、《埃及王子》等都是应用 ANIMO 的成功典例。

ANIMO 系统具有面向动画师设计的工作界面，扫描后的画稿保持了艺术家原始的线条，它的快速上色工具提供了自动上色和自动线条封闭功能，并和颜色模型编辑器集成在一起提供了不受数目限制的颜色和调色板，一个颜色模型可设置多个"色指定"。它具有多种特技效果处理，包括灯光、阴影、照相机镜头的推拉、背景虚化、水波等，并可与二维、三维和实拍镜头进行合成。它所提供的可视化场景图可使动画师只用几个简单的步骤就可完成复杂的操作，提高了工作效率。

5．动画软件 AXA

在五花八门的各式软件系统中，AXA 算是目前唯一的一套 PC 级的全彩色动画软件，它可以在 WIN 95 及 Windows NT 上执行，简易的操作界面可以让卡通制作人员很快上手，而动画线条处理与着色品质亦具有专业水准。它具有如下特点。

1）以律表为主的作业环境

AXA 包含制作电脑卡通所需要的所有元件，包括扫图、铅笔稿检查、镜头运作、定色、着色、合成、检查、录影等模组，完全针对卡通制作者的要求来设计使用界面，使传统制作人员可以轻易地跨入数位制作的行列。它的特色是以电脑律表（Exposure Sheet）为主要操作主干来联结制作流程进而提高制作效率。

2）一百个动画层

传统卡通设计由于受着色颜料厚度等因素的影响，通常不超过 6 层，AXA 旧版本提供使用者 10 个动画层，但因近年大家习惯电脑创作后，设计越来越丰富的层次变化及越来越困难的镜头运动，10 层已不够使用，于是在 4.0 版推出时已增加到 100 个动画层了，这让动画导演可以更随心所欲地设计动画层、阴影层、光影层以及渐层等多样层次变化。再者，根据电脑数位影像的特性，动画层或背景也可以用实景或 3D 动画，如同迪士尼自《美女与野兽》之后，每部动画长片均有电脑产生的背景，与手绘动画在该公司自行研发的 CAPS 合成系统做数位合成便是相当成功的范例。

3）善用剪贴功能编辑律表

如果不满意动画的律表（timing），传统卡通作业中唯一的方法就是通过重新拍摄动画来改变律表；然而利用 AXA 软件就容易多了，只要以插入（Insert）或删除（Cut）格数的方式就可以改变律表，这项体贴的设计，可替使用者节省许多宝贵的工作时间。

4）专业的卡通着色工

AXA 着色模组与其他常用的软件相比，有三项突出的功能：自定色盘（Palette）、快速着色（Ink ＆ Paint）、自动产生渐层遮片（Create Tone Matte），这三项功能解决了使用一般动画制作软件经常遇到的困难。

5）最佳的品质把关者

一张张动画在未着色之前必须先经过动画线稿检查（Pencil Test）。这项作业程序的重点在于检查动作是否流畅、人物是否变形，若未经过 Pencil Test 这道关卡，马上就进入着色工作，则等制作完毕后才能发现动画律表是否有问题。

AXA 是最早进入中国的二维动画软件之一，以简单、方便、快速著称，代表作有《鬼精灵》等。

6. 点睛辅助动画制作系统

点睛辅助动画制作系统是国内第一个拥有自主版权的计算机辅助制作传统动画的软件系统。该软件由方正集团与中央电视台联合开发。使用该系统辅助生产动画片，可以大大提高描线、上色的速度，并可产生丰富的动画效果，如推拉摇移、淡入淡出、金星等，从而提高生产效率和制作质量。

1）主要功能

点睛软件的主要功能是辅助传统动画片的制作。与传统动画的制作流程相对应，系统由镜头管理、摄影表管理、扫描输入、文件输入、铅笔稿测试、定位｜摄影特技、调色板、描线上色、动画绘制、景物处理、成像、镜头切换特技、画面预演、录制 14 个功能模块组成，每个模块完成一定的功能。

2）特点

① 支持调色板和调色样板的合并，每层可以有多个颜色样板。

② 灵活的系统可扩展性。

③ 强大的大背景（或前景）拼接功能，方便的抠图蒙版操作。

④ 摄影表最多可有 100 层，还可在摄影表中标注拍摄要求等信息。

⑤ 系统提供常用的三维动画接口。

⑥ 全中文界面，全中文使用手册，全中文联机帮助。

点睛系统应用于需要逐帧制作的二维动画制作领域，主要用于电视台、动画公司、制片厂生产动画故事片，也可用于某些广告创意（如在三维动画中插入卡通造型）、多媒体制作中的动画绘制等场合。二维游戏制作厂商也可以使用该软件制作简单的卡通形象和演示片头等。

8.2.2　常用二维动画制作软件——Flash

1. Flash 的优点

Flash 是美国 Macromedia 公司出品的矢量图形编辑和动画创作的软件，它与该公司的 Dreamweaver（网页设计）和 Fireworks（图像处理）组成了网页制作的"三剑客"。其主要优点在于：

① Flash 图形和动画都是矢量的，尺寸比点阵图要小得多，声音基于 MP3 压缩，使得压缩比较高；

② Flash 特别适用于创建由 Internet 提供的内容，因为它的文件非常小；

③ Flash 动画的播放支持"数据流式"技术，不必等待数据完全下载完即可播放；

④ Flash 制作动画比较简单，灵活性大。

2. Flash 的基本功能

Flash 动画制作的三大基本功能如下。

1）绘图和编辑图形

绘图和编辑图形不但是创作 Flash 动画的基本功能，也是进行多媒体创作的基本功能。在绘图的过程中，学习如何组织图形元素是 Flash 动画的一个巨大特点。

2）补间动画

补间动画是整个 Flash 动画设计的核心，也是 Flash 动画的最大优点，它有动画补间和形状补间两种形式，Flash 动画设计中最主要的就是"补间动画"设计，在应用影片剪辑元件和图形元件创作动画时，二者有一些细微的差别。

3）遮罩

遮罩是 Flash 动画创作中不可缺少的——这是 Flash 动画设计三大基本功能中重要的出彩点，使用遮罩配合补间动画，用户可以创建更多丰富多彩的动画效果，例如图像切换、火焰背景文字、管中窥豹等。

绘图和编辑图形、补间动画和遮罩是 Flash 动画设计的三大基本功能，这是整个 Flash 动画设计知识体系中最重要、最基础的知识点，也是三个紧密相连的逻辑功能，并且这三个功能自 Flash 诞生以来就存在，通过这些元素的不同组合，可以创建千变万化的动态效果。

3. 常用版本 Flash CS4 简介

1）Flash CS4 的新功能

以目前常用的 Flash CS4 为例加以介绍，它的操作界面如图 8-3 所示。可以在欢迎界面通过单击【新建】中的任意一种文件类型进入 Flash CS4 操作界面，下面是 Flash CS4 较前一版本新增加的功能。

（1）基于对象的动画

使用基于对象的动画对个别动画属性实现全面控制，它将补间动画直接应用于对象而不是关键帧，使用贝赛尔手柄轻松更改运动路径。

（2）3D 转换

借助令人兴奋的 3D 平移和旋转工具，通过 3D 空间为 2D 对象创作动画，可以沿 x、y、z 轴创作动画，将本地或全局转换应用于任何对象，但这不是真正意义上的 3D。

（3）反向运动与骨骼工具

使用一系列链接对象创建类似于链的动画效果，或使用全新的骨骼工具扭曲单个形状。

（4）使用 Deco 工具和喷涂刷实现程序建模

将任何元件转变为即时设计工具，以各种方式应用元件，例如使用 Deco 工具快速创建类似于万花筒的效果并应用填充，使用喷涂刷在定义区域随机喷涂元件。

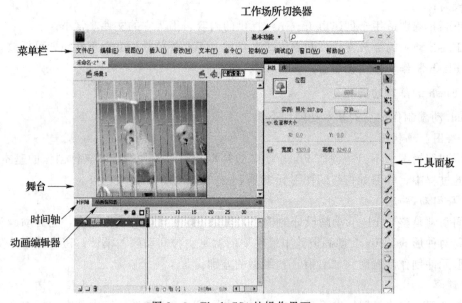

图 8-3 Flash CS4 的操作界面

（5）动画编辑器

使用全新的动画编辑器体验对关键帧参数的细致控制，这些参数包括旋转、大小、缩放、位置和滤镜等；使用图形显示以全面控制，轻松实现调整。

（6）元数据（XMP）支持

使用全新的 XMP 面板向 SWF 文件添加元数据，快速指定标记以增强协作和移动体验。

（7）动画预设

借助可应用于任何对象的预建动画启动项目。从大量预设中进行选择，或创建并保存自已的动画，与他人共享预设以节省动画创作时间。

（8）H. 264 支持

借助 Adobe Media Encoder，动画编码格式为 Adobe Flash Player 运行时可以识别任何格式，现在版本中新增了 H. 264 协议支持的格式。

2）Flash CS4 基本工作流程

一个基本的 Flash CS4 二维动画制作项目有如下工作流程。

① 计划项目：确定应用程序要执行哪些基本任务。

② 增加媒体元素：创建或导入媒体元素，如图像、视频、声音和文本等。

③ 排列元素：在舞台上和时间轴中排列这些媒体元素，以定义它们在应用程序中的显示时间和方式。

④ 应用特殊效果：根据需要应用图形滤镜（如模糊、发光和斜角）、混合和其他特殊效果。

⑤ 使用 ActionScript 代码控制行为。

⑥ 测试并发布应用程序：进行测试以验证应用程序是否按预先计划工作，查找并修复所遇到的错误。在整个创建过程中应不断测试应用程序。

上面的步骤并不是固定的顺序，根据所制作的动画的特点，可以以其他顺序执行这个过程。

3）Flash CS4 的文件基本操作

Flash CS4 的文件基本操作同平时处理的 Word 文档一样，可以进行新建文档、设置文档属性以及保存文档等操作。

（1）新建文档

新建 Flash 文档既可以在欢迎界面中进行，如图 8-4 所示，也可以在进入 Flash CS4 的操作界面后单击它的下拉菜单【文件】｜【新建】，然后在弹出的对话框中进行选择来完成，如图 8-5 所示。

图 8-4　Flash CS4 欢迎界面

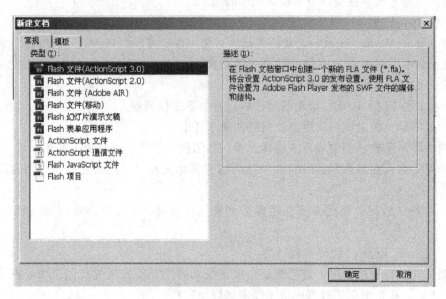

图 8-5　【新建文档】对话框

（2）设置文档属性

打开 Flash 文档后，对文档的属性要进行设置，单击【修改】｜【文档】菜单按钮，打开【文档属性】对话框，如图 8-6 所示。

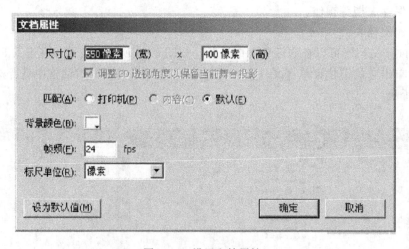

图 8-6　设置文档属性

（3）保存文档

对于一个 Flash 文档，如果有修改的部分未进行保存，则在文档名称的右上方存在一个"＊"标志，通过单击菜单【文件】｜【保存】等按钮，"＊"消失，保存文档成功。

4）常用工具按钮

在 Flash CS4 界面中，可以通过菜单【窗口】｜【工具】按钮或快捷键 Ctrl＋F2 来打开工具面板，Flash CS4 工具面板中的常用工具如图 8-7 所示。

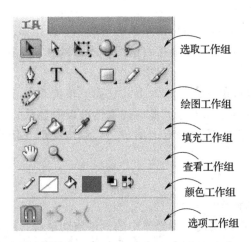

图 8-7　Flash CS4 工具面板中的常用工具

8.2.3　Flash 对象的编辑

1．对象类型

（1）图形

图形对象就是矢量图，利用绘图工具绘制的内容都是图形。

（2）文本

通过文本工具在舞台上输入的内容，它可以经过两次"分离"操作转换为图形对象。

（3）组合对象

选中要组合的对象，利用菜单【修改】｜【组合】命令或者快捷键 Ctrl＋G 建立组合。

（4）位图

Flash 既可以编辑矢量图，也可以编辑位图；既可以将位图转换为矢量图，也可以将位图转换为组合对象。

（5）元件

元件是指在 Flash 创作环境中使用 Button（AS 2.0），SimpleButton（AS 3.0）和 MovieClip 创建过一次的图形、按钮或影片剪辑。元件可在整个文档或其他文档中重复使用。元件可以包含从其他应用程序中导入的插画，任何创建的元件都会自动变成当前文档库的一部分。

2．对象的基本编辑

对象的基本编辑包括对象的排列、对象的对齐与分布以及对象的变形等。

① 对象的排列：选中对象后，单击菜单【修改】｜【排列】中的相应命令。

② 对象的对齐与分布：选中对象后，单击菜单【修改】｜【对齐】选择相应的命令，或者单击菜单【窗口】｜【对齐】，打开对齐面板。

③ 对象的变形：选中对象后，单击菜单【修改】｜【变形】选择相应的命令，或者单击菜单【窗口】｜【变形】打开变形面板。

3．位图对象的基本操作

在实际动画制作过程中，可以对位图对象进行的基本操作如下。

① 导入位图：Flash CS4 中可以直接将位图导入到舞台，或者将位图导入到库。

② 设置位图属性。

③ 将位图转换为图形对象：选中舞台上的位图，单击菜单【修改】｜【分离】或者快捷键 Ctrl＋B，将位图分离为图形对象，此时的属性面板中显示的是"形状"的属性。

④ 将位图转换为矢量图：选中舞台上的位图，单击菜单【修改】｜【位图】｜【转换位图为矢量图】命令。

4．元件和实例

1）元件与实例的基本概念

元件的具体表现形式就叫实例。当把库中的元件拖动至舞台后，舞台上的元件就称为该元件的一个实例。一个元件可以对应多个实例，每个实例都可以有自己的特性。若修改元件则所涉及的实例都会发生变化，而修改实例则不会对元件造成任何影响。

2）元件的类型

① 图形元件：可用于静止图形，并可用来创建连接到主时间轴的可重用动画片段。图形元件在 FLASH 文件中的尺寸最小。

② 按钮元件：可以创建用于响应鼠标单击、滑过、按下、弹起等动作的交互式按钮。

③ 影片剪辑元件：可以创建可重用的影片剪辑片段。

3）创建与编辑元件

创建元件包括以下两方面的内容。

① 创建新元件：利用【插入】｜【新建元件】菜单命令，在相应的对话框内设置元件名称、类型和文件夹所在位置。

② 将已经有的元素转换为图形元件：选中已有的元件，单击【修改】｜【转换】。当双击库面板中的元件图标或在舞台上双击该元件的一个实例时，即进入元件编辑状态。

4）创建与编辑实例

当创建元件之后，将库面板中的元件拖动至舞台创建实例，接下来进行实例的编辑。

实例的分离方法如下：

① 实例的分离用于将元件与实例分离，在分离实例之后修改元件，将不会影响到该实例；

② 舞台上选择该实例，单击菜单【修改】｜【分离】或者利用快捷键 Ctrl＋B，将实例分离成图形元素。

8.2.4　时间轴、图层和帧

1．认识时间轴

1）时间轴的组成

时间轴是 Flash 中最重要和最核心的部分，所有的动画顺序、动作行为、控制命令以及声音等都是在时间轴中编排的。它主要由图层区、播放头、时间轴标尺、时间轴状态栏以及帧组成。时间轴面板可分为左右两部分：图层面板和帧面板，如图 8-8 所示。

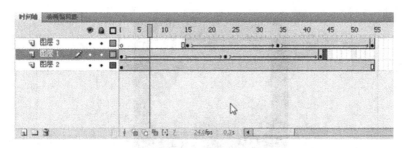

图 8-8 时间轴面板

2) 图层

用 Flash CS4 制作出来的动画,包括多个图层,每个图层可以包含任意数量的对象,这些对象在图层上又有自己内部的层叠顺序;每个图层都有独立的时间轴和独立的一系列的帧,各图层可以独立地进行编辑;各个图层的帧在时间上是互相对应的,所以在播放时可见的各个图层重叠在一起播放,就形成了复杂的动画效果。

3) 帧

帧是创建动画的最基本的元素之一。不同帧的前后顺序将关系到这些帧中的内容在影片播放中出现的顺序。帧分为三类:普通帧(过渡帧)、关键帧和空白关键帧。

① 普通帧。是指起着过渡和延长关键帧内容显示的作用的帧,一般是以空心方格表示。

② 关键帧。是用来定义动画变化(呈现出关键的动作或内容上的变化)的帧,以实心的小圆球表示。

③ 空白关键帧。是特殊的关键帧,没有任何对象存在,以空心圆表示。在空白关键帧上绘制图形或添加对象,则自动转换为关键帧。

4) 播放头

播放头是时间轴上方的一条红色垂直线,播放 Flash 文档时,播放头在时间轴上移动,指示当前显示在舞台中的帧。

2. 图层区

图层可以帮助用户组织和管理影片中的各类对象,如图 8-9 及图 8-10 所示。

图 8-9 各种具体对象

图 8-10   Flash CS4 图层实例

图层区用来创建和管理图层。每个图层均可以独立地进行编辑，如果需要的图层非常多，还可以使用图层文件夹来帮助整理，功能简要介绍如下。

① 新增图层。创建的图层数量不会影响文件的大小，但会受到内存的限制。

② 重命名图层。

③ 改变图层顺序。

④ 选择图层。编辑图层的时候，每次只能编辑一个图层，且只能是当前图层，当前图层的名称旁边有个铅笔的图标。

⑤ 复制图层（含动画）。

⑥ 删除图层。

⑦ 新建图层文件夹。

3. 帧的使用

在动画制作过程中，要在当前位置插入一个帧时，可根据帧的分类采用相应的方法：如果插入普通帧，可使用菜单栏中【插入】|【时间轴】|【帧】命令，或者快捷键 F5，还可使用右键菜单中【插入帧】命令；如果插入关键帧，可使用菜单栏中【插入】|【时间轴】|【关键帧】命令，或者快捷键 F6，还可使用右键菜单中【插入关键帧】命令；如果插入空白关键帧，可使用菜单栏中【插入】|【时间轴】|【空白关键帧】命令，或者快捷键 F7，还可使用右键菜单中【插入空白关键帧】命令。

帧的使用还包括帧的删除、清除、移动、复制、转换以及翻转等操作，具体操作细节敬请读者参照其他相关技术书籍。

8.2.5   Flash 动画制作

1. 逐帧动画

逐帧动画是将每一帧的画面组织好，然后逐帧播放。制作逐帧动画，应将每个帧都定义为关键帧，然后为每个帧创建不同的内容。具体步骤如下。

① 新建 Flash 文档，将所需图片导入到库。假定这里只需要两张图片，命名为图片 1 和图片 2，在图层 1 的第一帧处，将库面板中的图片 1 拖动至舞台。这时，时间轴默认的第一个空白关键帧将自动转换为关键帧。选中该图片，打开【属性】面板，记录下当前图片的位置和大小的参数值。在时间轴的第二帧处按快捷键 F6 或快捷菜单中的【插入关键帧】，插入一个新的关键帧。将图片 2 拖动至舞台，将图片 1 从舞台上删除。

② 选中图片 2，打开【属性】面板，按照前面记录好的图片的位置和大小的参数值进行设置。按 Enter 键预览动画，或者单击菜单【控制】｜【播放】命令，查看效果。单击菜单【控制】｜【测试影片】或快捷键 Ctrl＋Enter 查看动画输出效果。

2．补间动画

补间动画是指为一个对象中的两个帧分别设定一个相同属性的不同属性值，并且中间帧的属性值由 Flash 自动计算出来的动画制作方法。补间动画是由属性关键帧组成的，可以在舞台、属性检查器或动画编辑器中编辑各属性关键帧，具体步骤如下。

① 在舞台上选择要补间的对象，选择菜单【插入】｜【补间动画】命令，也可以单击所选内容或当前帧，然后在快捷菜单中选择【创建补间动画】命令。

② 在时间轴的补间范围的左右两侧，当鼠标发生改变后，可拖动补间范围的任一端来修改补间的范围。

③ 将播放头放在补间范围内的某个帧上，然后设置舞台上对象的属性值。

④ 在该帧的位置将自动添加一个属性关键帧，属性关键帧在补间范围中显示为小菱形。在舞台上会显示出该目标对象从第一帧到当前帧的运动轨迹。

⑤ 调节路径：可以使用【选择工具】，选择运动轨迹，进行变形操作，或者使用【部分选择工具】，单击路径上的小正方形节点，这些点是属性关键帧对应在路径上的锚点，然后利用贝塞尔曲线在锚点处的切线调节手柄调节路径。

⑥ 按 Enter 预览动画。或者单击菜单【控制】｜【播放】命令，查看效果。单击菜单【控制】｜【测试影片】或快捷键 Ctrl＋Enter 查看动画输出效果。

⑦ 使用动画编辑器编辑补间属性曲线。选中动画补间内容后，通过【动画编辑器】面板可以查看所有补间属性及其属性关键帧。该面板还提供了向补间添加精度和详细信息的工具。

3．形状补间动画

形状补间动画就是将两个关键帧之间的图形对象，从一种形状逐渐变化为另一种形状。Flash 将自动内插中间的过渡帧。可对补间形状内对象的位置、颜色、透明度以及旋转角度等进行补间。具体步骤如下：

① 在初始关键帧处绘制一个形状；

② 在第 30 帧处按 F6 插入关键帧；

③ 修改第 30 帧的对象形状，对其进行一定角度的旋转，将其位置向右拖动；

④ 在时间轴上，选择两个关键帧之间的任意一个帧，在其快捷菜单中选择【创建补间形状】命令，或者利用菜单【插入】｜【补间形状】命令；

⑤ 按 Enter 键预览动画。或者单击菜单【控制】｜【播放】命令，查看效果。单击菜单【控制】｜【测试影片】或快捷键 Ctrl＋Enter 查看动画输出效果；

⑥ 使用形状提示控制形状变化。

4．遮罩动画

可以使用遮罩层来显示下方图层中的全部或部分区域内容。遮罩层中的对象可以是填充的形状、文字对象、图形元件的实例或影片剪辑。具体步骤如下：

① 在图层 1 中导入一个位图，适当调整其位置、大小等内容；

②　在图层1上新建一个图层2，该层将作为遮罩层。在遮罩层上放置填充形状、文字或元件的实例；

③　选中图层2，在其快捷菜单中选择【遮罩层】命令。遮罩层和被遮罩层采取缩进的方式显示。

5．骨骼动画

在骨骼动画中，模型具有互相连接的"骨骼"组成骨架结构，通过改变骨骼的朝向和位置来为模型生成动画。

制作骨骼动画的具体步骤如下：

①　在舞台上创建填充的形状；

②　选中要添加骨骼的形状，然后在【工具】面板中选择骨骼工具，或者按 X 键选择骨骼工具。使用骨骼工具，在形状内单击并拖动到形状内的其他位置，创建骨骼；

③　重复上面的第②步，为其他部位添加骨骼；

④　在时间轴上的"骨架图层"中，选择不同位置的帧为其添加"姿势"动作。单击"骨架_1"图层的第5帧，选择快捷菜单中的【插入姿势】命令，并用选取工具更改骨架的位置；

⑤　分别为其他骨架图层的第5帧添加新的姿势动作；

⑥　在"图层1"的第5帧处按 F5 插入帧；

⑦　按 Enter 键预览动画效果。

依据前面介绍的有关二维动画制作的专业知识，下面介绍几个具体的实例加以应用。

【例8-1】　逐帧动画。使用逐帧动画制作"草莓倒计时牌"，计时器上的时间从10，9，8，…一直减到0，最后显示"时间到"，如图8-11所示。具体步骤如下。

图8-11　草莓倒计时牌

（1）使用工具箱中的绘图工具画草莓。

①　画草莓心，具体过程如图8-12所示。

②　画草莓叶子，具体过程如图8-13所示。

③　画出草莓杆，具体过程如图8-14所示。

④　把叶子和杆组合在一起，如图8-15所示。

⑤　将图形转换为元件，如图8-16和图8-17所示。

（2）画数字显示框，如图8-18所示。

（3）做动画。

图8-12　由圆调整出的草莓形状

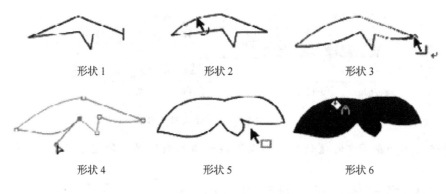

形状 1　　　　　形状 2　　　　　形状 3

形状 4　　　　　形状 5　　　　　形状 6

图 8-13　叶子绘制过程

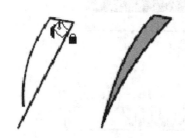

图 8-14　草莓杆绘制过程

图 8-15　组合后的叶子

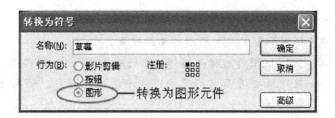

图 8-16　把草莓转换为图形元件

图 8-17　文件的库

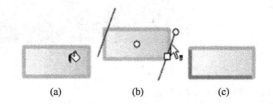

(a)　　　　(b)　　　　(c)

图 8-18　数字显示框

需要经过如下步骤。

① 把库中的草莓元件拖到舞台中央。

② 用鼠标左键单击第 20 帧，按 F6 插入关键帧，具体如图 8-19 所示。

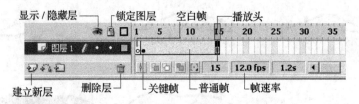

图8-19　空白帧、关键帧和普通帧

③ 单击时间轴左下方的【创建新图层】按钮添加新图层，即图层2，具体如图8-20所示。

④ 逐帧动画现在开始，具体如图8-21所示。

图8-20　创建新图层

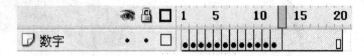

图8-21　帧间不同的数字层

（4）测试动画。

（5）调节帧速率。

完成上述步骤即可得到如图8-11所示的动画效果。

【例8-2】　补间动画。使用补间动画制作"飞行的飞机"。巍巍群山，茫茫云海，轻烟似的白云缓缓飘过，一架飞机由近而远地飞去，渐渐消失在远方，动画效果如图8-22所示。具体步骤如下。

图8-22　飞行的飞机

（1）创建影片文档。

首先设置影片文档属性，其次创建背景图层。

（2）创建元件。

这里创建的元件包括飞机和白云。

（3）创建动画。

① 单击时间轴右上角的【编辑场景】按钮，选择"场景1"，转换到主场景中。新建一

图层，把库里名为"飞机"的元件拖到场景的左侧，执行【修改】｜【变形】｜【水平翻转】命令，将飞机元件实例水平翻转。在"属性"面板上打开"颜色"旁边的小三角，设置"Alpha"值为 80%。

②为了实现飞机向远处飞去时越来越小、越来越模糊的动画效果，选中"图层 2"的第 100 帧，按 F6 键，添加一个关键帧，在"属性"面板中设置飞机的大小：W 值是飞机的宽值，为 32；H 值是飞机的高值，为 18.9；X、Y 则是飞机在场景中的 X、Y 坐标，分别是 628.5，51。在"属性"面板中，设置"Alpha"值为 20%。用鼠标右键单击"图层 2"的第 1 帧，选择【创建补间动画】。第①、②步骤完成了飞行效果的创建。

③新建一图层，从库中拖出名为"白云"的元件，放置在背景图右侧的山峰处，设置"Alpha"值为 80%，在第 100 帧处添加关键帧，把元件移到场景的左上方，设置"Alpha"值为 40%。用鼠标右键单击图层的第 1 帧，选择【创建补间动画】。

④执行【控制】｜【测试影片】命令，观察动画效果，如果满意，执行【文件】｜【保存】命令，将文件保存成"飞机.fla"，如果要导出 Flash 的播放文件，则执行【文件】｜【导出】｜【导出影片】命令，保存成"飞机.swf"文件。第③、④步骤完成了白云飘过效果的创建。

【例 8-3】　形状补间动画。使用形状补间动画制作"庆祝国庆"的画面，国庆的夜空绚丽多彩，朵朵礼花在夜空中绽放，远处传来礼炮的轰鸣声，让我们来给这美丽的夜晚增加点喜庆，挂几个大红灯笼来庆祝新中国的生日吧，动画效果如图 8-23 所示。具体步骤如下。

图 8-23　庆祝国庆

(1) 创建影片文档。

执行【文件】｜【新建】命令，在弹出的面板中选择【常规】｜【Flash 文档】选项后，单击【确定】按钮，新建一个影片文档，在"属性"面板上设置文件大小为 400×330 像素，"背景色"为白色。

(2) 创建背景图层。

执行【文件】｜【导入到场景】命令，将本实例中名为"节日夜空.jpg"的图片导入到场景中，在第 80 帧处按下 F5，加普通帧。

(3) 创建灯笼形状。

执行【窗口】｜【设计面板】｜【混色器】命令，打开混色器面板，设置混色器面板的各项参数。画完灯笼后，再复制三个需要的灯笼，新建三个图层，在每个图层中粘贴一个灯笼，调整灯笼的位置，使其错落有致地排列在场景中。在第 20 帧、第 40 帧处为各图层添加关键帧。

（4）把文字转为形状取代灯笼。

选取第一个灯笼，在第 40 帧处用文字"庆"取代灯笼，文字的"文本类型"为静态文本，"字体"为隶书，"字体大小"为 60，"颜色"为红色，对"庆"字执行【修改】｜【分散】命令，把文字转为形状。依照以上步骤，在第 40 帧处的相应图层上依次用"祝"、"国"、"庆"三个字取代另外三个灯笼，并执行【分散】操作。

（5）设置文字形状到灯笼形状的转变。

在"灯笼"各图层的第 60 帧及第 80 帧处分别添加关键帧，此时，在第 80 帧处各"灯笼"图层中的内容为"文字图形"，将它们换成"灯笼"。具体的办法是清除第 80 帧处 4 个"灯笼"图层中的内容，分别选择第 20 帧中的"灯笼"图形，一个个"粘贴"进第 80 帧中。

（6）创建形状补间动画。

在"灯笼"各图层的第 20 帧、第 60 帧处单击帧，在"属性"面板上单击"补间"旁边的小三角，在弹出的菜单中选择"形状"，建立形状补间动画。

（7）测试存盘。

执行【控制】｜【测试影片】命令，观察动画效果，如果满意，执行【文件】｜【保存】命令，将文件保存成"庆祝国庆.fla"文件存盘，如果要导出 Flash 的播放文件，则执行【导出】｜【导出影片】命令保存成"庆祝国庆.swf"文件。

8.3   三维动画制作

8.3.1   三维动画制作软件

1. Softimage 3D

Softimage 3D 是 Softimage 公司出品的三维动画软件。它在动画领域可以说是无人不知的"大哥大"。《侏罗纪公园》、《第五元素》、《闪电悍将》等电影里都可以找到它的身影。

Softimage 3D 的设计界面由 5 部分组成，分别提供不同的功能。而它提供的方便快捷键可以让用户很方便地在建模、动画、渲染等部分之间进行切换。据说它的界面设计采用直觉式，可以避免复杂的操作界面对用户造成的干扰。

2. MAYA

① 采用 object oriented C++ code 整合 OpenGL 图形工具，提供非常优秀的实时反馈表现能力。

② 具有先进的数据存储结构，强力的 scenceobject 处理工具——Digital project。

③ 运用弹性使用界面及流线型工作流程，使创作者可以更好地规划工程。

④ 使用 scripting & command language 语言，MAYA 的核心引擎是一种称为 MEL（MAYA Embedded Language，马雅嵌入式语言）的加强型 scripting 与 command 语言。

MEL 是一种全方位符合各种状况的语言，支援所有的 MAYA 函数命令。

⑤ 在基本的架构中，MAYA 自定 undo｜redo 的排序，同时 MAYA 也提供改变 procedure stack（程序堆叠）及 re - excute（再执行）的能力。

⑥ 层的概念在许多图形软件中已得到广泛运用。MAYA 也把层的概念引入到动画的创作中，可以在不同的层进行操作，而各个层之间不会有任何影响。

3. LIGHTWAVE 3D

LIGHTWAVE 3D 是全球唯一支持大多数工作平台的 3D 系统。在 Intel（Windows NT/95/98）、SGI、SunMicro System、PowerMac、DEC Alpha 各种平台上都有一致的操作界面，无论是使用高端的工作站系统还是使用 PC，LIGHTWAVE 3D 都能胜任。

现在的 LIGHTWAVE 3D 5.5 版包含了动画制作者所需要的各种先进的功能：光线追踪（Raytracing）、动态模糊（Motion Blur）、镜头光斑特效（Lens Flares）、反向运动学（Inverse Kinematics，IK）、Nurbs 建模（MetaNurbs）、合成（Compositing）、骨骼系统（Bones）等。

4. Rhino 3D

基本上每一个 3D 动画软件都有建模的功能。但是如果你想有一套超强功能的 nurbs 建模工具，恐怕非 Rhino 3D 莫属了，具体功能如下。

① Rhino 3D 是真正的 nurbs 建模工具，它提供了所有 nurbs 功能，丰富的工具涵盖了 nurbs 建模的各方面，例如，Trim、blend、loft、fourside 等。

② Rhino 3D 的另一大优点就是它提供了丰富的辅助工具，如定位、实时渲染、层的控制、对象的显示状态等，这些可以极大地方便用户操作。

③ Rhino 3D 可以定制自己的命令集，可以将常用到的一些命令集做成一个命令按钮，使用后可以产生一系列的操作。

④ Rhino 3D 还提供命令行的输入方法，用户可以输入命令的名称和参数。

⑤ Rhino 3D 可以输出许多种格式的文件。

5. World builder

World builder 可以制作令人信服的三维地貌环境。World builder 是一套专门的三维造景软件，它有自己的材料库，可以非常方便地生成各种地形地貌与各种逼真的树木花草。

这个软件的界面非常像 3DS Max，而且许多操作也非常类似，World builder 还支持很多三维动画软件，可以将在 World builder 里生成的场景直接调入 3DS Max、LIGHTWAVE 等软件里使用，并且可以将场景的材质也一同输出。

6. World Construction Set

World Construction Set 同其他造景软件一样，提供了许多现成的库供设计者调用，但不同的是，在 World Construction Set 中云朵、湖泊等都可以设置为运动的，在渲染后的动画中可以产生非常真实的效果。

World Construction Set 的界面设计得非常好，直观的地图编辑器可以方便地产生各种真实的地貌。相比之下，World builder 在这点上就较差了。

World Construction Set 的一个不足之处就是场景中许多精细的地方是由贴图来实现的，

而不是真正的三维模型，所以有些地方放大后会有不小的粗糙感。

7. TrueSpace 4.0

TrueSpace 4.0 高超的渲染品质要归功于其全新的渲染器，TrueSpace 4.0 采用由 Light-work design 公司开发的 LightWorks Pro 渲染引擎，将高级的光传导渲染法（radiocity）与传统的渲染功能完美地整合在一起，如光线追踪（raytrace）。光传导技术的运用可以大大加强场景的真实性。

在 TrueSpace 4.0 中，增加了更多传统的控制元件，如按钮、面板、滑动器等，界面本身已经变成 3D 工作中的一部分了，并且完全可由 3D 硬件来加速。

TrueSpace 4.0 的实时渲染能力号称可与那些 3D 游戏相比拟。它的这项功能比使用 3D 加速卡的 TrueSpace 3.0 着色品质还高，而且速度加快了 3 到 5 倍。

TrueSpace 4.0 同样具有 NURBS（Non – Uniform Rational B – Splines）建模能力，它的模型工具可以直接在曲体表面上执行 NURBS，并且具有实时反馈的能力。

8. BRYCE 3D

在 BRYCE 3D 中，可以设定地形、山脉、湖泊、云彩等，也可以由输入图形或物件的方式产生地形，如果不牵涉输入，通常只需要进入相关视窗点选有关物件，或是直接按一下图形钮即可。BRYCE 3D 的地面以及山脉岩石等物件是采取随机的方式产生的，因此，每次按下图形钮所产生的物件形状都不太一样，至于材质设定方面，除了内附的材质库外，也允许输入喜欢的材质来编辑。

BRYCE 3D 最大的一个缺点就是渲染速度太慢。渲染一个简单的地形需要花费数十分钟的时间，这是由于 BRYCE 3D 在渲染时使用的是光线跟踪算法。BRYCE 3D 的另一个缺点是动画能力不足。

9. POSER

POSER 是专门用来制作人体的软件，现在最高版本是 4.0。它可以产生各种类型的人物，还可以创建动物模型。制作好模型以后还可以选择各种衣服、皮肤等。

10. 4d paint

4d paint 可以直接在三维模型上绘图，它比传统的贴图方法更加灵活，而且贴图更加准确。可把制作好的三维模型调入 4d paint 中；4d paint 提供了各种笔刷与各种绘图的材料，可以直接在模型上绘制颜色，也可以把某种贴图绘制在模型上，甚至可以直接绘制凹凸贴图，而且 4d paint 的实时渲染能力非常强，同时还可以旋转模型，从各个不同的角度观看绘制的结果，改变场景的光线设置。

8.3.2 常用三维动画制作软件——3D Studio MAX

3D Studio MAX 可使用户极为轻松地将任何对象形成动画。实时的可视反馈使使用者有最大限度的直觉感受，编辑堆栈方便自由地返回创作的任何一步，并随时修改。通过它，使用者可以预览所做的所有工作，按动画按钮，对象便可以随着时间的改变而形成动画。另外，可建立影视和三维效果的融合，应用创造的摄像机和真实的场景相匹配，并可修改场景中的任意组件。

1．3D Studio MAX 的主要功能

① 真正的 Windows NT 设计：32 位，完全面向对象，多线程。

② 建模、动画、渲染和合成都集中在一个 NT 界面中，易于学习。

③ 最大限度的动画功能，可将任意对象形成动画。

④ NURBS 设计使动画、渲染和造型更逼真、更准确。

⑤ 先进的粒子系统可制作高级动画效果。

⑥ 难以置信的镜头效果，例如闪光、热源光、高光和聚焦等。

⑦ 精彩的可控制的光线追踪效果。

⑧ 灵活的交互式建模。

⑨ 真实的运动集成：多种三维灯光和摄像机以及运动匹配。

⑩ 可定制的撤销和重复深度以及界面布局。

⑪ 嵌入核心程序的角色动画，支持制作简单的表皮、从属的运动和变形。

⑫ 高级角色动画 Character Studio 扩展。

2．3D Studio MAX 的特点

1）整体化的工作组工作流程

随着 Windows NT 下 3D Studio MAX R3.1 版本的发布，3D Studio MAX 拥有了最有效的创作环境，其 External Referencing（外部参考）使人们可以很容易地管理三维对象，就像很多艺术家通过无数场景配置它们一样；而系统的图解视图（Schematic View）使用户观察并建立复杂的场景关系，并通过追踪对象的各个产生阶段来了解对象的创建过程；新的 Proxy System 使用户可以在交互式的低的分辨率下处理运动最复杂的对象，这样就可以在视口中快速有效地工作。渲染的时候可以采用完全合适的分辨率。

2）可定制的界面提高了工作流程效率

3DS MAX 使用户可以定制工作环境，以满足任何项目的要求。可定制的用户界面使用户只观察到每个任务所需要的菜单栏和工具栏，同时键盘快捷键和容易创建的脚本程序可以被显示成工具栏按钮，以便单击使用。定制的工作界面可以随时调用，甚至可以在不同的工作站之间使用。

3）角色动画

Character Studio 为快速、直观的角色动画建立标准。新嵌入 3D Studio MAX 核心应用程序的工具现在支持简化的表皮、从属的运动和变形。用户可以使用样条线或骨骼来变形角色，通过绘制的衰减权重来控制它们，并且用基于弹簧的变形功能来创造卡通和像穿着软衣服一样的柔软体。新的 Morph 管理器可以有 100 个带有权重的目标，这就可以产生精确的变形动画。对于高级的角色动画，3D Studio MAX 的扩展部分——Character Studio，可以让任何技术水平的动画师能融合足迹、运动捕捉和自由变形技术来创建最真实的角色。

4）极大地提高生产率

3D Studio MAX 有极易书写的脚本语言、插入式应用程序扩展和可以定制的 3D Studio MAX 环境，而且 3D Studio MAX 的脚本语言对应用程序的每个方面（包括插件）几乎都是开放的。这意味着 3D Studio MAX 可以快速地生成脚本、结合多个插件界面，甚至定义用户自己的插件。如果再加上已经存在的 200 多个插件，将使 3D Studio MAX 的创造性大大增强。

此外，3D Studio MAX 还可以与其他软件包、系统和渲染器一起工作，直观地拖放材质控制、贴图和建模。3D Studio MAX 的其他综合特征使用户有一个工作平台，用以满足用户的需要。

3．常用版本 3D Studio MAX7 简介

3D Studio MAX 较常用的版本是 3D Studio MAX7，它的界面环境如图 8 - 24 所示。

3D Studio MAX7 除了具有 3D Studio MAX 的基本功能外，还具有如下新功能。

（1）法线贴图

业内第一套为游戏而开发的革命性工作流程，以高分辨率的映射给较少边的多边形模式增加了极致的细节；以完整的渲染支持正常映射，为电影制作和电影的视觉化节省了大量时间。

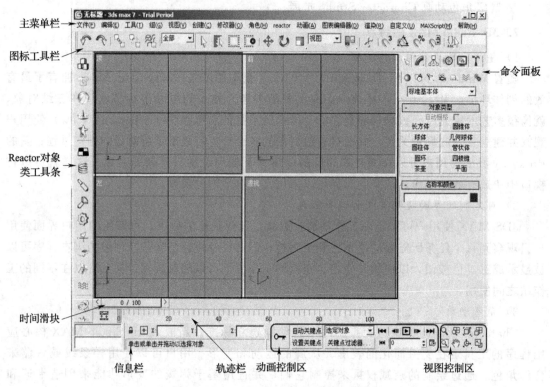

图 8 - 24　3D Studio MAX7 的界面环境

（2）Mental ray 3.3

为 3DS MAX 集成了加速功能和更好的存储效率。改善的全局照明支持渲染贴图和法线渲染映射，还有使光分散的皮下散射创造了令人惊讶的真实皮肤和高密度半透明物体的渲染效果。

（3）自定义属性收集器

一种新型的统一界面，在为任何人物构造制作多重顾客属性时，使效率大为提高。

（4）多边形编辑修改器（Edit Poly Modifier）

大大提高了多边形表面的制作、修改及动画制作的速度和方便性，改善了创造性流程。

（5）皮肤包裹变形器（Skin Wrap Deformer）

在已经蒙皮的角色上面添加道具和服装，使人物动画工作流程大大改进。

（6）拍照工作流程

为 3DS MAX 中的基础拍照系统提供准确性视口反馈。

（7）绘制选择区

以一个基于笔刷的界面确立选择的一种直观与互动方法。

（8）提高互联性和可升级性

是一项不断进行的计划，是要使 3DS MAX 能够适应极大的数据集，包括大数量物体高性能操作的智能目标选择。

（9）Turbo Smooth

高分辨率模式提高性能的极端优化平滑算法。

（10）移动游戏开发工具

以新式 JSR184 输出器并通过单个照相机分析工具来为移动平台创建三维元素。

8.3.3　3D Studio MAX7 工具面板中的常用工具

3D Studio MAX7 的工作界面主要包括主菜单栏、视图工具栏、图标工具栏、Reactor 对象类工具条、命令面板、视图界面、脚本语言、状态行和提示区、动画控制区等，如图 8-24 所示。

1. 主菜单栏

主菜单栏包括 File 文件、Edit 编辑、Tools 工具、Group 分组、Views 视图、Create 创建、Modifiers 修改、Character 文字、reactor 角色、Animation 动画、Graph Editors 图像编辑、Rendering 渲染、TrackView 轨迹视图、SchematicView 图解视图、Customize 定制、MAX Script 脚本语言和 Help 帮助。

2. 视图工具栏

工作离不开视图界面，它是表达内容的主要区域，主要包括顶视图、前视图、左视图和透视图，视图工具栏包括播放、停止、放大、缩小等有关命令。

3D Studio MAX7 利用各个正视图来反映几何体各个正侧面的具体形态，并将其在透视图中展示在我们面前。在建立三维模型的时候，操作区域应在各个正视图中，而透视图只是用来观察结果的窗口，应尽量避免在透视图中进行各项操作，因为在透视图中方向和距离不易控制。

3. 图标工具栏

图标工具栏给出一系列编辑命令按钮，如图 8-25 所示，上面一行工具栏左起为撤销、恢复、选择并链接、非链接选择、选择过滤器、选择对象、通过名称选择、矩形选择区、窗口|交叉、移动、旋转、相同尺度、参照系统、使用支点中心命令按钮；下面一行工具栏左起为选择并操纵、抓套索、角度抓套索、百分比抓套索、数码器抓套索、镜像、排列和层管理器命令按钮。

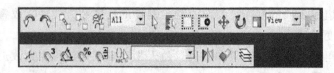

图 8 - 25　3D Studio MAX7 的图标工具栏

4. Reactor 对象类工具条

默认情况下，3D Studio MAX 界面的左边有一个 Reactor 对象类工具条（参见图 8 - 24），上面是 Reactor 的工具按钮，包含刚体、织物、软体、绳索、变形网状物、板、弹簧、减振器、马达、风、玩具汽车等多种对象类型，对应于命令面板的 Reactor 菜单，是 3D Studio MAX7 不可分割的一部分。

5. 命令面板

位于视图右侧的是命令面板，如图 8 - 26 所示。

建立任何物体或场景主要通过命令面板的操作。命令面板包含 Create（创建命令面板）、Modify（修改命令面板）、Hierarchy（层级命令面板）、Motion（运动命令面板）、Display（显示命令面板）、Utilities（实用程序）等。

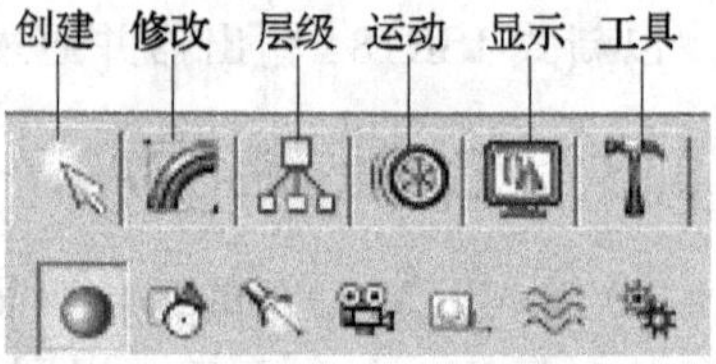

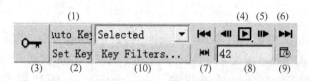

图 8 - 26　命令面板

6. 动画控制区

3D Studio MAX7 的动画控制区如图 8 - 27 所示。

图 8 - 27　动画控制区

8.3.4　基本建模

建模就是利用三维建模软件在电脑上绘制三维物体。在建模之前需要设计好各个三维物体的形状及它们在整个场景中的位置。

1. 建模步骤

具体的建模过程分两个步骤：首先绘出基本的几何形体，再将它们变成需要的形状，然后通过不同的方法将它们组合在一起，从而建立复杂的形体；其次，在制作完各个三维物体后，再将建立好的三维物体放置到合适的位置，组成一个完整的三维场景。

2. 建模方式

计算机中的三维造型都是以线框方式存在的，在 3D Studio MAX7 中造型的基本组成元素是点、线、面，其建模方式很多，这里仅介绍最基本的几种建模方式。

1）标准几何体创建

建模是三维设计过程中的第一步，应从标准几何体的创建开始。标准几何体命令面板如图 8 - 28 所示。

<table>
<tr><td>方体</td><td>Box</td><td>Cone</td><td>锥体</td></tr>
<tr><td>球体</td><td>Sphere</td><td>GeoSphere</td><td>几何球体</td></tr>
<tr><td>圆柱体</td><td>Cylinder</td><td>Tube</td><td>管状体</td></tr>
<tr><td>圆环</td><td>Torus</td><td>Pyramid</td><td>棱锥</td></tr>
<tr><td>茶壶</td><td>Teapot</td><td>Plane</td><td>平面片</td></tr>
</table>

图 8-28　标准几何体命令面板

标准几何体的创建方法较简单，在 Create（创建）命令面板中选择 Geometry（几何体）下列表中 Standard Primitive（标准几何体），然后在几何体名称面板中选择相应的几何体，便可在视窗中建立相关几何体，可使用以下两种方法来创建。

① 选择要创建的几何体名称后，使用鼠标在视窗中拖曳建立几何体的一个面，然后拖或推动鼠标增加其高度，最后单击鼠标确认。用该方法所建立的几何体在对其参数进行修改之前，尺寸不准确，要想得到参数准确的几何体，还需要进入 修改命令面板对其参数作进一步修改。

② 直接使用键盘输入数值的方法，它的优点是尺寸与位置准确，选择要创建的几何体名称后，打开其下面的 Keyboard Entry 卷展栏，在该卷展栏中，X、Y、Z 三个坐标轴用于设定几何体在世界坐标系三个轴向的偏移量，Length（长度）、Width（宽度）、Height（高度）或 Radius（半径）分别用来确定几何体的三维尺寸，在相关几何体的参数设定完成后，用鼠标单击 Create 按钮，便可完成几何体的创建。

建立几何体并进行其他操作后，该几何体的参数面板会被其他物体面板取代，如果要重新找回该几何体的参数面板，可以再次选择该几何体，单击 Modify（修改），进入修改命令控制面板，继续修改其参数，更改其颜色以及为其重新命名。

另外，在 Object Type（对象类型）参数面板中，有一个 AutoGrid （自动网格）选项，此选项可以自动定义网格，允许以任意网格物体的表面作为基准来创建其他几何体。

2）扩展几何体创建

由于标准几何体的表现力还不足，一般只能作为建立更为复杂模型的基本素材来使用。实际上，在同一几何体列表中，还有表现力更强的一步成型建模工具，它们所创建的几何体要比标准几何体更复杂，更有实用价值，往往可直接作为表现特定的物体来使用，这就是列表中的 Extended Primitive（扩展几何体），所谓扩展几何体就是一些更加复杂的三维造型，其可调参数较多，物体造型较复杂。扩展几何体命令面板如图 8-29 所示。

常用的扩展几何体的创建方法有倒角立方体及倒角圆柱体两种。

（1）Chamfer Box（倒角立方体）

该工具用于制作边缘光滑的立方体物体，用途非常广泛，模型质地精良，可制作桌面、沙发、桌柜、床垫等。

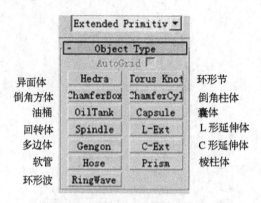

异面体　Hedra　Torus Knot　环形节
倒角方体　ChamferBox　ChamferCyl　倒角柱体
油桶　OilTank　Capsule　囊体
回转体　Spindle　L-Ext　L形延伸体
多边体　Gengon　C-Ext　C形延伸体
软管　Hose　Prism　棱柱体
环形波　RingWave

图 8-29　扩展几何体命令面板

在视窗中的制作方法是：单击鼠标左键不放并拖动鼠标，拖出矩形，释放并推（拖）动鼠标，确定立方体的高度，单击鼠标后横向移动，确定圆角的大小，再单击鼠标完成制作。

（2）ChamferCyl（倒角圆柱体）

该工具用于制作边缘光滑的圆柱体，用途很广泛，模型质地精良，可制作圆桌面、圆沙发等。

在视窗中的制作方法：单击鼠标左键不放并拖动鼠标，拉出一个圆形截面，释放鼠标并推（或拖）动鼠标，确定倒角圆柱体的高度，单击鼠标后横向移动，确定圆角的大小，再单击鼠标完成制作。

以上两种扩展几何体在创建时所需要的相关参数请查阅专业书籍，此处不再赘述。

3）复制建模

任何软件，无论是文字处理、图形图像处理均有复制文件的功能，在 3D Studio MAX7 中同样设定了复制（拷贝）功能，不但能拷贝出一个与原来一样的新物体，而且能使拷贝出来的新物体随原物体的修改而修改，随原物体的动画设定而运动，因跟随原物体的程度不同，复制的物体被分为三个类型：拷贝物体、实例物体和参考物体。

除了使用相关的菜单命令对物体进行复制外，比较简单的办法是使用浮动工具条中的 ✣（移动）、↻（旋转）、▫（缩放）以及 ▮（镜向）等工具来实现对三维物体的复制，在选择要复制的物体后，再选择 ✣（移动）、↻（旋转）以及 ▫（缩放）三种工具中的任意一种，然后按住键盘的 Shift 键移动鼠标，在弹出的对话框中，即可选择复制物体的类型。

4）放样建模

所谓"放样"就是将二维造型沿一定路径生长而形成三维物体的过程。

（1）建模步骤

"放样建模"的原理是沿一条指定的路径排列截面型，从而形成对象的表面，放样建模的基本步骤如下。

① 创建二维造型。二维造型包括路径型和截面型。

② 选择一个型，点取 Get Path 或者 Get Shape 按钮并拾取另一个型。如果先选择作为放样路径的型，则选取 Get Shape 并拾取作为截面型的样条曲线；如果先选择作为截面型的样条曲线，则选取 Get Path 并拾取作为放样路径的样条曲线。

（2）建模方式

放样建模主要有两种方式：一种使用截面作为原始型进行放样，另一种把路径作为原始型进行放样。

（3）截面放样

使用截面放样建模的步骤如下：

① 选取截面型；

② 在 Loft 命令面板中单击 Get Path 按钮；

③ 在视图中拾取路径型。

（4）路径放样

使用路径放样建模的步骤如下：

① 选取路径型；

② 在 Loft 命令面板的 Creation Method 卷展栏中单击 Get Shape 按钮；

③ 在视图中拾取截面型。

（5）型的置放方式

在进行放样建模时，将型放置在建模对象中的方式有三种。

Move（移动）：该方式将型直接移动到放样物体当中，成为放样对象的一部分，不再保留原始型。

Copy（复制）：该方式将原始型的一个复制品移动到放样对象中，并保留原始型，但是修改原始型的参数不影响放样对象的表面，这种方式比较适合于共同使用一个截面型或路径型的不同物体的放样建模。

Instance（关联复制）：该方式将原始型的一个关联复制品移动到放样对象上，修改原始型将影响放样对象，系统默认为该方式。

注意：在进行放样前先要确定型的放置方式，建立放样对象后不能再改变其放置方式。

（6）多型放样

使用多个型放样时，需要为每个型指定在放样路径上的位置，也就是路径层次，这需要在 Path Parameters（路径参数）栏中进行。

【例 8 - 4】 依据前面介绍的三维动画制作的相关专业知识，绘制一个古典花瓶。

具体方法如下：使用 3D Studio MAX7 的二维图形工具绘制出花瓶一半的截面；用 Lathe（旋转）功能进行立体放样（Loft），沿中心旋转成相应的立体图形。绘制过程如图 8 - 30 至图 8 - 35 所示。

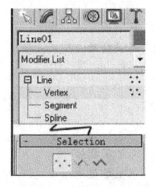

图 8 - 30　选择点级别

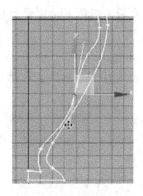

图 8 - 31　修改曲线形状

图 8-32　调整瓶口

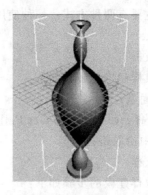

图 8-33　旋转放样

图 8-34　花瓶截面

图 8-35　立体放样而成的花瓶

思考与练习题

一、名词解释

动画　　元件　　时间轴　　图层　　帧　　逐帧动画　　补间动画　　遮罩动画
骨骼动画

二、不定项选择题

1. 下列名词中不是 Flash 专业术语的是（　　）。

A. 关键帧　　　　　　　　　　　　　B. 引导层

C. 交互图标　　　　　　　　　　　　D. 遮罩效果

2. 帧频直接影响动画的播放效果，默认值是（　　）fps。

A. 10　　　　　　　　　　　　　　　B. 18

C. 15　　　　　　　　　　　　　　　D. 12

3. 在 Flash 中引入层的概念，层与层之间是相互（　　）。

A. 影响的　　　　　　　　　　　　　B. 毫无联系的

C. 独立的　　　　　　　　　　　　　D. 以上答案都不对

4. Flash 发布时会自动生成一个可以在 Flash 播放器中播放的文件，其扩展名为（　　）。

A. ＊．dcr　　　　　　　　　　　　B. ＊．fla

C. ＊．swf　　　　　　　　　　　　D. ＊．gif

5. 当需要在某一帧静止时，需要在（　　　）处添加动作。

A. 帧　　　　　　　　　　　　　　B. 按钮

C. 场景　　　　　　　　　　　　　D. 元件

6. Flash 制作的动画格式是（　　　），不论用户如何放大，图片质量都不会改变。

A. 矢量格式　　　　　　　　　　　B. 位图格式

C. 都不是　　　　　　　　　　　　D. 都是

7. 当在互联网上看到包含 Flash 动画的网页时，保存该动画文件的方法是（　　　）。

A. Flash 动画无法保存到硬盘中

B. 使用浏览器文件菜单中的【另存为】将动画保存到硬盘上

C. Flash 动画会自动下载到 Internet 临时文件夹中

D. 在动画上右击并在弹出的快捷菜单中选择"保存 Flash 动画"

8. 选择（　　　）菜单命令，将打开"场景"面板。

A.【窗口】＞【面板设置】＞【场景】　　　B.【窗口】＞【设计面板】＞【场景】

C.【窗口】＞【其他面板】＞【场景】　　　D.【窗口】＞【开发面板】＞【场景】

9. 时间轴上用小黑点表示的帧是（　　　）。

A. 过渡帧　　　　　　　　　　　　B. 空白关键帧

C. 关键帧　　　　　　　　　　　　D. 空白帧

三、填空题

1. 在 Flash 中常用的对象类型包括＿＿＿＿、＿＿＿＿、＿＿＿＿、＿＿＿＿和＿＿＿＿＿。

2. ＿＿＿＿＿常放在关键帧之后，用以延长关键帧中动画的播放时间。

3. 补间动画是由＿＿＿＿关键帧组成的，可以在舞台、属性检查器或动画编辑器中编辑各属性关键帧。

4. 制作骨骼动画时，可以为＿＿＿＿或＿＿＿＿添加骨骼。

5. Flash 动画制作完成后，可以选择导出动画或者＿＿＿＿动画。

6. 3DS MAX 的三大要素是＿＿＿＿、＿＿＿＿和＿＿＿＿。

7. 3DS MAX 中常用的建模方式包括＿＿＿＿、＿＿＿＿、＿＿＿＿、＿＿＿＿。

8. 3DS MAX 中提供了三种复制方式，分别是＿＿＿＿、＿＿＿＿和＿＿＿＿。

四、问答题

1. 简述动画制作的原理及其分类。

2. 简述传统动画的制作过程。

3. 在 Flash CS4 中如何添加文本对象？

4. Flash CS4 所支持的动画类型有哪些？如何创建它们？

5. 在 3DS MAX 中提供了哪几种创建对象？

第 9 章

多媒体通信技术

多媒体通信是集多媒体技术与通信网络、计算机网络的交互性和电视的真实性于一体的现代通信技术。多媒体通信终端与宽带化、智能化、个人化的宽带综合业务数字网络相配合的传输信息的形式，将成为 21 世纪多媒体通信技术发展的基本特征。多媒体通信的实现，将为社会提供一种全新的信息服务方式，使人们的生活更加便利和丰富多彩。

本章将对多媒体通信的基本概念以及视频会议、视频点播、IP 电话等重要的多媒体通信系统的构成和工作原理作介绍。

9.1 多媒体通信概述

多媒体通信（multimedia communication）是利用多种媒体语音、文字、图像、图形和数据来表示信息，而且把各种媒体的信息综合成一个有机的整体，互相协调同步，实时地表现各种信息及其变化，通信的双方还可以相互交流沟通。

多媒体对通信的影响具体体现在如下几个方面。

（1）多媒体的数据量

其特点是多媒体的数据量大（尤其是图像、视频），存储容量大，传输带宽要求高，虽然可以压缩，但高压缩比往往以牺牲图像质量为代价。

（2）多媒体的实时性

多媒体中的声音、动画、视频等媒体对多媒体传输设备的要求很高。

（3）多媒体的时空约束

多媒体系统中各媒体彼此相互关联，相互约束，这种约束既存在于空间，也存在于时间。

（4）多媒体的交互性

多媒体系统的关键特点是交互性。

（5）分布式处理和协同工作

通信网络的发展趋势必将从现在的"多网共存"到未来的"多网合一"，业务具有分布性和协同性。

一方面，教育、商业、科研等领域都迫切需要利用多媒体通信技术来提高工作效率；另一方面，多媒体通信技术的发展更多地依赖于应用环境的发展。多媒体通信主要应用在以下方面。

（1）办公自动化

在办公室常常产生和处理多种形式的信息，还能建立"虚拟办公室（Virtual office）"环境，允许专业人员在不同地点、不同时间共同修改和处理同一文件、图样，闻其声，见其人，如同在一起办公。

（2）教育、财政和医疗服务行业

教育、财政和医疗服务行业都是计算技术的大用户。计算工业中许多新的开发基本来自这三个领域中的研究。

（3）科研和工程

科研和工程技术方面的应用是指分析信息、推导其内容的结论。多媒体应用是信源对分析者，其中分析者可以是人，也可以是一台数字设备。在科学和技术应用领域中的研究着重于完全理解信息属性及处理信息的过程。因此使用多媒体通信可支持诸如分布式制造和设计。

（4）家庭

多媒体通信能为家庭用户接入大量的信息服务，如新闻、教育、保健、医疗、休闲、社会活动、消费活动、家庭管理等。

（5）其他应用领域

多媒体通信在军事和保安（指挥、调度、会议与现场监测）、交通管理、金融、保险、房地产等领域也有广泛的应用。

9.2　多媒体视频会议系统

多媒体视频会议系统（Multimedia Video Conferencing System）是一种以多媒体形式支持多方通信和协同工作的应用系统。其基本特征是：通过计算机远程地参加会议或交流；合作工作不受地理位置分离的限制；通信涉及多个参与者站点之间的连接，以及在这些连接之上的操作；会话可以通过视频、音频以及共享应用空间来进行。总而言之，它的特点是实时性、交互性、可视化以及协同性。多媒体会议系统在远程教育、远程医疗、军事决策等方面得到了广泛应用，节省了时间与空间成本，提高了工作效率。

9.2.1　多媒体视频会议系统概述

多媒体视频会议运行的网络是多样化的，包括 LAN、WAN、ISDN、Internet 以及 B-ISDN 等，每种网络的带宽和传输协议是不相同的，而视频会议系统不同种类数据的传输特性也是不同的。以现有的传输体系为基础，多媒体视频会议应用系统主要有以下几种。

1．大中小型会议室型

会议地点安排在某个固定的专用会议室，由于配置的设备质量高，因此视频效果好，但设备价格昂贵。在会议室配置了专用的硬件和软件、大屏幕显示器和音响系统。通常使用专用的宽带通信信道，能为与会者提供接近广播级的视频通信质量。这种系统主要用于有固定地点和时间的大型会议。

2. 桌面会议系统型

PC 是办公的标准配置，把会议系统的硬件，主要是视音频编解码器和通信接口集成到 PC 中就可以构造成桌面会议系统。桌面会议系统利用公共通信网络来通信。因为终端就在桌面上，所以可以随时与他人讨论问题，或在家里就可以参加一个远程会议。桌面会议设备的价格相对较便宜，根据所使用的通信网络带宽的不同，视频质量一般在专业级以下水平，能满足人们的基本要求。

3. 电话接入网关（PSTN Gateway）

用户直接通过电话或手机在移动的情况下加入视频会议，这点对需要参加会议而又不在会议现场的人尤其重要，可以说今后将成为视频会议不可或缺的功能。

9.2.2　多媒体视频会议系统的构成

1. 视频会议系统构成

视频会议系统主要由视频会议终端、多点控制单元（MCU）、信道（网络）及控制管理软件构成，如图 9-1 所示。

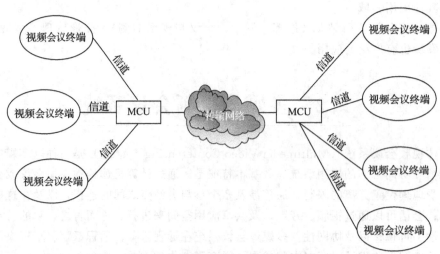

图 9-1　多媒体视频会议系统构成图

1）视频会议系统终端

完成视频信号的采集、编辑处理及显示输出，音频信号的采集、编辑处理及输出，视频音频数字信号的压缩编码和解码，最后将符合国际标准的压缩码流经线路接口送到信道，或从信道上将标准压缩码流经线路接口送到终端中。此外，终端还要形成通信的各种控制信息，包括同步控制和指示信号、远端摄像机的控制协议、定义帧结构、呼叫规程及多个终端的呼叫规程、加密标准、传送密钥及密钥的管理标准等。视频会议系统终端包括音频、视频 I/O 设备，视频、音频编解码器，信息处理设备与应用软件，多路复用/分接设备等。

音频 I/O 设备包括麦克风、扬声器、调音设备和回声抑制器等。

视频输入设备包括摄像机、录像机、图文摄像机和 VCD 等，主要功能是将模拟视频信号通过视频输入口送入编码器进行处理。视频输出设备包括监视器、投影机和电视机等。

视频编解码器是视频会议终端的核心设备，它能对各种制式的模拟视频信号进行实时数字化和压缩编码处理，以便在信道上传输。

音频编解码器能将模拟语音信号数字化，以 PCM 或 ADPCM、LD - CELP 等方式进行编码和解码。此外，音频编码器还要增加适当的延时，解决由视频编码引起的唇音同步问题。

信息处理设备包括电子白板、书写电话等。应用软件通常包括白板系统、应用程序共享系统等，与会人员可以通过这些设备和应用软件来讨论问题和实现数据共享等功能。

多路复用/分接设备将视频、音频、数据和信令等各种数字信号组合为规范速率的数字码流，并成为与用户网络接口相兼容的信号格式。

2）信道（网络）

会议系统的传输介质可采用光缆、电缆、微波以及卫星等数字信道，或者其他类型的传输信道。在用户接入网的范围内，还可以采用 HDSL、ADSL 等设备进行传输。在传输方式上，它可以在现有的多种网络上展开，例如，AT、DDN、ISDN、SDH 数字通信网或帧中继网络等。新的会议系统标准还允许它在各种计算机网络中传输，但由于不同的传输网络原理及结构差异很大，导致了视频会议系统微观部署结构（包括终端系统的连接结构，多点控制设备（MCU）的配置方案结构等）的差异性。

3）多点控制单元

多点控制单元 MCU（Multipoint Control Unit）是视频会议系统的关键设备，它的主要功能是对视频、语音及数据信号进行切换，实现多点间的信息控制功能，所以在多点视频会议系统中必须使用 MCU。例如，它会把传送到 MCU 某会场发言者的图像信号切换到所有会场。对于语音信号，若同时有几个发言，可以对它们进行混合处理，选出最高的音频信号，切换到其他会场。当视频会议终端数量比较多时，可采用多个 MCU 来完成对多个会议终端同时通信的处理。

MCU 的主要组成部分包括网络接口单元、呼叫控制单元、多路复用和解复用单元、音频处理器、视频处理器、数据处理器、控制处理器、密钥处理分发器及呼叫控制处理器等。

2. 视频会议系统的基本功能

视频会议系统的主要功能是通过终端向用户呈现所需的视频图像、声音以及各种数据，为此需要视频会议终端，特别是音视频编解码器具有各种特定会议功能并支持多种通信协议及会议控制方式，因此视频会议系统的功能有时也称为视频会议终端的功能。

（1）在视频会议系统工作时，将图像、声音等在各个会议终端间进行实时传输、接收。

（2）视频显示的转换控制可有以下三种模式。

① 语音激活模式（语音控制模式）。它是一种自动模式，其特征是会议的"视频源"根据与会者的发言情况来转换。MCU 从多个会场终端送来的数据流中提取音频信号，在语音处理器中进行电平比较，选出电平最高的音频信号，将最响亮的语音发言人的图像与语音信号广播到其他的会场。

② 主席控制模式。在这种模式下，与会的任意一方均可能作为会议的主席，会议主席行使会议的控制权。通过令牌可以控制会议的视频源为某个与会方。

③ 讲课模式。这种模式是一种强制显像控制模式，演讲人通过编解码器向 MCU 请求发言。编解码器给 MCU 一个请求信号，若 MCU 认可，便将它的图像、语音信号播放到所

有与 MCU 相连接的会场终端。所有分会场均可观看主会场的情况，而主会场则可选择性地观看分会场的会议情况。

（3）在对图像质量要求较低的场合，可利用音频线路传送低分辨率的黑白图像；在要求较高的场合，则应采用更先进的数据压缩技术。

9.2.3 多媒体视频会议系统的关键技术

视频会议是多媒体通信的一种主要应用形式，因此多媒体通信中使用的关键技术也是视频会议中的关键技术，主要包括音视频数据压缩技术、同步技术和网络传输技术。下面来进行具体介绍。

1. 音视频数据压缩技术

计算机中对文字、数值等结构化数据都是经过编码存放的，而对于非结构化数据，如图形、图像、语音也必须转化成计算机可以识别和处理的编码，多媒体计算机实时综合处理声音、文字、视频信息的数据量是非常大的，同时要求传输速度快。考虑到一般通信网络传输速度的限制，要实时处理和传输视频和音频数据，不进行数据压缩是无法实现的。

2. 同步技术

在视频会议系统中，除了音频、视频媒体的同步（唇音同步）外，由于不同地区的多个用户所获得的不同媒体信息也需要同步显示，因而一般采用存储缓冲法和时间戳标记法两种方法来实现多媒体信息的同步。存储缓冲法在接收端设置一些大小适宜的存储器，通过对信息的存储来消除来自不同地区的信息时延差。时间戳标记法对所有媒体信息打上时间戳，凡具有相同时间戳的信息将被同步显示，以达到不同媒体间的同步。

3. 网络传输技术

现有的各种通信网络可以在不同程度上支持视频会议传输。公共交换网（PSTN）由于信息传输速率较低，因而只适于传输话音、静态图像、文件和低质量的视频图像。传统的共享介质计算机局域网（如以太网、令牌环网、FDDI 网）在基于分组交换的 H.323 标准出台之后，也可用于视频会议。窄带综合业务数字网（N-ISDN）采用电路交换方式，其基本速率接口可以传输可视电话质量级的音视频信号，基群速率接口可以传输家用录像机质量级和会议电视质量级的音视频信号。理论上，最适用于多媒体通信的网络是宽带综合业务数字网（B-ISDN），它采用异步传输模式（ATM）技术，能够灵活地传输和交换不同类型（如声音、图像、文本、数据）、不同速率、不同性质（如突发性、连续性、离散性）、不同性能要求（如时延、抖动、误码等）、不同连接方式（如面向连接、无连接等）的信息。

9.2.4 多点控制单元（MCU）

MCU 是视频会议系统中的关键设备，它的作用是对图像、语音、数据信号进行切换，而且是对数据流进行切换，MCU 对视频信号采用直接分配的方式，若某会场有发言者，则它的图像信号便会传送到 MCU，MCU 将其切换到它所连接的所有会场。对于数据信号，MCU 采用广播方式将某一会场的数据切换到其他所有会场。

1．MCU 的工作原理

MCU 的工作原理如图 9-2 所示。每个端口对应一个线路单元，每个线路单元包括网络接口、多路分解、多路复用和呼叫控制四个部分。

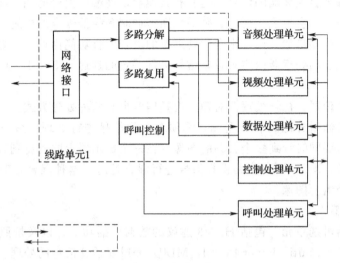

图 9-2　MCU 的工作原理

1）网络接口单元

网络接口单元分为输入、输出两个方向，该单元校正输入数据流中由 H.221 建议定义的帧定位信号（Frame Alignment Signal，FAS）和输出由 H.221、H.230 定义的输出信号，并按本系统的时钟定位输入的数据流。在接口模块的输出方向插入所需的比特率分配信号（Bit rate Allocation Signal，BAS）和相关信令，形成信道帧，以便输出到数字信道。一个网络接口单元可支持多个逻辑端口。

2）端口

端口是一个可支持一个语音或视听终端的逻辑实体，它只与一对多路复用器/解复用器相连。

3）解复用器

进入解复用器的信号是会议终端传送的完全符合 H.221 建议的数据流。解复用器的动作与会议终端接收方的动作类似，包括：

① 帧恢复和帧定界；

② 缓冲、同步及相关多个通道的定序；

③ BAS 的分解并把其中相应的某些信息送往控制处理器；

④ 加密码的分解及解密；

⑤ 分解音频信息并送往音频处理器；

⑥ 分解视频信息并送往视频处理器；

⑦ 分解数据信息并送往数据处理器；

⑧ 模式控制 BAS 码及相关的音频、视频和数据信息之间必须保持正确的时序关系。

4）音频处理器

音频处理器由语音代码转换器和语音混合模块组成，用来完成语音的处理。语音代码转换器从各个端口输入的数据流的帧结构中分离出 A 律、U 律的语音信号，并进行译码，然后送入混合器进行线性叠加，最后送入编码器，形成合适的编码形式，插入到输出的数据流中。

混合器送往每个会议终端的信号都是所有其他会议终端的信号的和。随着音频信号个数的增加，回声和噪声也会累积，所以必须采取回声抑制和降低噪声的措施。

如果只有两个终端参加会议，则音频处理器的语音混合功能由切换功能代替。考虑到视频信号的时延，在音频处理器内应对音频信号进行一定的延迟（不大于 30 ms）。

5）视频处理器

类似于音频处理器，视频处理器对输入视频信号也有两种处理方式：一种是进行视频切换，以便插入信道帧后分配到各个会场，无须对视频信号进行处理；另一种是进行视频混合，当一个会场需要同时看到多个会场的图像（在一个显示器上同时看到其他所有会场的图像或分屏显示）时，MCU 可对多路视频信号进行混合处理。这种混合是对多个图像以分屏形式空分复用一个组合图像。

6）数据处理器

数据处理器为可选单元，包括 H.243 建议的数据广播功能，以及按照 H.200/A270 系列建议的多层协议（Multi-Layer Protol，MLP）完成非话音信息的处理。

在 MLP 数据处理功能时，数据处理器可以执行以下操作：

① 处理远端信息；

② 传输会议控制信号（请求/确认信号、主席控制令牌、音频/视频切换）。

7）控制处理器

控制处理器负责确定正确路由、混合/切换以及传递给每个多路复用器的音频、视频、数据及控制信号的格式和时序关系，同时具有会议控制功能。

8）多路复用器

多路复用器把从音频处理器、视频处理器、数据处理器和控制处理器送来的数据流组帧并插入 BAS 码值。

2. MCU 的基本功能

1）时钟同步和通信控制

在多点控制方式中，各个终端都要以双向通信的方式与 MCU 连接，MCU 处于星型结构的核心。MCU 要按照会议控制者的要求进行处理后再发送出去。所以，MCU 各个端口上的信息流必须同步在同一个时钟上。MCU 将各个终端输入的信号流统一在系统控制时钟上，校验各个码流的帧定位信号，输出处理后的分配信号以及复帧同步信号。

在通信控制方面，MCU 支持各端口的信令和互通方式，支持 $P \times 64$ kbps（$P = 1 \sim 30$）速率信号的通信，完成主席控制、语音控制和演讲人控制等会议控制功能。MCU 要协调整个系统中各个终端的信息处理能力，选择各个终端均可接受的通信能力，例如要考虑传输速率、编解码方式和数据协议等。

2）码流控制

MCU 要对从各个终端输入的所有码流进行处理。MCU 对符合 H.221 标准的复合会议视频流进行解复用处理，对分解出的各路压缩数字视频信号不进行解码，而是将视频码流直接发送到目的终端；对分解出的各路压缩数字音频信号进行解码得到多路 PCM 信号，然后对多路 PCM 信号进行叠加处理后形成混合语音信号，再对这一混合语音信号进行最后的压缩处理后发送到目的终端。

3）MCU 的端口连接

MCU 是一个多端口连接设备，其端口数已经由最初的 8 个发展到现在的几十个。MCU 可以使用的最大端口数还与各个端口使用的信号速率有关，例如一个典型的 MCU 可以支持 8 个 E1 端口，而在 384 kbps 速率下可以支持 16 个端口。MCU 还可以用来控制若干个独立的分组会议，只要参加会议的终端总数不超过 MCU 的最大端口数，例如一个 8 端口 MCU 可以同时支持两个独立的分组会议，其中一个会议由 2 个终端组成，另一个会议由 6 个终端组成。

9.2.5 视频会议性能要求

视频会议性能指标可以概括为功能性指标和音视频质量指标两大类。功能性指标如 MCU 控制操作界面的方便性、各种控制功能能否实现及实现的稳定性、摄像机的远程控制、多画面合成显示、语音混合、终端参数的设置、会议控制、软件升级等。音视频质量指标是视频会议系统性能最直接的反映，音视频质量主要受系统时延、抖动、编码标准、动态切换时间等因素的影响。

1. 图像质量的评价

图像质量的评价分为主观评价和客观评价两种。

图像主观评价的测试环境和方法可参考 ITU - R BT. 500 建议书或 GY/T 134—1998 中 5.1 的规定执行，评价方法采用双刺激连续质量标度方法（Double Stimulus Continuous Quality Scale，DSCQS）。关于图像质量的客观评价，主要通过测试一些影响视频图像质量的失真参数进行。主观评价和客观评价的结果应一致。

2. 时延的影响

系统时延包括网络传输时延和设备时延。当网络 QoS 满足端到端延时小于 200 ms、丢包率小于 1% 、网络抖动小于 50 ms 的条件时，终端所提供的视频服务质量不应该受到影响。当网络 QoS 质量出现瞬间变化，但端到端延时不超过 400 ms、丢包率不超过 10% 、网络抖动不大于 100 ms 的时候，终端所提供的视频服务质量不应受到永久性影响。

设备时延由编解码时延和为防止时延抖动而设定的缓冲区引起的时延两部分组成。视频编码时延相对于音频来说较大，因此在视频会议终端中应对音频进行一定的延时，以保证"唇音同步"。不同的视频编码标准，不同的硬件实现平台，其延时也不一样，如基于 DSP 的 H. 264 标准编码器的时延就比一般编码器的时延大很多，因而其实现也复杂得多。

H. 323 视频会议终端设备可以在终端代理的命令下从一种编码方式切换到另一种，或在同一种编码方式的不同速率间进行切换，其动态切换时间应不大于 60 ms。

3. 语音质量的主观和客观评价

语音质量的评价分为主观评价和客观评价，实际应用中主要以主观评价方法为主。

整个视频会议系统的语音质量不仅与终端设备有关，也与 IP 承载网络以及会议室声学环境有关。在网络条件好的情况下（网络无丢包和时延损伤），MOS 评分应达到 4.0 分以上；在网络条件一般的情况下（网络有 1% 丢包，时延在 100 ms 的基础上有 20 ms 抖动），MOS 评分应达到 3.5 分以上；在网络条件较差的情况下（网络有 5% 丢包，时延在 400 ms 的基础上有 60 ms 抖动），MOS 评分应达到 3.0 分以上。

对于语音质量的客观评价，与 G.711、G.722、G.723、G.729 建议书中对音频客观指标的要求相同。

9.3 视频点播（VOD）系统

9.3.1 VOD 概述

交互式多媒体信息点播系统以电视技术、计算机技术、通信网络技术为基础，为用户提供不受时空限制地浏览和播放多媒体信息的人机交互应用系统。在目前阶段，交互式多媒体信息系统的主要应用集中于视音频信息的点播，即 VOD（Video On Demand）。

VOD 是一种受用户控制的视音频分配业务，可让观众自由决定在何时观看何种节目。它使分布在不同地理位置上的用户可以像使用家用录像机一样交互式地访问远端服务器所存储的节目，而它所提供的丰富的节目源和高质量的图像质量则是家用录像机所无法比拟的。VOD 服务的"节目提供者"将节目存储在"视频服务器"中，服务器随时应观众的需求，通过"传输网络"传送到用户的家中，然后由用户多媒体终端将压缩的视音频信号解码后输出至显示设备，用户即可欣赏自己需要的节目。

VOD 又可分为真点播电视（True VOD，TVOD）和准点播电视（Near VOD，NVOD）。在 TVOD 中，每个用户各自占有一套节目，节目一经点播就能得到及时响应，人们对装设在信息中心和电视台视频盘和视频带上的节目可以随意控制。用户可以实时地启动节目的播放，在收看过程中可以控制节目的快进、快退、暂停等。在 TVOD 中，每个用户独占一条通信链路和一部分点播服务器资源，因而对通信网和服务器配置均有较高要求。

NVOD 则是每隔一定时间（如 10 min）从头播放一套节目，用户在观看电视节目并发出点播信号后，交换机将用户终端与最近将要从头开播的频道连通，用户需等待几分钟才能看到所点播的节目，但等待时间不会超过规定的时间间隔。在 NVOD 中，所有用户共享若干条通信链路和部分点播服务器资源，因而减弱了对通信网和服务器的压力。NVOD 通过引入一定的延迟时间，提高了系统资源的共享程度，从而降低了系统的造价，同时也降低了系统技术实现的难度。它的延迟在许多情况下对用户的影响是不大的。在等待时间内还可向用户播放存储资料、广告或音乐视频插曲，这样使服务提供者能用广告利润来补偿用户费用，是一种较为经济的点播模式。

VOD 系统和其他通信与信息系统相比，有其特有的性质。

1. 信息流向的不对称性

对于大多数双向通信系统来说，信息通路两个方向上的信息流量是对称的，系统要为通信的双方提供同等的通信能力，而 VOD 系统信息通路两个方向上的信息流量是不对称的。

对 VOD 系统而言，大量的多媒体信息由信息提供者流向用户，而由用户发往信息提供者的点播控制信息则少得多，因此系统要为通信的双方提供不相等的通信能力。

2. 点播信息内容和点播时间的集中性

对于 VOD 系统的广大用户来讲，在某段时间内他们感兴趣的内容往往是相当集中的，点播的信息内容将集中在信息集合中的很小一部分，如热门体育、新闻节目、新上映的电影、电视剧等，其节目库中 15% 的热门节目可能会提供 97% 的点播率。

另外，用户点播信息的时间分布也是不均匀的，可能集中于节假日或是一天中的某些时段。这种点播信息内容和点播时间的集中性，造成了信息流量的突发性特点。

3. 信息发送与重现的实时性与同步要求

VOD 系统与其他信息检索系统相比，其信息发送与重现的实时性与同步要求性要求都较高，特别是对视音频信息的点播必须保证视频媒体与音频媒体内部各自的同步，以及视音频媒体间的同步，这对系统的延时及抖动特性均提出了较高要求。

9.3.2　VOD 系统结构

按照信息流在不同网络的传输，VOD 可以有不同的系统结构。

1. 逻辑结构

1）节目提供者

在 VOD 系统中，节目提供者完成的主要功能是节目制作和存储，如浏览器和各种应用的用户界面制作，各种应用的具体节目内容的制作（如远程教育中的课程内容、家庭购物中的商品信息、电影点播中的电影节目等）。媒体制作是多媒体服务的源泉：音频、静态图形、动态图像、文本以及数据如何组织，是很关键的问题。多媒体的制作标准很多，针对不同的播放设备有不同的标准，针对交互电视网上实时性、交互性以及图像质量的比较，MPEG 逐渐成为一种主流标准。因为这种压缩标准不仅有效地压缩了数据，而且包含了一个系统层，这样就有可以用来建立点到点的连接，终端到终端的信令，十分方便地把多媒体数据流转换成 ATM 信元或 IP 包进行传输。

节目的制作系统应包括视频压缩设备，电影、电视、新闻等节目，其原始资料可能是录像带、CD、胶片，应由编码系统将它们压缩成符合 MPEG 的视频流，以便终端正确地回放出来。其次，节目的制作系统提供者还应包括节目的存储系统，可以有录像带、CD 等，也应有能快速访问的大容量磁盘。节目制作系统是 VOD 系统一个十分重要的部分，节目的好坏、用户界面是否吸引人、是否友好，将直接影响用户对这个业务感兴趣的程度。

2）服务提供者

服务提供者包括相关的服务器设备和业务传输的网络。在 VOD 系统中媒体服务器是一个沟通用户和节目提供者的桥梁，然而节目提供者并不是直接与用户打交道，而是通过分配网络和服务器与用户建立联系。用户需求首先被送到服务器，由服务器的业务网关分析用户所要的服务，并与用户建立会话连接，然后服务器再从节目提供者上调取相应的节目内容，通过网络送给用户。因此，服务器应具有与网络的接口、连接控制功能、会话控制功能、分析和处理各种业务的能力以及在节目提供者和用户之间传送节目的能力。

VOD 的传输分配网络按照不同应用会有所不同，较大型的网络可以分为核心网和接入网两部分。核心网可以采用 SDH 技术、ATM 技术等传输技术。接入网主要采用的宽带接入网包括 HFC、ADSL 和 FTTX。

除此之外，媒体服务器还要完成节目的存储和回放控制。为满足广大用户的不同要求，媒体服务器要存储大量的节目，因而需要一个海量的存储系统。半导体存储器由于价格昂贵，一般作为高速缓存器；磁带由于性能差，只能用于资料性节目的存储；磁盘的容量大，价格和性能适中，一般作为在线存储系统的主体。随着光盘存储技术的快速发展，正逐渐进入媒体服务器的应用。为了节省存储空间和传输带宽，一般情况下节目要经过数据压缩。服务器通过与终端的交互作用来控制节目的播放，包括各种 VCR 的控制功能。

3）业务消费者

业务消费者就是用户终端。VOD 用户终端也可以有多种，最常用的一种是机顶盒（Set Top Box，STB），另外也可以用计算机做终端。机顶盒是用户显示设备、外围设备以及传输网络之间的桥梁。简单的机顶盒只需要解码显示功能和一个反向信道，但是随着业务的发展，许多新业务的提供者都认为机顶盒涉及新业务的引入方式，从而使机顶盒的结构趋于多功能化。从硬件结构上看，STB 可分成网络接口单元（Network Interface Unit，NIU）和机顶单元（Set Top Unit，STU）两部分。采用 NIU 和 STU 分开的这种结构的目的是使 STB 可以不做大的改动就能够接入到不同的网络中，从而厂家无须为各种网络单独设计 STB。

NIU 负责与网络的接口，不同的接入网络结构可以有不同的 NIU，包括不同的物理接口、调制方式和连接控制机制。STU 接受和分析用户通过遥控器等发来的或是网络传送来的控制信息，按各种信息的协议栈进行分析或组装，因此 STU 需完成 MPEG、TCP/IP 等各种协议的处理。

从概念上讲，VOD 的逻辑结构如图 9-3 所示。

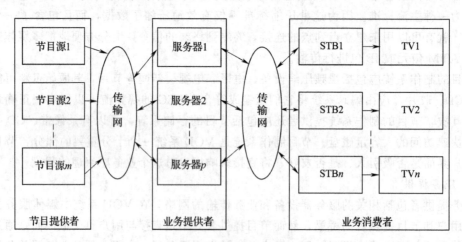

图 9-3　VOD 逻辑结构

2. 物理结构

VOD 系统是一种多级服务器和多级网络交换的结构，具体地说，VOD 系统由节目提供、管理中心、视频服务器、传输网络和终端五个部分组成。

多媒体数据经过压缩、存储、检索和网络传输到达用户终端,用户终端完成节目的解压缩和同步回放。VOD 的物理结构如图 9-4 所示,前端包括服务器、前端设备;骨干网用来连接多个前端,使网络从局域网转为广域网;接入网则连接用户和前端;而终端则把服务器发送来的压缩信号恢复为可供播放的视音频信号、完成人机的交互控制等。

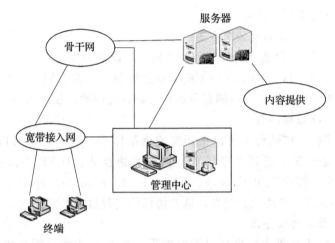

图 9-4　VOD 物理结构

9.3.3　VOD 系统的关键技术

VOD 系统的关键技术包括以下几项。

1) 视频服务器的节目组织

视频服务器需要一个分布式暂存器管理算法,以确定哪些视频节目应存储于视频服务器中,该算法也决定是否将一个受欢迎的节目复制到其他视频服务器中。

2) 视频服务器的选择

VOD 系统必须确定将用户选中的节目加载到哪个视频服务器上。同时,还要选择一个节目源,即对一个档案服务器或视频服务器播放视频节目的负荷、节目源的负荷以及影响系统运行特性的决策规则等进行选择。

3) I/O 队列的管理

系统管理第三类存储设备的 I/O 排队问题,因为用户可能要求在未来某个预定时间播放某个视频节目,例如,教师可能要求在某个时间播放预先录制好的某次讲演等。

4) 其他管理业务

系统提供的其他管理业务包括版权保护、版权付费、节目加载及建立索引,以及系统性能参数的动态管理等。

9.3.4　视频服务器

视频服务器是 VOD 前端系统的核心部件。视频服务器存储着大量的音、视频信息,同时还要支持多用户的并发访问。其工作性能会直接影响到视频服务的质量。

1. 视频服务器结构

针对不同的应用规模和需求，视频服务器有不同的体系结构。在多媒体教室这样小型的 VOD 系统中，视频服务器可以是一台计算机；在中高档酒店，视频服务器可能是十几台计算机组成的网络；而在城域网结构中的视频服务器则是一个更为庞大的计算机网络。

典型的视频服务器有如下几种。

1）基于计算机和工作站的视频服务器

这类服务器采用 PC 系列通用计算机作为主机，以硬盘为主要存储介质，面向小型网络用户，其性能一般可支持 50 个 MPEG - 1 视频点播的要求。由于服务用户数目和服务质量有限，点播电视系统要解决的核心问题是网络传输和管理问题，视频服务器则需解决视频数据的存储和 I/O 的吞吐效率问题。

为了解决网络问题，在硬件上可以使用高速网络体系，典型的如 ATM 网络；在软件上，主要是设计和实现支持流式数据传输的协议和协议族，IETF（Internet Engineering Task Force）针对这一需求提出了 IVv6、RTP（Real - time Transport Protocol）、RSVP（ReSer Vation Protocol）等协议。但是，这些协议的实现目前尚未完成。

2）基于高级工作站的服务器

基于高级工作站是大型计算机公司的典型设计思路。计算机硬件技术的高速发展使新型微处理器的能力已经达到或超过典型的小型机，而且随着军用市场的萎缩，生产大型计算机的厂商要为其大中型计算机寻找新的市场。因此，视频服务器就成为理所当然的新的应用。这种类型的服务器往往是继承原有技术，在高性能计算机的基础上增加支持视频数据访问的有关硬件，再将系统进行一定的优化，以达到一般视频服务器的功能。

基于高级工作站的视频服务器，其设计思路非常简单，它充分利用已有的计算机结构，以及高性能计算机的硬件性能。这种体系结构是大型计算机生产厂商在视频服务器发展过程中进行的探索和试验。基于高级工作站的视频服务器的服务能力可以支持中等规模或小型网络的需求，其缺点是价格昂贵。SGI、DEC 等公司均生产这种服务器。

3）基于专用硬件平台的服务器

从功能上看，基于专用硬件平台的服务器和基于高级工作站的服务器是相似的。它们在体系结构上存在差异是因为其设计生产厂商的生产基础不同。计算机系统厂商的设计方案继承了原有的计算机体系结构，硬件厂商则偏向于从硬件单元解决问题。在视频服务器的发展初期，实现视频点播的核心问题是存储及 I/O 问题，而硬件厂商将大容量存储设备和高速 I/O 设备结合在一起，就形成了基于专用硬件平台的服务器。

典型的例子是 FVC 公司的 V - Cache。从体系结构上来说，V - Cache 根本就不是普通意义上的计算机，而是一个独立结构的硬件单元；从功能上讲，V - Cache 除了用作视频服务器外，不能做其他的计算机工作。HP 的 Media - Stream 所采用的组合硬件结构也是出于这种考虑，它的磁盘存储器就很类似于 V - Cache。

基于专用硬件平台的大型服务器一般面向有线电视领域，服务于较大范围内的用户。这种类型的服务器一般价格较高，性能也很优异，但是，其对硬件的依赖性很大，应用上也往往是某个完整点播方案中的组成部分，专用性很强。Video Active 公司的视频服务器 ADS

（All Demand Server），其核心是数字视频引擎。数字视频引擎内的 RISC 处理器管理一组 SCSI 硬盘，连接一个高速的视频输送接口。这样的一个数字视频引擎就是一个单独的视频处理器单元。而主机的作用仅仅是作为这个视频服务器单元阵列的管理计算机。由于阵列具有可扩充性，因此，ADS 的服务能力是很强的。

基于高级工作站和专用硬件平台的视频服务器是面向高端用户的。随着技术的不断提高，以这样的服务器作为今后城域级视频服务点播网络的节点是必然趋势。但目前在面向小规模网络需求的市场中，由于价格和通用性问题，这样的服务器并没有很大优势。

4）分布式层次结构服务器

分布式系统的设计思想是将视频服务器的功能分布到网络中去。这样，对于在单机型的视频服务器设计中可能出现的瓶颈，如 I/O 的负载和存储能力问题，就可以分布到整个网络中进行解决。即使使用低端计算机作为服务器网络的节点，也能达到很高的服务水平，并为小型甚至中型网络提供服务，而且价格也很有竞争力。

采用分布式视频服务器结构时，每个视频文件服务器的性能要求不是很高，因此，可以将大量廉价的服务器结合起来，通过合理的控制与调度，以达到一个高性能服务器的功能。所以，分布式视频服务器具有良好的性能价格比，而且很容易进行扩展。我们以低端计算机作为视频文件服务器，考察典型的分布式视频服务器的服务能力。每个单独的节点可以支持 50 个 MPEG－1 的视频流，而网络系统中采用 10 个节点作为视频文件服务器，这样网络中能支持的用户数目也可以达到 500 个节点，这已经是中等规模的网络了。同时，这个系统的服务器节点并非专用设备，所以，还可以附加开发其他的应用功能，例如作为 Internet 的网关服务器等。

单纯的分布式服务器也有它的缺点。由于视频文件服务器和档案服务器都在同一网络系统中，在服务用户增加的情况下，最先成为瓶颈的将是网络的处理能力。以千兆以太网为例，整个网段最大的数据传输率为 1 000 Mbps，这仅仅能满足将近 700 路 MPEG－1 的视频流，而这个估算没有考虑从档案服务器传输到视频文件服务器上的网络传输消耗和其他传输消耗。因此，单纯的分布式视频服务器系统不利于扩展到大型的网络中去。解决这个问题的办法是根据网络的具体分布状况，将档案服务器和视频文件服务器放置在不同的网段中，建立一种有层次结构的网络体系。一种建立在分布式基础上的层次结构设计如图 9－5 所示。

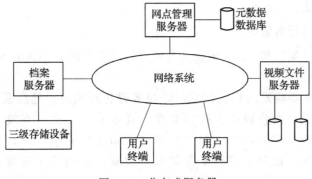

图 9－5　分布式服务器

　　直接服务用户的视频文件服务器是层次结构的最底层，每个视频文件服务器可服务一个网段内的所有用户。同时，视频文件服务器还连接到与档案服务器相连的骨干网段上。每个视频服务器内的用户形成一个用户组，不同的用户组之间没有直接相连的通路。也就是说，每个用户组独享一个网段的全部网络资源。由于一个网段内的用户数目也是有限的，这样就保障了网络资源不会出现瓶颈现象。视频文件服务器中存储了一定的节目，因受存储能力的限制，可以根据统计结果存储热门节目，也可以根据用户的预约存储预约节目。档案服务器居于系统层次的高层，它是更大的数据存储库，可根据视频文件服务器的需求向视频文件服务器传输节目，并不直接连接用户。

2. 视频服务器的功能

1）大容量视频存储

典型的视频存储器的存储空间应大于 20 GB，可存储 20 部 90 分钟的影片，采用多重单元互连可提供几倍于 20 部影片的容量。

2）节目检索和服务

服务器接收所有用户的全部信号以便对服务器进行控制，其控制处理能力要根据应用的不同进行设计，交互较少的影片点播只需较少的控制处理能力；而对交互式较多的交互式学习、交互式购物及交互式视频游戏，就需要高性能的计算平台。

3）快速的传送通道

服务器有一个高速、宽带的下行通道与编码路由器相连，把服务数据（视频、音频及嵌入控制信号的数据）传送给各个用户。通过总线每秒可传送 1 GB 数据。同时，服务器还接收来自用户请求计算机的各种反向通路信号，每个用户要求的带宽较低（16 Kb/s），当然数据量和速率也取决于用户的多少，将服务器中的资料分布到适当的存储设备、存储器或物理介质上，以扩大观众数量，获取最大收益。提供扩展冗余，当某些部件发生故障时，不必使网络停机，就能够使服务器恢复正常运行状态。

4）可靠流传输

视频服务器必须能够存储供不同用户选择的大量节目资源，能够支持上千个用户，并能在任何时候同时向所有用户设备提供服务。视频服务器支持的观众交互性程度受到磁盘寻址时间和节目决定可能性的影响。在一般情况下，磁盘寻址时间应控制在 10 ms 以内。此外，为了实现任意程度的可靠性，应设计出能满足系统目标所需数量的冗余。尽量采用模块化结构是扩大配置范围、提高系统可靠性、降低生产成本、提高投资效益的有效方法。

3. 视频服务器的服务策略

VOD 系统采用"推"和"拉"的模式为用户提供相关服务，即服务器端的"推"模式和客户端的"拉"模式。

当客户端向服务器端发出视频请求时，服务器进行响应；然后服务器以一定的速率向客户发送数据，客户接收数据并缓存起来。视频服务器会一直发送数据直到客户发送停止发送请求为止；客户端的"拉"模式是在请求响应模式下，客户周期性地发送请求给服务器，服务器接受请求并从存储器中检索出数据发送给客户。两种模式如图 9-6 所示。

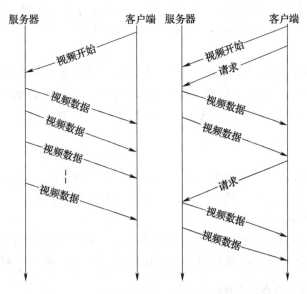

图 9-6 服务器端"推"和客户端"拉"模式

9.4 IP 电 话

IP 电话系统是目前广泛应用的一种语音通信形式，是一种主要的多媒体通信应用系统。语音质量是衡量音视频会议系统性能的一个主要指标。语音的编解码以及语音与图像的"唇音"同步传输是视频会议系统中的关键技术之一。由 IP 电话、PSTN 网固定电话以及移动手机等音频（或以音频功能为主的）终端所组成的音频会议系统构成了视频会议系统的一个子集。

9.4.1 IP 电话概述

IP 电话，简称 VoIP（Voice over Internet Protocol），是在整个语音通信进程中，部分或全程采用分组交换技术，通过 IP 网络来传送话音的实时语音通信系统。IP 电话的本质特征是采用语音分组交换技术。

IP 电话技术是建立在 IP 上的分组化、数字化的传输技术，其基本原理是：把普通电话的模拟语音信号转变为数字信号，通过语音压缩算法对语音数据进行压缩编码处理，然后把这些语音数据按 IP 协议及相关的其他协议进行打包，通过 IP 网络把数据包传输到目的接收端，经过拆包、解码及解压缩处理后，恢复成原来的模拟语音信号。经过 IP 电话系统的转换及压缩处理，每路电话占用 8～11 kbps 的带宽，这样传统电信网上一路普通电话所使用的 64 kbps 传输带宽约可承载四路 IP 电话。

IP 电话最大的特点就是比人们所熟悉的普通电话收费便宜，其主要特点如下。

1）网络资源利用率提高

IP 电话采用了分组语音交换技术，数据包排队传输产生的时延较小，基本满足话音通信的要求；路由共享，传输线路动态统计时分复用，资源利用率高；为不同传输速率、不同编码方式、不同同步方式、不同通信规程的用户之间提供了语音通信环境；采用高效语音压缩技术，可使网络资源的利用率更高，从而降低运营成本。

2）经济性好

IP电话费率较低，普通用户打IP长途电话可以节省长途话费支出；企业用IP网络完成所有话音/传真的传送，能极大地降低企业内部跨地域、跨国界的电话/传真成本。同时分组交换设备要比传统的PSTN交换机便宜，其运营和维护费用也少，也有利于新业务的推出。

3）自愈性高

采用分组技术，可以降低传输误码率；从源端到目的端存在多个路由，网络中某一节点发生问题时，分组可以自动选择其他路由，从而保证通信不会中断。

4）语音服务质量较难保证

IP协议提供的是面向无连接的服务，协议本身并不适合对实时性要求较高的语音通信系统。在目前的网络环境下，要提高IP电话的语音服务质量，尚有一定的难度。

9.4.2　IP电话系统的结构

IP电话系统由多个网络组件构成，主要包括终端（Terminal）、网关（Gateway）、网守（Gatekeeper）、多点控制单元（MCU）、网管服务器和计费服务器等。我国典型的IP电话系统结构如图9-7所示。

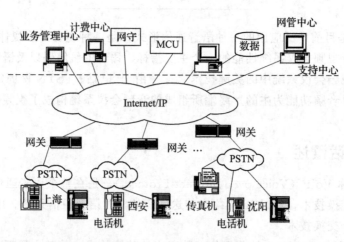

图9-7　IP电话系统组成图

1. 终端

终端设备是面向用户提供语音输入/输出的设备，包括普通终端和IP终端两大类。普通终端只有模拟语音信号处理功能，如传统的电话机，在IP语音通信中只进行模拟语音信号的收发传输。而IP终端不仅具有模拟语音信号处理能力，而且具有IP网络语音数据包的收发转换和处理能力。

IP电话终端设备最基本的功能是实现语音通信，此类终端设备种类很多，如专用IP电话机、ISDN终端、多媒体PC、IP电话语音卡、IP语音会议终端等，同时IP电话也可以具有可视功能，如IP可视电话、视频多媒体会议终端等。

目前，关于 IP 电话尚无统一的分类标准。一般可根据其使用的平台、所采用的传输线路、在网络中的位置以及功能的多少进行分类：

① 根据其使用平台不同，可分为硬终端和软终端；

② 根据其使用的传输线路不同，可分为以太局域网 IP 电话终端、Internet IP 电话终端、ADSL IP 电话终端、SDH IP 电话终端、ATM IP 电话终端、CATV IP 电话终端等；

③ 根据其在网络中的位置不同，可分为用户终端、IP 电话集线器和媒体网关；

④ 根据其采用的主要协议不同，可分为 H. 323、SIP 和媒体网关控制协议（Media Gateway Control Protocol，MGCP）终端；

⑤ 根据其功能多少，可分为简单终端、标准终端和增强终端。

1）软终端

软终端是通过运行多媒体终端上相应的 IP 电话软件来实现语音通信功能的，终端设备本身并不是为 IP 电话应用而专门设计的。软终端主要包括多媒体计算机 IP 电话终端和多媒体信息家电终端两大类。

多媒体计算机 IP 电话终端以计算机为基础，以声卡为语音采集和回放设备，以图像采集卡为图像输入设备，以网卡为高速数据传输设备来实现 IP 网络的语音通信。用户在多媒体计算机上安装和运行 IP 电话客户端软件，通过用户界面可快速地进行呼叫，实现 PC 到 PC，PC 到电话机的 IP 语音通信。在计算机上的这种语音通信方式其实并不太符合人们日常打电话的习惯，因此它更多地用于音频或视频聊天。

USB 接口 IP 电话机是一种典型的多媒体计算机 IP 电话终端，它通过 USB 接口连接到计算机，和计算机使用同一个 IP 地址，采用计算机的网卡进行数据传输，从而实现语音通信。在使用时，用户只需在计算机上安装软件，只要计算机工作，就可拨打和接听 IP 电话，且打电话和计算机上网可同时进行，互不影响。

多媒体信息家电终端是以数字电视接收机为代表的多媒体信息接收设备，具有电视图像接收、图文信息接收、数据广播接收、Internet 网页浏览、IP 视频会议、IP 电话等多种功能，是"三网合一"的主要接收设备。该类设备符合数字电视标准，支持互联网的多数主要协议，采用语音和图像压缩技术，兼容现有的多种音视频压缩标准，提供多种交互式应用服务。

软终端可以采用 H. 323 协议，也可以采用 SIP 协议。

2）硬终端

采用专用 DSP 芯片及嵌入式操作系统的 IP 电话机一般称为硬终端。硬终端按采用的协议也可分为 H. 323 协议终端和 SIP 协议终端两大类。

H. 323 协议是目前商用 IP 电话的主要协议。H. 323 协议十分庞大，由于采用了传统电信网络烦琐的信令概念，使得 H. 323 终端无论是实现技术手段还是使用和管理方法都十分复杂，但由于其系统具有较强的可管理性，故仍然博得了运营商的青睐，成为目前 IP 语音通信市场的主流技术。

H. 323 协议终端根据其对协议支持的程度可分为简单音频终端、标准终端和增强终端。

（1）简单音频终端

简单音频终端有限程度地支持 H. 323 协议，主要提供 IP 电话应用 H. 323 附件 F 对音频简单终端的功能和协议过程作出规定。它只需要具有 H. 323 协议的一个子集功能，完全支持 IP 电话应用，并能和使用常规的 H.323v.2 协议的设备互操作。

简单音频终端只使用有限的资源（如处理能力、通信带宽、存储容量等）；在媒体能力方面，它支持 G.711 或 G.723.1、G.729、GSM 语音编解码和基本的数据通信（非 T.120 功能）。在控制能力方面，它支持 H.323v2 的快速连接过程，支持呼叫信令信道上隧道传送 H.245 消息，支持基于 UDP 的快速连接过程（任选能力）；在缺省情况下，音频 SUD 能参加多点会议，但仅限于电话会议。

以太网接口 IP 电话机是简单音频终端的代表，其核心是一个 H.323 标准的音频编解码器。此类终端外形及功能和普通电话机基本相似，不同的是其外线接口为 RJ45 形式的以太网接口，通过它连接局域网并通过 ISP 接入互联网，或者连接局域网上的 IP PBX 来实现 IP 语音通信。考虑到目前局域网综合布线系统的特点，一般用户房间只有一个桌面或墙面数据接口插座，为此，有的产品在电话机上内置一个三口交换机，外接两个 RJ45 接口，一个用于连接交换机，一个用于连接 PC，方便用户使用。考虑到用户从 PSTN 到 IP 网过渡过程中的使用问题，有的产品也保留了 PSTN 网接口，可在 IP 与 PSTN 双网中使用。

H.323 移动终端（MT）是一种移动 IP 电话终端，其基本功能和一般的移动终端相同，也包括用户识别模块（Subscriber Identity Module，SIM），但支持 H.323 协议。SIM 卡可插入任何 H.323 移动终端，用户利用此卡可在任何终端上发送和接收呼叫。移动终端由国际移动设备标志（International Mobile Equipment Identity，IMEI）识别，移动用户则由国际移动用户标志（International Mobile Subscriber Identity，IMSI）识别，二者互相独立。SIM 卡中写有 IMSI、认证密钥和一些必要的用户信息。使用 SIM 卡需要密码。H.323 移动终端支持常用的语音压缩编码，还支持多种数据应用协议，包括短消息业务。

移动 IP 电话系统还包括无线接入单元（Wireless Access Unit，WAU）和网守系统。无线接入单元由无线收发信机（Wireless Transceiver Switcher，WTS）和无线基站控制器（Wireless Station Controller，WSC）组成，二者通过标准 IP 接口连接。WTS 处理无线链路协议；WSC 管理无线资源，处理无线信道建立、跳频和切换。网守系统包括移动服务器网守和访问网守。

（2）标准终端

标准终端完全符合 H.323 协议，特别是 H.323v2 版本具有完整的语音呼叫控制能力，在提供电话业务的同时，可选择性地提供图像和数据业务，满足基本语音通信和一般视频通信的使用要求。

标准终端在支持语音的同时，可选择性地支持一定的资源（如处理能力、通信带宽、存储容量等）。在媒体能力方面，它支持 G.711、G.723.1、G.729 语音编解码和基本的数据通信（T.120）功能，支持 H.263 视频编解码，支持单播和多播传送。在控制能力方面，它支持所有的远程访问服务（Remote Access Services，RAS）信令功能；支持 H.323v2 的一般呼叫过程；支持 H.225.0 定义的呼叫信令功能，包括呼叫建立和呼叫释放全过程；呼叫发起时，可以采用一般呼叫建立流程，也可以采用快速连接过程；支持呼叫信令信道上隧道方式传送 H.245 消息；支持 RSVP 协议；支持多点会议的 H.245 消息（可选能力）。

标准终端用于一般的 IP 电话业务时无须支持安全功能。对于会议应用，终端只提供对网守安全控制机制的响应，从而提供一定程度的安全性保证。

可视电话机是标准终端的代表。可视电话机具有多媒体通信的特点，采用部分多媒体通信协议，功能上以语音通信为主，同时支持低速率（128 kbps 以下）图像及数据（如文件、传真及图片）传输。图像传输最大速率一般不超过 15 fps。视频发送和接收由摄像机、视频编解码器和显示器三部分组成。视频输入一般采用内置不带云台的固定焦距摄像机，分辨率较低，具有自动光圈和自动白平衡调整功能。视频编解码器采用 H.263 协议的专用芯片实现。图像显示器一般采用薄膜晶体管 LCD（Thin Film Transistor LCD，TFT LCD），尺寸为 4 英寸。在数据功能中也包括用户对电子白板和应用程序的共享，便于用户对文件进行讨论、协商、修改及编辑整理。

可视电话机主要有以太网接口可视电话机和 PSTN 线路接口可视电话机两种。其核心都是包含音频、视频、数据及系统控制功能的标准的 H.323 编解码器。以太网接口可视电话机由一个标准的 H.323 编解码器外加一个或多个以太网接口组成。

PSTN 线路接口可视电话机由一个标准的 H.323 编解码器外加一个调制解调器组成，通常又称为 H.324 终端。这是因为在 H.324 建议中规定了 PSTN 线路接口可视电话的系统框架及各项主要功能，同时也规定了各部分之间的相互关系。

（3）增强终端

增强终端和标准终端基本相同，它提供和标准终端相同的功能时对提供业务的质量有所增强，如高级别 QoS 的语音传输，支持高速率（384 kbps 以上）图像传输，不但满足可视电话的要求，而且满足普通视频会议的应用，同时它完全支持多种呼叫补充业务和增值业务，如 IP 传真业务、Web 浏览、收发 E-mail 等。在安全性方面，它可支持较高程度的安全性保证机制，如采用 H.233 加密协议。

2. 网关

网关是一台专门的机器运行编码软件，用于控制语音呼叫的打包、压缩和解压缩。它具备与 PSTN 或者 PBX 相连的电路接口，以及配有与 LAN 相连的网络接口卡。此外还有专门的软件负责进程管理，网关与网关、网关与网守之间的通信。

用户通过 PSTN 本地环路连接到网关，网关负责把模拟信号转换为数字信号并压缩打包，成为可以在 IP 网上传输的 IP 分组语音信号，然后通过 IP 网传送到被叫用户的网关端，由被叫端的网关对 IP 数据包进行解包、解压和解码，还原为可被识别的模拟语音信号，再通过 PSTN 传到被叫方的终端。这样就完成了一个完整的电话到电话的 IP 电话通信过程。

IP 电话网关具有路由管理功能，它把各地区电话区号映射为相应的地区网关 IP 地址。这些信息存放在一个数据库中，有关处理软件完成呼叫处理、数字语音打包、路由管理等功能。在用户拨打 IP 电话时，IP 电话网关根据电话区号数据库资料，确定相应网关的 IP 地址，并将此 IP 地址加入 IP 数据包中，同时选择最佳路由，以减少传输时延，IP 数据包经因特网到达目的地 IP 电话网关。

IP 网关包括语音接口卡以及一套功能齐备的呼叫软件，类似网络接口卡。每个 IP 网关都有一个 IP 地址，和 IP 电话终端一样在网守中注册登记。软件的功能包括系统配置、呼叫管理、呼叫建立和终止、语音支持、路由器和广域网优先协议以及内嵌的 SNMP 网络管理等。

1）网关的组成和功能

IP 电话网关采用了分层模块化结构，可以分成硬件层、软件模块层、维护管理层、控制接口层几个部分。软件模块层又包括语音信号处理、PSTN 呼叫控制、IP 呼叫管理、IP

呼叫控制、数据传输、DSP 管理软件包等。语音信号处理包含语音编解码、回波抵消和 DTMF 检测等组成功能。IP 电话网关的主要功能如下：

① 语音分组和号码查询；

② 负责完成 PSTN、ISDN 侧的呼叫建立和释放；

③ 负责完成 IP 网络的呼叫建立和释放；

④ 完成语音编码和打包；

⑤ 回声消除；

⑥ 静音检测；

⑦ 收发端缓存；

⑧ 语音编码方式的转换，包括 G.711、G.723.1、G.729、G.729.A 等协议；

⑨ 采集和传送计费信息；

⑩ 自动识别语音和传真业务；

⑪ 实现 T.30 和 T.38 通信规程；

⑫ 实现 H.323、H.245、H.235、RTP、RTCP、TUP、DSSI 等协议；

⑬ 提供用户交互信息和查询；

⑭ 具有与网管系统的接口，完成配置、统计、故障查询、报警等功能；

⑮ 具有外同步接口，可与现有同步网连接；

⑯ 提供网络 QoS 测试。

2）网关分类

目前由于历史和地域的原因，不同国家、不同地区的电话网上使用的协议并不相同。对于不同的业务、不同的 IP 终端，网关必须提供不同的接口和不同的功能，这样，根据不同的网络特点就需要不同类型、不同规模的各种网关。主要的网关有两种形式：一种是基于工控机平台，通过在主机扩展槽中增加语音卡并配合相应软件构成的网关；另一种为独立的网关设备。网关根据其功能强弱可大致分为以下五类。

① 干线网关：它提供 PSTN 干线交换机与 IP 电话网的接口，需要完成 No.7 和 H.323 信令的转换。

② ATM 语音网关：它与干线网关类似，连接 ATM 和 PSTN 主干网。

③ 用户网关：它为传统电话机直接接入 IP 电话网提供接口，故又称为媒体网关。

用户网关形式很多，如 IP 电话集线器、IP 电话语音卡、调制解调器、机顶盒、ADSL 接入设备、宽带无线 IP 电话接入设备等。

IP 电话集线器也称 IP 电话 HUB，通常可接 1~4 路电话，采用桌面放置方式。

IP 电话语音卡一般采用 PCI 或 ISA 总线形式，可以插入计算机的扩展槽中。单个语音卡一般具有 4 路或 8 路输入端口。端口分 FXS（Foreign Exchange Station）接口和 FXO（Foreign Exchange Office）接口两种类型，均采用 RJ11 接口形式。FXS 用于连接普通电话机或小型 PBX 外线，FXO 用于连接 PSTN 电话线或 PBX 内线。计算机通过以太网接口连接企业的局域网，与语音卡一起构成了 IP 电话语音网关，并可以和其他上网设备通过集线器经路由器或 Modem 与广域网连接，实现设备间的互连和带宽共享。语音网关根据不同需求可以配置单个或多个语音卡。网卡配置一般为一个 10/100 Mbps 自适应以太网卡。

IP 电话机顶盒通常用于由 CATV 改造的 IP 网络。IP 电话机顶盒依照 DOCSIS1.1 标准设计，除具有一般机顶盒的 Cable 接口和 Ethernet RJ45 接口外，还内置了电话机功能，具有音频或视频输入发送功能，可以直接作为有线电视网络 IP 电话终端使用，同时也可连接 PC 机、以太网 IP 电话机等终端。

④ 接入网关提供传统模拟或数字 PBX 到 IP 网络的接口，它无须处理 No.7 信令的转换，一般多是小型的 IP 电话网关。

⑤ 企业级网关为 IP 电话网提供了一个与传统数字交换机的接口，或者一个综合的"软交换机"接口。

3. 网守

网守是多点 IP 电话系统组成的主要组件，相当于网络中的智能集线器，它把各个终端及网关智能地结合在一起，统一进行管理、维护、配置和开发。网守具有呼叫控制、地址翻译、带宽管理、拨号计划管理、网络管理和维护、数据库管理及集中账务和计费管理功能。

网守的主要功能如下。

1) 呼叫控制

网守对呼叫终端进行身份和密码验证，只有注册登记的合法用户才被允许通过，并给予一个可连接的网关地址，完成呼叫的初始化。目前的网守支持 IP 到 IP、IP 到网关和网关到网关的连接控制。

2) 地址翻译

基于 H.323 标准的 IP 电话系统中，在 IP 网络范围的呼叫，可以用一个别名来标记其目的终端的地址；而对于来自网络外的呼叫，如 PSTN，当呼叫到达网关时，网关会收到一个符合 E.164 标准的号码地址来表示目的终端的地址。网守的地址翻译功能就是把这个别名或者 E.164 号码地址转换成可以识别的 IP 地址，方便网络寻址和路由选择。

3) 带宽管理

网守可以通过发送 RAS 消息来支持对带宽的控制功能，这里的 RAS 消息包括带宽请求（Bandwidth Request，BRQ）、带宽确认（Bandwidth Confirm，BCF）和带宽丢弃（Bandwidth Reject，BRJ）等。通过带宽的管理，可以限制网络可分配的最大带宽，为网络的 IP 语音传输预留资源。

4) 拨号计划管理

拨号计划管理的功能在于，网守能够通过对拨号的管理，实现对呼叫路由的全面控制和维护，进而达到为不同的用户提供不同类型的业务，充分利用每个可到达的网关的功能，最大限度地发挥整个网络的效益。

5) 数据库管理

在一个 IP 电话系统中，包含大量的数据信息，如系统的初始化信息、网络结构信息、网关配置信息、网络连接信息、用户信息和呼叫记录信息等。网络连接信息和呼叫记录信息的数据量都相当大，并且动态增加，这就要求必须有一个性能稳定、安全可靠的大型数据库来支撑，进行关键数据的备份，从而保证系统运行的安全性。

数据库管理是网守的一大功能。一般来讲，网守多数都通过集成现有数据库厂商的产品来提供数据库管理功能。

6) 集中账务和计费管理

网守可以为所有的呼叫详细记录提供集中、开放的接口，支持储值卡和预付费方式的计费。

4. MCU

MCU 使 IP 电话在 IP 网络中可实现多点通信，支持网络会议的多点应用，详细原理见9.2.4。

5. 网管、计费及增值业务服务器

管理服务器是为网络管理人员提供的一种管理工具，采用开放式结构。IP 电话网络管理人员可以通过它对各种组件进行管理。各种组件包括终端、网关、网守等；管理的功能包括设备控制、参数配置、端口配置、状态监测、拨号方案设置、负载均衡、鉴权及安全管理等。

计费服务器主要利用网守提供的标准、开放的数据接口收集用户每一次呼叫产生的详细记录并上传到本地数据库，形成计费信息。通过对计费信息的整理，可自动生成计费清单，为用户提供收费单据。计费服务器并不一定需要 IP 电话系统制造商提供。

9.4.3　IP 电话的实现方式

1. PC 到 PC

这是 IP 电话最早、也是目前最容易实现的一种方式，它相当于一种联机应用，用户使用专用客户端 IP 电话软件，再配备麦克风、音箱、声卡等设备就可通过 IP 网实现这种应用。

2. 电话到电话

这是 IP 电话最主要的应用方式，IP 电话市场收入的主要来源。这种应用需要通过网关将 PSTN 与 IP 网连接，网关的功能和质量至关重要。

3. PC 机到电话

它属于 IP 电话的附加应用，主要是为满足不同用户的需求，吸引更多用户而开展的。它需要客户端软件和网关双方的支持。

4. 电话到 PC

它也属于 IP 电话附加的应用。但这种应用自身存在一些缺陷，开展较困难。主要是通话前要进行预约，而且预约非常不方便；本地网关与 PC 机上的应用软件之间互通不易实现。

5. 通过 Web 网页连接呼叫中心

实现方式是在 Web 网页上建立一个与电话中心连接的图标，用户只需单击这个图标就可以通过 Internet 连接到呼叫中心并实现通话。这种方式对那些有服务中心、技术支持和产品介绍的公司和企业来说非常有用，它加强了用户与企业之间的联系。

6. 传真机到传真机

IP 电话网关通常还带有传真功能，网关可以辨别呼叫是电话还是传真从而分别处理。对于 IP 电话的业务商来说，IP 传真已成为一项非常重要的收入来源。

9.4.4　IP 电话系统的相关技术标准

1. 国际标准化组织

IP 电话的国际标准化组织主要有 ITU - T（国际电联标准化部门）、ETSI（欧洲电信标

准协会）、IETF（Internet 工程任务组）和 IMTC（多媒体远程会议集团）。

1）ITU–TSG16 研究组

主要从事多媒体终端和安全问题的研究，研究组最主要的工作就是制定 H.323 系列协议。

2）ETSITIPHON 工程组

主要任务是规定一套业务互操作性要求，确定接口和功能方面的体系结构，对呼叫控制程序、信息流和协议作出规定，研究端到端服务质量参数及 E.164 地址与 IP 地址之间的转换，同时规定计费和安全方面的问题，目的是向各类网络运营者提供面向业务的解决方案，其工作基于 H.323 和现有电路交换网标准。

3）IETF

主要工作是制定新的信令协议，包括会话初始协议（Session Initiation Protocol，SIP）、Internet 和 PSTN 的网络互通。其 IPTEL 工作组负责制定相关协议和框架文件，包括呼叫处理语法等。该工作组还写出了一些业务模型文件，描述由呼叫处理语法实现的业务，并讨论语法的使用方法。

4）IMTC

该集团由来自北美、欧洲和亚太地区的 150 多个成员组成，旨在建立开放的国际标准，推动交互式多媒体远程会议解决方案的应用和实现。其 VoIP 论坛不定期地进行一些活动来制定标准，促进 IP 电话业务。

2. IP 电话技术的协议和标准

IP 电话协议主要分为 H.323 协议和 SIP 协议两大类，二者的主要区别在于呼叫建立和控制方面。目前各组织对 IP 网络上承载实时业务（话音、视频等）的方式并无不同，均是利用了源自 IETF 的 RTP 协议。SIP 比 H.323 简单、灵活，但尚处于 IETF 的标准化阶段，支持厂家很少。ITU–T 于 1996 年 11 月通过了 H.323 标准，目的是使不同厂商的 IP 电话产品之间有良好的互连性。H.323 标准描述了 IP 电话系统的基本构成和各部分功能。它支持点对点通信及在 MCU 支持下的多点通信协议。

1）H.323 协议

为使各厂家的 IP 电话能够相互通信，相应的国际标准应运而出。在 Intel 和 Microsoft 的倡导下，由 ITU 推荐的 H.323 协议作为 IP 电话的基础协议。目前许多公司已向 H.323 靠拢，它们的产品均支持 H.323 协议。我国采用 H.323 作为 IP 电话的国内标准。

H.323 协议是 ITU 多媒体通信协议族 H.32x 中的 1 个，它提供了窄带可视电话的技术要求，包括基于 X.25 网的语音、视频、数据和控制等协议。H.323 协议支持点到点通信和点到多点通信。H.323 包括如下子协议。

① 图像压缩解压协议：H.261、H.263。

② 语音压缩解压协议：G.711、G.722、G.728、G.729、G.723、MPEG1。

③ 数据通信协议：T.120（资源共享）。

④ 呼叫控制协议：H.225（信令、注册、媒体同步、分组打包）。

⑤ 系统控制协议：H.245（打开和关闭呼叫功能协商）。

图像压缩解压和数据通信协议不对 IP 电话作出要求，但它们处于 H.32x 同一标准框架中。H.323 本是通过与 PSTN 相连进行多媒体通信的 LAN 标准，对于不同带宽和不同时延的 Internet，使用 H.323 协议使得其中许多部分成为无用成分。H.323 协议规定的电话压缩解压协议是 G.711，但 G.711 要求的 6 kbps 带宽对 Internet 来说无法实现。因此，带宽为 8 kbps 的 G.729 协议和带宽为 5.3 kbps、6.3 kbps 的 G.723.1 协议，更经常作为 Internet 的电话压缩解压协议，它们非常适合于 Internet 语音数据包的传输。

H.323 协议为 IP 电话提供了很好的协议基础，但它本身起源于计算机网络领域，在它的协议框架内，仍有许多地方需要改进，例如，H.323 不支持呼叫转移，多点间通信过程复杂，采用 H.323 协议的用户，只有先与 MCU 连接，才能进行多点通信，并且进行多点通信的用户数上限受限制。此外，端到端传送 DTMF（DTMF 信号不容易编码、打包、拆包和解码）信号的协议以及 PSTN 到 Internet 的用户呼叫等问题也未解决。

2）VoIP 论坛的协议

就上述 H.323 的不足，一些大公司，如 Cisco、Microsoft、Dialogic 等成立了 VoIP（Voiceover Internet Protocol）论坛。VoIP 立足于现有的 H.32x 协议系列和电路交换网协议，并对它们进行完善。H.32x 的目标是规定和发展基于开放性和一致性的通信规则，用于保证 IP 协议数据网上的、无缝电话通信设备间的互操作性和服务质量。

3）SIP 协议

H.323 提供了窄带多媒体通信所需要的所有子协议，但它的控制协议非常复杂。而 SIP 只是简单的呼叫控制协议，仅提供了呼叫的建立、控制和拆除等功能。SIP 工作在应用层上，可采用 TCP 或 UDP 作为其传输协议。由于 SIP 仅用于初始化呼叫，不涉及数据传输过程，因而造成的附加传输代价远远小于 H.323。SIP 是一种基于文本的协议，它由 SIP 规则资源定位语言描述，可嵌入 web 页面或其他超文本链接中，用户只需用鼠标一点就可发出一个呼叫。

9.4.5   IP 电话系统的关键技术

对于 IP 电话系统，除了上述的网络传输、呼叫控制信令、资源预留协议等，还包括一些在 IP 电话端设备中广泛使用的其他技术，如语音压缩编解码、静音抑制、回声消除和 QoS 保证等。

1. 语音压缩编解码器

语音压缩是 IP 电话终端的核心技术。IP 电话系统通常采用低比特率的语音编解码器，主要有 G.723.1 和 G.729 两种。

2. 静音抑制和舒适噪声生成技术

静音抑制技术是指检测通话过程或传真过程中的安静时段，并在这些安静时段中停止发送语音数据包。大量统计分析表明，在一路全双工电话交谈中，只有三分之一的时间内信号是活动的或有效的。当一方在讲话时，另一方在接听，而且讲话过程中有大量的停顿时间。

采用静音抑制控制，当通话终端双方在不讲话时，由于没有数据发送和接受，因而在终端中没有一点声音，这与接听传统电话静音期间的效果完全不同。为了满足人们长期使用传统电话形成的这一条件反射，一般在静音期间由终端通过舒适噪声生成（Comfortable Noise Generation，CNG）技术产生固定电平的舒适噪声送给受话器。

3. 回声消除技术

对于 IP 电话终端设备，回声消除（Acoustic Echo Cancellation，AEC）技术是十分重要的，因为 IP 网络的时延较大，一般情况下时延很容易就达到 $40\sim50$ ms，这很容易引起回声，特别是在 IP 电话终端处于免提通话方式或在会议室环境应用时，会严重影响通话的语音质量。

1）IP 网语音通信中回声的特点

（1）回声源复杂

传统电路交换电话系统中的用户线采用 2 线制，而交换机采用 4 线制，完成 2—4 转换的混合器因阻抗不完全匹配和不平衡，会造成"泄漏"，从而导致"电路回声"。在 IP - PSTN 的连接方式中，IP 电话网关一端连接 PSTN，另一端连接 IP 网。尽管电路回声产生于 PSTN 中，但同样会传至 IP 电话网关，形成 IP 网语音传输中的回声。扬声器播放出来的声音直接或经多次反射后被麦克风拾取并发回远端，这就使得远端发话者能听到自己的声音，形成 IP 网语音传输中的第二种回声，即"声学回声"。另外，背景噪声也是产生回声的因素之一。

（2）回声路径的时延大

IP 网中的语音传输时延来源有三种：压缩时延、分组传输时延和处理时延。语音压缩时延是产生回声时延的主要因素，主要与编码方式有关，例如在 G.723.1 标准中，压缩一帧（30 ms）的最大时延是 37.5 ms。分组传输时延也是一个很重要的回声来源，测试表明，端到端的最大传输时延可达 250 ms 以上。处理时延是指语音包的封装时延及其缓冲时延等。

（3）回声路径的时延抖动大

在 IP 网的语音传输过程中，回声路径、语音压缩时延、分组传输路由等存在诸多不确定因素，而且波动范围较大，时延抖动一般为 $20\sim50$ ms。

2）声学回声消除器的结构和相关算法

IP 电话系统中的回声消除主要采用声学回声消除法。主要的声学回声消除法有以下三种。

（1）改变声学环境

根据声学回声的产生机理，可以知道声学回声最简单的控制方法是改善扬声器的周围环境，通过控制环境回响时间，尽量减少扬声器播放声音的反射，有效抑制间接声学回声，但这种方法对直接声学回声却无能为力。

（2）采用回声抑制器

这是使用较早的一种回声控制方法。回声抑制器是一种非线性的回声消除设备。它通过简单的比较器将接收到准备由扬声器播放的声音与当前麦克风拾取的声音的电平进行比较。如果前者高于某个阈值，那么就允许传至扬声器，而且麦克风被关闭，以阻止它拾取扬声器播放的声音而引起远端回声。如果麦克风拾取的声音电平高于某个阈值，则扬声器被禁止，以达到消除回声的目的。由于回声抑制是一种非线性的回声控制方法，会引起扬声器播放的不连续，影响回声消除的效果，因而随着高性能回声消除器的出现，回声抑制器已很少使用了。

（3）采用回声消除器（AEC）

回声消除器以扬声器信号以及由它产生的多路径回声的相关性为基础，建立远端信号的语音模型，利用模型对回声进行估计，并不断地修改滤波器的系数，使得估计值更加逼近真实的回声，然后，将回声估计值从麦克风的输入信号中减去，从而达到消除回声的目的。AEC还将麦克风的输入与扬声器过去的值相比较，从而消除由于多次反射形成的长时延声学回声。根据存储器存放的扬声器过去的输出值，AEC可以消除各种时延的回声。

4. QoS 保证技术

从网络的角度出发，保证 IP 电话质量主要有以下措施。

1）RSVP 协议的 QoS 控制机制

为了保证音频和视频实时通信的应用，网络必须支持具有一定 QoS 端到端的承载业务控制功能，这通常采用两种方法：一种是超量工程法，即在网络规划时预留足够的带宽，使任何时候都能获得可接收的 QoS；另一种是定义呼叫接纳控制功能和资源预留协议（RS-VP）的综合服务方法，由 IETF 综合服务（Intserv）工作组定义。图 9-8 中示出点到点情况下 RSVP 逻辑信道建立的信令过程。

图 9-8 点到点情况下 RSVP 逻辑信道建立的信令过程

RSVP 协议通过 RSVP 消息定义呼叫接纳控制功能。端点应用程序可以提出数据传送全程必须保留的网络资源，同时也确定沿途各路由器的传输调度策略，从而对每个数据流的 QoS 逐个进行控制。RSVP 类似于连接控制信令，通常称它是 Internet 中的信令协议。

RSVP 支持 IETF 提出的 QoS 确保服务和负荷受控服务这两种 QoS 服务，以 QoS 确保服务为主。QoS 确保服务确保数据流的可用带宽，保证其达到规定的端到端时延指标和丢失率指标，主要用于对实时性要求很高的音视频通信。

为了保证实时多媒体通信的质量，H.323v3 给出了利用 RSVP 实现传输层资源预留的信令过程，它主要包括以下三个方面。

（1）增强的 RAS 过程

当端点向网守发出呼叫请求时，应在 ARQ 消息中指明其是否具有资源预留能力。网守根据端点信息和它所掌握的网络状态信息在下述三种选项中选择其一作出决定：

① 允许端点自行进行 H.323 会话的资源预留；

② 由网守代表端点进行资源预留；

③ 不需要进行资源预留，尽力传送服务就足够了。

决策结果经 ACF 消息传给端点，端点据此建立呼叫。如果端点指示其不能进行资源预留，而网守决定资源预留必须由端点自行控制，此时网守应向端点回送 ARJ 消息。上述功能是通过 H.225.0v3 中 RAS 信令新设的传送 QoS 字段完成的。

（2）增强的能力交换过程

为了执行 RSVP 过程，收、发端点必须都有 RSVP 支持功能。为此，在建立媒体信道之前，端点之间必须通过能力交换过程确认双方都具有此能力。H.245v5 在终端能力集消息和打开逻辑信道消息中均定义了 QoS 能力数据单元。该数据单元的主要内容是：QoS Mode 指示终端是支持确保 QoS 服务还是负荷受控服务。其他 RSVP 参数即端点的传送资源能力，如带宽大小、允许峰值速率、最大分组长度等。

（3）增强的逻辑信道控制过程

在逻辑信道打开过程中应包含 Path 和 Resv 消息过程，在逻辑信道关闭过程中应包含 Path Tear 和 Resv Tear 消息过程。

2）话音时延和抖动处理技术

IP 网络的一个特征就是网络时延与网络抖动，这是导致 IP 电话音质下降的主要因素。根据 ITU - TG.114 建议，语音通信时单向时延门限值为 400 ms，这一要求同样适用于 IP 电话网络。图 9-9 所示为我国国内 PSTN - IP - PSTN 全程 IP 电话网络时延指标的分配。

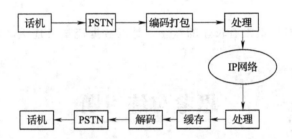

图 9-9　国内 PSTN - IP - PSTN 全程 IP 电话网络时延指标的分配

网络时延是指一个 IP 包在网络上传输平均所需的时间，网络抖动是指 IP 包传输时间的长短变化，当网络上的话音时延（加上声音采样、数字化、压缩、延迟）超过 200 ms 时，通话双方一般愿意倾向采用半双工的通话方式，一方说完后另一方再说。如果网络抖动较严重，话音丢包严重，则会产生话音的断续和失真。为了防止这种抖动，可采用抖动缓冲技术，即在接收方设定一个缓冲池，话音包到达时首先进入缓冲池暂存，系统以稳定平滑的速率将话音包从缓冲池中取出、解压、播放给受话者。这种缓冲技术可以在一定限度内有效处理话音抖动，并提高音质。

3）语音优先技术

语音通信实时性要求较高。为了保证提供高音质的 IP 电话通信，在广域网带宽不足发生拥挤的 IP 网络上，一般需要语音优先技术。

当 WAN 带宽低于 512 kbps 时，一般在 IP 网络路由器中设定话音包的优先级为最高，路由器一旦发现话音包，就会将它们插入到 IP 包队列的最前面优先发送。这样，网络的时延和抖动情况对话音通信的影响均将得到改善。

4）前向纠错技术

前向纠错技术（Forward Error Correction，FEC）是 IP 语音网关采用的另一项音质保证技术。IP 包在传送过程中有可能损坏或被丢失、丢弃。如果话音包丢失、损坏率较低，IP 电话的音质不会受到明显损害。一般情况下，企业网络均有较低的丢包率、错包率，因而 IP 电话网关仅需将话音包回放为声音即可。

9.4.6　IP 电话的服务质量和发展前景

目前，尽管 IP 电话已进入了商业运行，但仍有很多技术问题需要解决。主要包括不断发展的 IP 电话标准的互通、网路的多域组织和网闸互通、业务功能模型、认证结构、路由、计费结构、服务的互操作性、安全、服务质量、设备容量与管理等。其中用户最关心的就是服务质量（QoS）问题。IP 电话的 QoS 直接影响 IP 电话的推广应用。

运用 IP Phone 交换信息具有以下主要优点：

① IP 技术是通信领域的新潮流，它符合未来的发展方向，其市场潜力十分可观；

② IP Phone 的分组交换技术，可以实现信道的统计复用，使得网络资源的利用率更好，大大降低了运营投入成本；

③ 与传统传媒相比较，IP Phone 具有它们的一切表现形式和特点，传播信息容量极大，形态多样、迅速方便、覆盖全球，打破了时空限制，打破了传统地缘政治、地缘经济、地缘文化的概念，形成了以传播信息为中心的跨国界、跨文化、跨语言的全新的传媒方式。

④ 通过 Internet 打电话没有长途的概念，是以数据流量或连接时间来计费的，大大降低了长途费用。

思考与练习题

一、名词解释

多媒体通信　　MCU　　VOD　　NVOD　　TVOD　　IP 电话　　软终端　　硬终端　　简单音频终端　　标准终端　　增强终端　　SIP　　VoIP

二、不定项选择题

1. 下面是 IP 电话系统所涉及的协议有（　　）。

A. H.323 协议　　　　　　B. VoIP 论坛的协议

C. SIP 协议　　　　　　　D. H.324 协议

2. 视频会议中的关键技术是（　　）。

A. 视频会议系统的标准　　B. 多点控制单元 MCU

C. 视频会议终端　　　　　D. 视频会议系统的安全保密

3. 下面说法中，不正确的是（　　）。

A. 视频会议系统是一种分布式多媒体信息管理系统

B. 视频会议系统是一种集中式多媒体信息管理系统

C. 视频会议的需求是多样化的

D. 视频会议系统是一个复杂的计算机网络

4. 视频会议系统最著名的标准有（　　　）。

A. H. 261 和 H. 263　　　　B. H. 320 和 H. 120

C. G. 723 和 G. 728　　　　D. G. 722 和 T. 127

5. IP 电话的 QoS 主要取决于（　　　）参数。

A. 带宽　　　　　　　　　B. 时延

C. 抖动　　　　　　　　　D. 丢包率

6. 根据其使用的传输线路不同，IP 电话可分为（　　　）。

A. 硬终端和软终端

B. 以太局域网 IP 电话终端、Internet IP 电话终端、ADSL IP 电话终端、SDH IP 电话终端、ATM IP 电话终端、CATV IP 电话终端

C. 用户终端、IP 电话集线器和媒体网关

D. 简单终端、标准终端和增强终端

7. 和其他通信与信息系统相比，VOD 系统特有的性质有（　　　）。

A. 信息流向的对称性

B. 点播信息内容和点播时间的集中性

C. 信息发送与重现的实时性与同步要求

D. 信息流向的不对称性

8. MCU 的基本功能是（　　　）。

A. 时钟同步和通信控制　　B. 码流控制

C. 网络的 QoS 测试　　　　D. 端口连接

三、填空题

1. IP 电话是在整个语音通信进程中，部分或全程采用____技术，通过____来传送话音的实时语音通信系统。

2. 多媒体视频会议系统的特点是____、____、____和____。

3. 视频会议系统主要由____、____、____及____构成。

4. VOD 采用____传输网络将信息提供者与用户连接起来，是一种____双工形式的多媒体通信技术。

5. 从经营的角度来说，VOD 一般包括三部分：____、____和____；从实现的角度来说，VOD 一般包括五部分：____、____、____、____和____。

6. VOD 系统采用____和____的模式为用户提供相关服务，即服务器端的____模式和客户端的____模式。

7. IP 电话系统由多个网络组件构成，主要包括____、____、____、____、网管服务器和____等。

8. MCU 的每个端口对应一个线路单元，每个线路单元包括____、____、____和____四个部分。

四、简答题

1. 简述多媒体通信系统的特征。
2. 简述 IP 电话的原理及工作过程。
3. 简述多媒体会议系统的组成、分类和功能并分析多媒体会议系统的关键技术。
4. 简述 VOD 系统的组成并分析 VOD 系统的关键技术。
5. 简述 MCU 的基本功能。

第 10 章

虚拟现实技术基础

　　科学技术的飞速发展大大提高了人与信息之间接口的能力及人对信息处理的理解能力，人们不仅要求以打印输出、屏幕显示这样常用的方式观察信息处理的结果，而且希望将人的视觉、听觉、触觉，以及形体、手势或口令等方式参与到信息处理的环境中去，获得身临其境的体验。这种信息处理方法不再是建立在一个单维的数字化的信息空间上，而是建立在一个多维化的信息空间中，一个定性与定量相结合、感性认识与理性认识相结合的综合集成环境中。虚拟现实技术将是支撑这个多维信息空间的关键技术。

　　本章主要介绍虚拟现实技术的基本概念、发展、基本特征以及虚拟现实系统的构成、分类和特点，最后对虚拟现实技术的应用领域进行了展望。

10.1　虚拟现实技术概述

10.1.1　虚拟现实技术基本概念

　　虚拟现实（Virtual Reality，VR）技术是集计算机技术、传感与测量技术、仿真技术、微电子技术等为一体的综合集成技术。理想中的虚拟现实是利用这些方面的技术，创建一个虚拟场景，使用户在这个虚拟场景中有像在现实中一样的感觉，在视觉、听觉、嗅觉、味觉、触觉等方面均和现实中的感觉一样，也就是人们所能从现实生活中感受到的一切均能在虚拟现实中感受到，且这两者毫无差别。

　　虚拟现实的概念包括以下方面。

　　① 虚拟环境：是由计算机生成的环境，它具有双视点的实时动态三维立体的逼真模型，并可通过听觉、触觉、嗅觉参与其中；模拟的环境可以是某一特定现实世界的虚拟实现，也可以是自由想象的虚拟世界。

　　② 感知：虚拟现实技术应具有人所具有的一切感知。

　　③ 自然技能：包括人头部、眼睛、手势或其他的人体行为动作。计算机处理与用户动作相适应的数据，并对用户的输入作出实时反应，反馈到用户的五官。

　　④ 传感器：也就是三维交互设备。常用的有立体头盔、数据手套、三维鼠标、数据衣等穿戴于用户身上的装置，以及许多置于环境中的装置。

10.1.2　虚拟现实技术的发展

　　20 世纪 80 年代初，美国的 DWA 开始为坦克的编队作战训练开发一个实用的虚拟战场。DARP 计划进一步扩大，逐步把不同国家的兵力"汇集到 SIMNET 而成为一个虚拟战场"，其目的是将分布于不同地点的地面车辆模拟器用计算机网络连接起来，进行攻防对抗演习。SIMNET 计划最初是针对地面车辆等低速运动对象的，后来在美国国防部的推动下，将飞机、水面舰艇和潜艇等作战对象也引进来，从而构成了陆、海、空三军立体作战逼真环境下的大规模实战演习。该计划的实施最终导致了系统仿真的前沿技术——分布式交互仿真(DIS) 技术的产生。美国海军的反潜艇战系统中，使用了头盔显示器和三维立体声装置，操作员可以通过手势和声音控制这个仿真器。美国的 NASA 和 ESA（欧洲空间局）都在积极地将虚拟现实技术应用在航天运载器外的空间活动的研究、空间站自由操纵研究和对哈勃空间维修的研究项目。

欧洲在虚拟现实技术方面也做了相当多的工作。到 1991 年底，英国已有从事虚拟现实的六个主要中心，另外西班牙、荷兰、德国和瑞典等国家也都积极开展虚拟现实的研究，它们提出了许多三维图形标准和程序设计语言等，并且出现了数据手套、三维显示头盔、立体手控器、光学跟踪器、模拟人的感觉（视、听、触）的模拟器等许多支持虚拟现实的设备。同时将虚拟现实技术应用于更多领域内。

我国的仿真演示技术正处于起步和发展时期，取得了一些理论和软件成果。国防科技大学和航天工业等部门相继开展了有关的研究项目。国防科技大学研制的多媒体仿真环境SimStudio 1.0 采用 SGI Indy 工作站，它采用 MSP/Auto Studio 建模仿真方法和对象 Euler 网建模方法，以图形化的建模工具支持用户建立多媒体仿真对象模型，并且支持将多媒体仿真表现脚本嵌入对象模型中，可以进行连续-离散事件混合系统的多媒体仿真。

10.1.3　虚拟现实技术的基本特征

美国科学家 Grigore Burdea 和 Philippe Coiffet 曾在 1993 年世界电子年会上发表的"Virtual Reality Systems and Applications"一文中，提出一个"虚拟现实技术的三角形"，它简明地表示了虚拟现实技术具有的 3 个最突出的特征：交互性（Interaction）、沉浸感（Immersion）和构想性（Imagination），也就是人们熟知的 3 个"I"特性，如图 10-1 所示。

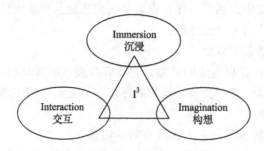

图 10-1　虚拟现实技术的基本特征

1.　交互性（Interaction）

交互性是指操作者与虚拟环境中所遇到的各种对象的相互作用的能力，它是人机和谐的关键性因素。交互性包括对象的可操作程度及用户从环境中得到反馈的自然程度、虚拟场景中对象依据物理学定律运动的程度（包括实时性）。这种交互的产生，主要借助于各种专用的三维交互设备（如头盔显示器、数据手套等），它们使人类能够利用自然技能，如同在真实的环境中一样与虚拟环境中的对象发生交互关系。例如，在原杭州大学开发的虚拟故宫游玩系统中，用户可以体验到虚拟现实系统的交互性带来的全新感受：参观者佩戴着头盔显示器，由图像发生器把立体图像送到用户的视场中，并随着用户头部的运动，不断将更新后的新视点场景实时地显示给参观者。

2. 沉浸感（Immersion）

沉浸感指计算机操作人员融入地作为人机环境的主导者存在于虚拟环境中。多媒体技术虽然为人们提供了丰富多彩的信息表示形式，人与计算机可以交往，但是在交往过程中，人们只能从计算机外部观察这些表现形式，参与者十分清晰地感觉到，自己独立处于界面之外；对于虚拟现实，通过多维方式与计算机所创造的虚拟环境进行交互，能使参与者全身心地沉浸在计算机所生成的三维虚拟环境中，产生身临其境的感觉，将人与环境融为一体，使操作人员相信在虚拟境界中人也是确实存在的，而且在操作过程中他可以自始至终地发挥作用，就像在真正的客观现实世界中一样。

3. 构想性（Imagination）

构想性是通过虚拟现实，与定性和定量的综合集成环境结合，引导人们去深化概念和萌发新意，抒发人们的创造力。所以虚拟现实不仅仅是一个用户与终端的接口，而且可使用户沉浸于此环境中获取新的知识，提高感性和理性认识，从而产生新的构思。这种构思结果输入到系统中，系统会将处理后的状态实时显示或由传感装置反馈给用户。这是一个学习—创造—再学习—再创造的过程。因而可以说，虚拟现实是启发人的创造性思维的活动。

10.2　虚拟现实系统

10.2.1　虚拟现实系统的构成

通常人机交互操作可分为基于自然方式的人机交互操作和基于常规交互设备的人机交互操作，所以，沉浸式虚拟现实系统采用自然方式的人机交互操作，而非沉浸式虚拟现实系统通常允许采用常规人机交互设备进行人机交互操作。概括地说，虚拟现实系统由以下 4 大部分组成：虚拟世界生成设备、感知设备（生成多通道刺激信号的设备）、跟踪设备（检测人在虚拟世界中的位置和朝向）和基于自然方式的交互设备。这里所指的设备包含相应的硬件和软件。图 10-2 所示为虚拟现实系统的典型构成。

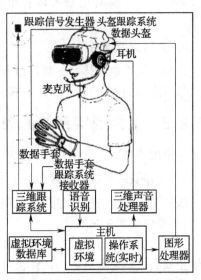

图 10-2　虚拟现实系统的典型构成

1. 虚拟世界生成设备

虚拟世界生成设备可以是一台或多台高性能计算机。通常可以分为基于高性能 PC 机、基于高性能图形工作站和基于分布式异构计算机的虚拟现实系统三大类。后两类用于沉浸式虚拟现实系统，而基于 PC 机的虚拟现实系统通常为非沉浸式系统。虚拟现实所用的计算机是带有图形加速器和多条图形输出流水线的所谓高性能图形计算机，这是因为三维高真实感场景的生成与显示在虚拟现实系统中具有头等重要的地位。

2．感知设备

感知设备是指将虚拟世界各类感知模型转变为人能接受的多通道刺激信号的设备。感知包括视、听、触（力）、嗅、味觉等多种通道。然而，成熟和相对成熟的感知信息产生和检测的技术，仅有视觉、听觉和触觉（力觉）三种通道。

① 视觉感知设备——立体宽视场图形显示器。立体宽视场图形显示器可分为沉浸式和非沉浸式两大类。

② 听觉感知设备——三维真实感声音的播放设备。常用的有耳机式、双扬声器组和多扬声器组三种。通常由专用声卡将单通道声源信号处理成具有双耳效应的真实感声音。

③ 触觉（力觉）感知设备——触觉（力觉）反馈装置。触觉和力觉实际是两种不同的感知。触觉包含的感知内容更丰富一些，例如应包含一般的接触感（类似于"摸到了一个面"的感觉），进一步应包含感知材料的质感（布料、海绵、橡胶、木材、金属、石料等），纹理感（平滑、粗糙程度等）以及温度感等。

3．跟踪设备

跟踪设备是指跟踪并检测位置和方位的装置，用于虚拟现实系统中基于自然方式的人机交互操作，例如基于手势、体势、眼视线方向的变化。目前，先进的跟踪定位系统可用于动态记录人体运动，如舞蹈、体育竞技运动的动作等，在计算机动画、计算机游戏设计和运动员动作分析等方面有着广泛的应用。最常用的跟踪设备有基于机械臂原理、磁传感器原理、超声传感器原理和光传感器原理四种。除机械臂式定位跟踪器以外，其他三种跟踪器都由一个（或多个）信号发射器以及数个接收器组成，发射器安装在虚拟现实系统中某个固定位置，接收器安装在被跟踪的部位。如安装在头部，通常用来跟踪视线方向；如安装在手部，通常用来跟踪交互设备数据手套的位置及其朝向。如果将多个接收器安装在贴身衣服的各个关节部位上，则实时记录人体各个活动关节的位置，经过软件处理可实时跟踪显示人的动作。

4．人机交互设备

是指应用手势、体势、眼神以及自然语言的人机交互设备，常见的有数据手套、数据衣服（带传感器的衣服）、眼球跟踪器以及语音综合和识别装置。

10.2.2　虚拟现实系统的硬件和软件

一个虚拟现实系统由硬件和软件两部分组成。

1．虚拟现实系统的硬件

虚拟现实系统的硬件包括虚拟现实发生器以及输入输出设备。

1）虚拟现实发生器

虚拟现实发生器用来产生和处理虚拟境界，是任何虚拟系统的核心。它一般由计算机加图形生成器或加速卡组成。计算机可以是个人计算机、工作站或者小型计算机。虚拟现实系统中的计算机主要完成三项任务：数据处理、数据输出、虚拟境界的管理和生成。系统中的计算机必须具有足够高的处理能力，以确保参与者与虚拟境界之间的交互能够实时进行。

2）虚拟现实输入设备

虚拟现实系统的输入设备可以帮助参与者在虚拟现实仿真中改变自己的位置、观察点和视野，并对虚拟境界中的问题具有一定的操作性作用。因为参与者与虚拟境界交互的关键之一是跟踪真实物体的位置，实现位置跟踪和控制的理想技术应该提供三个位置量（X，Y，Z）和三个方向参量（倾斜角、俯仰角、方位角）。常用的虚拟现实系统的输入设备分为位置跟踪器和操作控制设备两类，前者如超声波传感器、磁性跟踪器、光学位置器等；后者一般要求为六自由度输入设备，六自由度性能指标是指输入设备控制一个虚拟物体的位置和方向的能力，位置是沿着 X、Y、Z 轴运动的程度。常用的有 3D 鼠标、跟踪球、游戏杆、数据手套等。

3）虚拟现实输出设备

虚拟现实系统的输出设备用于将电子信号转变成各种人体感官可以感觉到的刺激。常用的虚拟现实系统输出设备有头戴式显示器和声音发生器。

2. 虚拟现实系统的软件

虚拟现实系统的软件用来进行境界构造，包括建模和绘制对象，给这些对象指定行为，提供交互性和编程。虚拟现实软件可分为工具包和创作工具。

1）工具包

工具包即程序库，一般用 C 或 C++ 等编制，利用它所提供的函数集合，熟练的程序员可以生成具体的虚拟现实系统应用，VRML 就是这样一个程序库。

2）创作工具

是指带有图形用户界面的完整软件，通过创作工具只需简单编程就可生成虚拟境界。程序库一般比创作工具更灵活，绘制速度更快，但需要丰富的编程经验。

10.2.3　虚拟现实系统的分类

虚拟现实系统按照不同的标准有多种分类方法。按浸入程度来分，可分为非浸入式、部分浸入式和完全浸入式虚拟现实系统；按用户浸入方式分可分为视觉浸入、触觉浸入、听觉浸入和体感浸入等；按用户参与的规模可分为单用户式、集中多用户式和大规模分布式系统等。

目前常用的分类方法是按浸入程度和用户规模进行的分类，分为桌面式虚拟现实系统、沉浸式虚拟现实系统、叠加式虚拟现实系统和分布式虚拟现实系统。

1. 桌面式虚拟现实系统

桌面式虚拟现实（Desktop VR）系统仅使用个人计算机和低级工作站来产生三维空间的交互场景。它把计算机的屏幕作为用户观察虚拟环境的一个窗口，参与者需要用手拿输入设备或位置跟踪器来驾驭虚拟环境和操纵虚拟场景中的各种物体。

在桌面式虚拟现实系统中，参与者虽然坐在监视器前面，但可以通过计算机屏幕观察360°范围内的虚拟环境；可以通过交互操作，使虚拟环境的物体平移和旋转，以便从各个方向观看物体，也可以利用"through walk"进入功能在虚拟环境中浏览。但参与者并没有完全沉浸，他仍然会受到周围现实环境的干扰。

桌面式虚拟现实系统虽然缺乏完全的沉浸感，但它仍然比较普及，这主要是因为其成本相对较低。在桌面式虚拟现实系统中，用户借助三维眼镜或安装在计算机屏幕上方的立体观察器、液晶显示光学眼镜等一些廉价的设备，就可以产生一种三维空间的幻觉来增加沉浸的感觉；而它采用的标准 CRT 显示器和立体图像显示技术，又使得系统分辨率较高，价格也比较便宜；另外，声卡和内部信号处理电路也可以通过廉价的硬件产生真实性很强的声音效果。桌面式虚拟现实系统通常用于工程 CAD、建筑设计、培训、教育及某些医疗应用。

2. 沉浸式虚拟现实系统

沉浸式虚拟现实（Immersive VR）系统利用头盔显示器和数据手套等各种交互设备把用户的视觉、听觉和其他感觉封闭起来，而使用户真正成为虚拟现实系统内部的一个参与者，并能利用这些交互设备操作和驾驭虚拟环境，产生一种身临其境、全心投入和沉浸其中的感觉，一般用于娱乐、验证某一猜想假设、训练、模拟、预演、检验、体验等。常见的沉浸式虚拟现实系统有：基于头盔式显示器的系统、投影式虚拟现实系统、远程存在系统等。沉浸式虚拟现实系统的基本组成如图 10-3 所示。

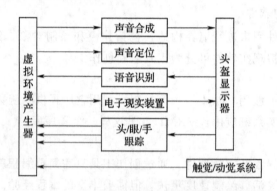

图 10-3 沉浸式虚拟现实系统的基本组成

与桌面式虚拟现实系统相比，沉浸式虚拟现实系统的主要特点如下。

1）具有高度的实时性能

例如，当用户移动头部以改变观察点时，跟踪装置将检测并传递这一改变，使虚拟环境自动以足够小的延迟连续平滑地修改景区图像。这与桌面式虚拟现实系统截然不同，桌面式虚拟现实系统是借助于 2～6 自由度控制器，通过人工操作来使虚拟环境改变观察场景的。

2）具有高度的沉浸感

沉浸式虚拟现实系统可以使参与者暂时与真实世界隔离开，而处于完全沉浸状态。同时各种专用设备将向参与者提供相应的视、听、触等直观而又自然的实时交互感知，从而使用户获得接近于真实世界的充分体验。

3）能支持多种 I/O 交互设备并行

例如，在一个利用头盔显示器和数据手套等各种交互设备进行的飞行战斗游戏中，用户不但可以通过头部的转动来切换视角，还可以用戴着数据手套的手指对虚拟飞机加以控制，并对着麦克风说"开火！"。在沉浸式虚拟现实系统中，类似这样的一些行为都会产生多个同步事件，而这些事件又可能分别来自于头部跟踪器、数据手套及语音识别器等不同的交互通道。因此，支持多种输入/输出设备的并行处理也是虚拟现实系统的一项必备技术。

3. 叠加式虚拟现实系统

叠加式虚拟现实系统允许用户对现实世界进行观察的同时，通过穿透型头戴式显示器将计算机虚拟图像叠加在现实世界之上，为操作员提供与他所看到的现实环境有关的、存储在计算机中的信息，从而增强操作员对真实环境的感受，因此又被称为补充现实系统。

与其他各类虚拟现实系统相比，叠加式虚拟现实系统不仅是利用虚拟现实技术来模拟现实世界、仿真现实世界，而且要利用它来增强参与者对真实环境的感受，也就是增强现实中无法感知的或不方便感知的感受。人们可以按日常的工作方式对周围的物体进行操作或研究，同时又可以从计算机生成的环境中得到同步的、有关活动的指导信息。

目前，这样的工作方式已经有了一些实验性的例子，如计算机指导的复印机修理，在菱形空间框架中安装铝构件，电线束在安装到飞机上之前的捆绑等。其中一个典型的实例是战斗机飞行员的平视显示器，它能将仪表读数和武器瞄准数据投射到安装在飞行员面前的穿透式屏幕上，使飞行员不必低头读座舱中仪表的数据，从而集中精力盯着敌人的飞机或导航偏差。

叠加式虚拟现实系统依赖于虚拟现实的位置跟踪技术，因为计算机随时都需要知道操作员的手和他所使用的物体之间的相对位置。只有仔细调校头戴式显示器中的图像与实际境界中的物体，使它们达到较为精确的重叠时，该类系统才会有用。然而目前的技术尚不足以非常精确地定位，这主要是由于传感器在其可覆盖距离方面的若干限制以及难以控制滞后时间等原因。

4. 分布式虚拟现实系统

分布式虚拟现实（Distributed VR，DVR）系统是指基于网络的虚拟环境。它在沉浸式虚拟现实系统的基础上，将位于不同物理位置的多个用户或多个虚拟环境通过网络相连接，共享信息，使用户的协同工作达到一个更高的境界。虚拟现实系统之所以需要运行在分布式环境中，一方面是它可以充分利用分布式计算机系统提供的强大计算能力，另一方面是因为有些应用本身具有分布特性。例如，许多虚拟现实应用要求若干人能同时参与同一个虚拟环境，即协同工作的虚拟现实（Cooperative VR）。这些人既可能在同一个地方，也可能在世界上各个不同的地方，彼此间只有通过远距离网络联系在一起。前面所述的那些虚拟现实技术虽然可以使动态的虚拟环境栩栩如生，但它们都无法解决资源共享的问题，应用 DVR 系统可以满足这类需求。虚拟战争模拟如图 10 - 4 所示。

图 10 - 4　虚拟战争模拟

根据分布式虚拟现实系统环境下所运行的共享应用系统的个数，可以把 DVR 系统分为集中式结构和复制式结构两种。

集中式结构是只在中心服务器上运行一份共享应用系统，该系统可以是会议代理或对话管理进程。中心服务器的作用是对多个参加者的输入/输出操作进行管理，允许多个参加者信息共享。这种结构的特点是构造简单、容易实现，但对网络通信带宽有较高的要求，并且高度依赖于中心服务器。复制式结构是在每个参加者所在的机器上复制中心服务器，使每个参加者都有一份共享应用系统。服务器负责接收来自于其他工作站的输入信息，并把信息传送到运行在本地机上的应用系统，由应用系统进行所需的计算并产生必要的输出。与集中式结构相比，复制式结构的优点是所需网络带宽较小。另外，由于每个参加者只与应用系统的局部备份进行交互，所以交互式响应效果也较好。但是，它比集中式的结构复杂，而且在维护共享应用系统中多个备份的信息，状态一致性方面也比较困难。

10.2.4　虚拟现实系统的技术特点

1. 虚拟现实系统的关键技术

一个虚拟现实系统的关键技术可以包括以下几个方面。

1) 动态环境建模技术

虚拟环境的建立是虚拟现实技术的核心内容。动态环境建模技术的目的是获取实际环境的三维数据，并根据应用的需要，利用获取的三维数据建立相应的虚拟环境模型。对于有规则的环境，三维数据的获取可以采用 CAD 技术，而更多的环境则需要采用非接触式的视觉建模技术，两者的有机结合可以有效地提高数据获取的效率。

2) 实时三维图形生成技术

三维图形的生成技术已经较为成熟，其关键是如何实现"实时"生成。为了达到实时的目的，至少要保证图形的刷新率不低于 15 fps，最好是高于 30 fps。在不降低图形的质量和复杂度的前提下，提高刷新频率。这里，图形生成的硬件体系结构以及在虚拟现实的真实感图形生成中用于加速的各种有效技术是关键所在。

3) 立体显示和传感器技术

虚拟现实依赖于立体显示和传感器技术的发展，立体显示技术涉及人眼的生理原理以及在计算机上如何产生深度线索的技术。现有的硬件系统如头盔显示器、单目镜及可移动视觉显示器有待进一步研究，光学显示还存在许多局限性，传感器技术中需要解决设备的可靠性、可重复性、精确性及安全性等问题，各种类型传感器的性能急需提高。

4) 应用系统开发工具

当前进行虚拟环境设计时，常用的技术有 OpenGL、VRML、DIRECT3D 和 JAVA3D，这几种技术具有各自不同的特点。

由于 OpenGL 的跨平台特性，许多人利用 OpenGL 编写三维应用程序，OpenGL 功能非常强大，与三维建模软件结合起来可以很好地实现三维漫游系统。但是，对于一个非计算机专业的人员来说，利用 OpenGL 编写出复杂的三维应用程序是比较困难的。

VRML2.0（VRML97）目前在网络上得到了广泛的应用，编写 VRML 程序非常方便。但 VRML 语言功能目前还不是很强，与 C 语言等其他高级语言的连接较难掌握。

DIRECT3D 是 Microsoft 公司推出的三维图形编程 API，它主要应用于三维游戏的编程，目前相关的学习资料难以获得。

JAVA3D 建立在 JAVA2（JAVA1.2）基础之上，JAVA 语言的简单性使 JAVA3D 的推广有了可能。但因为 JAVA 是解释性的语言，所以执行速度非常慢。

5) 系统集成技术

由于虚拟现实中包括大量的感知信息和模型，因此系统的集成技术起着至关重要的作用。集成技术包括信息的同步技术、模型的标定技术、数据转换技术、数据管理模型、识别和合成技术等。

2. 虚拟现实技术与类似技术的比较

1）虚拟现实与计算机仿真比较

虚拟现实和计算机仿真都是对现实世界的模拟，其根本区别在于计算机仿真是使用计算机来模拟和分析现实世界中系统的行为，而虚拟现实则是对现实世界的创建和体验。两者之间的区别如下。

① 仿真的目标是为了得到一些性能参数，主要对运动原理、力学原理等进行模拟，以获得仿真对象的定量反馈，对于场景的真实程度要求不高；虚拟现实系统则要求较高的真实度，要求达到或接近人们对现实世界的认识水平，为了实现虚拟环境中的实时交互，常以牺牲量的要求为代价。

② 理想的虚拟现实系统应该能够提供人类所具有的所有感知，但是仿真系统一般只能提供视觉感知。

③ 计算机仿真是利用计算机软件模拟真实环境进行科学实验的技术，采用用户输入参数，系统显示处理结果的对话方式；而虚拟现实是一种人在循环（Man in Loop）的仿真，用户"沉浸"于虚拟空间中，可以从虚拟空间的内部向外观察，甚至可以把用户暂时与外部环境隔离开来，使他融合到虚拟现实中去，可以更逼真地观察所研究的对象，更自然、更真实地与它进行交互。这是计算机仿真无法实现的。

2）虚拟现实与三维动画比较

表面看来，虚拟现实技术和三维动画似乎差别不大。其实不然，二者有本质上的区别。

① 三维动画是依靠计算机预先处理好的路径上所能看见景物的静止照片连续播放形成，不具有任何交互性，用户只能按照设计师预先固定好的路径反复观看某些场景，只适合简单的演示，只能给用户提供较少的信息；虚拟现实技术则截然不同，它是通过计算机实时计算场景，可以根据用户的需要把整个空间中所有的信息真实地提供给用户，真正做到"想得到，就看得到"。

② 虚拟现实没有时间限制，可真实详尽地展示，并可以在虚拟现实基础上按照某种路径导出动画文件，同样可以用于多媒体资料制作和宣传，性价比高；而动画受制作时间限制，无法详尽展示，性价比低。

③ 在虚拟环境中，支持方案调整、评估、管理和信息查询等功能，适合较大型复杂工程项目的规划、设计、投标、报批、管理等需要，同时又具有更真实和直观的多媒体演示功能；动画一般只能作简单的演示。

3）虚拟现实与 3D 游戏比较

虚拟现实技术与 3D 游戏的主要区别为：在游戏中，操作者和游戏角色是分离的，操作者用鼠标键盘等控制游戏中的角色，虚拟现实则是一种人在循环中的仿真；游戏中的动作和情景是固定的，是预先设定和定义好的动作，而在虚拟现实中，系统应该能够跟踪观察者的位置和姿势。

但是，虚拟现实技术和 3D 游戏之间的区别如今越来越模糊了，一些游戏已经逐渐开始采用虚拟现实技术（尤其是 Web3D），而虚拟现实中的一些技术同样来自游戏，二者之间的关系可以用"虚拟现实正向游戏走来"来进行描述。美国国家超级计算应用中心（NSCA）的 Paul Rajlich 设计的 CAVE 环境下的 Quake II 演示游戏 DeathMatch，游戏界的传奇人物

Ed Boon（Mortal Kombat 制作人）竟然在一个虚拟的大坑前跪了下来，并意外地"掉了进去"，而实际上他是站在地板上的。

4）虚拟现实与多媒体、多通道人机界面技术比较

① 研究目的不同。虚拟现实依靠立体视觉、身体跟踪和立体音响等技术来模拟现实世界，旨在使用户获得一种沉浸式的多种感知通道的体验。VR 中计算机生成的视听幻想（Audio‐Visual Illusion）涉及人脑固有的感觉-效应通道的协调机制；多通道研究则力求详尽地探索人体感知和控制行为中的各种并行和协作特性，允许用户利用多个交互通道以并行、非精确方式与计算机系统进行交互，旨在提高人机交互的自然性和高效性。

② 从交互行为的研究上来说，虚拟现实技术的研究与多通道研究之间存在交集，但它更侧重于应用系统。

10.3　虚拟现实技术的应用

10.3.1　虚拟现实技术的应用领域

1. 自然、文化遗产的保护和弘扬

世界上下五千年的悠久历史，为人类留下了丰厚而珍贵的自然文化遗产。但是，随着时间的流逝，也随着人类活动的日益影响，这些遗产不断遭到破坏。如何利用先进的技术手段来保护这些宝贵的遗产，成为迫在眉睫的全球性问题。

在这种背景下，早在 20 世纪 70 年代，人们就开始利用摄影、摄像等技术记录自然文化遗迹的信息。但是，这些资料难以长久保存，如录像带的老化等，而且图像复制也会产生失真。随着多媒体和图形图像处理技术的发展，及随着 20 世纪末虚拟现实技术的兴起和网络的高速发展，遗产保护事业有了新的曙光——高精度高逼真的数字化遗产保护技术。

2. 虚拟人机工程学

人机工程学是运用心理学、生理学、医学、人体测量学、美学和工程技术等有关科学知识，研究不同作业中人、机器及环境三者之间的协调，以指导工作器具、工作方式和工作环境的设计和改造，使得作业在效率、安全、健康、舒适等几个方面的特性得以提高的新兴边缘科学。人机系统中，操纵人员是人机系统中的主体，设计和运用人机系统时应当充分发挥人在人机系统中的能动和主导作用，要把人和机器作为一个整体来考虑，合理地或最优地分配人和机器的功能。

将德国 Human solution 公司开发的"Ramsis"人机工程模型引入虚拟环境后，人们可以操纵虚拟人并使之变换不同的位置，选定不同的视点和坐姿，以客观地评价汽车驾驶室的人机工程学性能，考察概念车的坐椅和周围物体的关系，查看司机的视觉条件，检查仪表盘是否在最佳视锥覆盖范围内，以及观察人体后倾时的状况，即所谓的"C‐pillar"位置。

3. 教育与培训

1）仿真教学与实验

利用虚拟现实技术可以模拟显现那些在现实中存在的，但在课堂教学环境下用别的方法

很难做到或者要花费很大的代价才能显现的各种事物，供学生学习和探索。例如，美国一个"虚拟物理实验室"系统的设计就使得学生可以通过亲身实践——做、看、听来学习的方式成为可能。使用该系统，学生可以很容易地演示和控制力的大小，观察物体的形变与非形变碰撞等物理现象。为了显示物体的运动轨迹，可以对不同大小和质量的运动物体进行轨迹追踪，可以停止时间的推移，以便仔细观察随时间变化的现象。学生还可以通过使用数据手套与系统进行各种交互，做包括万有引力定律的各种实验，可以控制、观察由于改变重力的大小、方向所产生的种种现象，从而较深刻地理解物理概念和定律。

　　2）特殊教育

　　在虚拟现实技术的帮助下，残疾人能够通过自己的形体动作与他人进行交流，甚至可以用脚的动作与他人进行交谈。例如，在高性能计算机和传感器的支持下，残疾人戴上数据手套后，就能将自己的手势翻译成讲话的声音；佩戴上目光跟踪装置后，就能将眼睛的动作翻译成手势、命令或讲话声音。通过专门教弱智儿童掌握手势语言的三维虚拟图像的理解和训练系统，可以帮助这些孩子进行练习和训练，使他们能很快地熟悉符号、文字和手势语言的意义。另外，应用虚拟现实技术还能为重度残疾人设计一系列辅助装置，使他们只要轻轻动一下眉毛、眨一眨眼睛、微笑一下、动一动嘴唇等，就能够完成诸如翻动书页、拉上窗帘、操作电脑、把所需的信息显示在屏幕上等日常行为。可以说，虚拟现实技术将为残疾人的生活提供很大的帮助和改善他们的生活质量。

　　3）多种专业训练

　　借助于虚拟现实技术的各项成果，人们将能对危险的、缺少或难以提供真实演练的操作反复地进行十分逼真的练习。目前最为普遍的应用就是训练飞机驾驶员的训练模拟器，它是由高性能计算机、三维图形产生器、立体声音响器、各种传感器，以及产生运动感的运动系统组成的。当受训者坐进驾驶舱模拟器时，将看到与真实飞机一模一样的仪表盘、操纵杆；向外看，是机场的景色；向上看，则是蓝天白云。当受训者在这个模拟器内操纵飞机时，作为系统中枢的计算机系统将负责管理计算飞行的运动、控制仪表、指示灯和驾驶杆等信号，这些信息经过分析和处理后，将被传输给各个子系统（视觉系统、听觉系统、运动系统等），用来实时生成相应的虚拟效果。其中，视觉系统向飞行员提供外界的视觉信息，该系统由产生视觉图像的"图像产生部"和将产生的信号提供给飞行员的"视觉显示部"组成。

4．科学计算可视化

　　在科学研究中，人们总会面对大量的随机数据，为了从中得到有价值的规律和结论，需要对这些数据进行认真分析，而科学可视化的功能就是将大量字母、数字数据转换成比原始数据更容易理解的各种图像，并允许参与者借助各种虚拟现实输入设备检查这些"可见的"数据。它通常被用于建立分子结构、地震、地球环境的各组成部分的数学模型。其中，分子模型可用来测试不同的分子是如何相互作用的，地震模型可用来研究板块地质构造和地震，环境模型则可以描绘臭氧层消失所带来的影响和在一段时间内全球气候变暖的景况等。它们的每一种模型都会产生大量的统计数据，而科学可视化往往是揭示这类数据的唯一方法。科学计算可视化技术是将数据转换为图形或图像显示出来，并进行交互处理的理论、方法和技术，通过可视化技术，我们可以更为直观地看到参数变化对整体的影响，为优化和决策提供依据。虚拟现实则将可视化的"可视"境界提高到一个新的层次，使研究人员更为自然、直观地观察和分析数据。

5. 医学上的应用

虚拟现实技术应用于医学，称之为**虚拟医学**（Virtual Medicine）或仿真医学，主要的应用领域有医学教学、手术模拟、康复医疗、远程医疗和虚拟人等。

虚拟手术用于模拟手术过程中可能遇到的各种现象，所包括的内容包括医学数据的交互与可视化，以及组织器官变形的模拟和各种感官反馈的模拟。

虚拟人是将人体形态学、物理学和生物学等信息，通过大型计算机进行处理，从而实现可代替真人进行实验研究的数字化虚拟人体，可代替真人进行实验研究。采集数据时，将虚拟人体切成非常薄的切片，然后对每个切片的切面进行拍照、分析，然后用所有切片的信息合成为三维的立体人类生理结构。虚拟人包括"虚拟可视人"、"虚拟物理人"和"虚拟生物人"，我国启动的"863"项目"数字化虚拟人若干关键技术的研究"，由中国科学院计算所、第一军医大学、首都医科大学和华中科技大学等协作攻关，继美国、韩国之后，成功"孕育"了"虚拟中国人 I 号"。图 10 - 5 所示为"虚拟中国人 I 号"的部分切片。

图 10 - 5　"虚拟中国人 I 号"的部分切片

6. 军事及航空航天的应用

传统的军事实战演练，特别是大规模的军事演习，不但耗费大量资金和军用物资，安全性差，而且还很难在实战演习条件下改变状态来反复进行各种战场形势下的战术和决策研究。现在，应用虚拟现实技术建立虚拟战场环境下的作战仿真系统，将使军事演习在人员训练、武器系统研制、概念研究等方面显示出明显的优势和效益。

在载人航天研究中，美国 NASA、欧空局的研究重点为对空间站操纵的实时仿真，如约翰逊航天中心建立了虚拟现实实验室，他们大量运用了面向座舱飞行模拟技术，比较有名的是"哈勃望远镜修复和维护"。在训练中，航天员坐在一个能模拟"载人操纵飞行器"功能，并带有传感器的椅子上。椅子上有用于在虚拟空间中作直线运动的位移控制器和用于绕航天员质心调节其姿态的姿态控制器。航天员头戴立体头盔显示器，用于显示望远镜、航天飞机以及太空的模型；并用数据手套作为与系统进行交互的手段。这样，训练时，他就可以在望远镜周围进行操作，并且可以通过虚拟手接触黄色的操作杆来抓住需要更换的"模拟更换仪 MRI"。抓住 MRI 之后，再用坐椅上的控制器在空间进行操作。坐椅上另有三个按钮，分别用于望远镜外盖的开/闭、望远镜天线的开/闭以及望远镜太阳能面板朝向的调节。经过该虚拟系统的训练，航天员在 1993 年 12 月成功地完成了将哈勃太空望远镜上损坏的 MRI 与从航天飞机上取出的备件进行更换这一复杂而又费时的任务。

2000 年 10 月 19 日，美国国防部和中央情报局进行的军事演习已开始从实弹转为虚拟作战，即利用计算机模拟敌人攻击的方式取代以往的炸弹和弹道导弹攻击。在这套仿真作战系统的虚拟战场环境中，包括在地面行进的坦克和装甲车，在空中飞行的直升机、歼击机、导弹等多种武器平台，同时在网上还连着地面威胁环境、空中威胁环境、背景干扰环境等结点。参与者可以看到在地面上行进的坦克和装甲车，在空中飞行的直升机、歼击机和导弹，在水面和水下游弋的舰艇；可以听到飞机或坦克的隆隆声由远而近，并从声音辨别目标的来向和速度；另外，如同在实战演练中一样，参与者可以在虚拟战场环境中自由地进行交互操作，可以驾驶坦克、飞机等武器平台仿真器，也可以瞄准、射击上述目标，甚至看到目标被击中后燃烧的浓烟。

7. 制造工业中的应用

虚拟现实技术在制造工业中具有巨大的应用潜力，从初始的市场调查到加工产品乃至售后服务，都可运用虚拟现实技术来实现。近年来，许多国家在虚拟制造领域中开展了研究与应用，主要包括产品外形虚拟设计、产品布局的虚拟设计、产品的运动和动力学仿真、热加工工艺模拟、加工过程仿真、产品装配仿真、虚拟样机与产品工作性能测评、产品的广告与漫游、企业生产过程仿真与优化和虚拟企业的可合作性仿真与优化等方面。

8. 设计与规划

虚拟现实技术应用于城市规划和城市仿真，可以将各种规划方案定位于虚拟环境中，考虑这些规划方案对现实环境的影响，并对各种方案进行评价，而且用户也可在虚拟环境中感受空间设计的合理性，从而避免实际建造消耗的巨资和大量时间，对提高城市规划和生态环境，降低城市合理规划的成本，缩短城市合理规划的时间有着非常重要的意义。因而，该技术在建筑设计业、房地产业和建筑装修业等领域有着广阔的应用前景。过去在设计港口、机场、码头、车站、展览馆等大型建筑时，最困难的问题是如何在设计之初就能向人们全面、具体地显示出这些大型建筑在完成后的实际形象和应用效果。现在虚拟现实技术可以解决这一困难，已经研制出的由个人电脑、投影设备、立体眼镜和传感器组成的"虚拟设计"系统，不仅可以让各有关人员看到甚至"摸"到设计成果，还能简化设计流程，缩短设计时间，而且方便随时对不同的方案进行讨论、对比和修改。图 10-6 所示为虚拟现实技术在三维城市规划中的应用。

图 10-6　虚拟现实技术在三维城市规划中的应用

9. 商业领域

虚拟现实技术不仅在大型设计中发挥着重要的作用，还可以扩展到商业领域。在不动产或移动不便的大型贵重产品的业务推广与销售中，它可以使客户在购买前先看到产品的外貌与内在，甚至在虚拟世界中使用它，因此这对房屋、土地、锅炉、大型机具、家具、医疗健身器材、设计公司等众多行业的工作都很有帮助。例如，日本东京一家百货公司的厨房用品出售部设计了一个简易的虚拟现实系统。售货员向系统输入顾客住宅里的厨房尺寸，顾客戴上特殊的眼镜和手套后，就会突然发现已经置身于一间和自家厨房一样大小的房间里。橱柜门可以打开，水龙头可以出水，这个虚拟环境中的炊具和摆设也可以随意移动，直到每一件东西都按照自己的意思摆设好后，售货员就命令系统记录下这一选择，然后由百货公司将东西运过去，并负责根据顾客的设计，装修一个新厨房。又如，现在国内外的很多房地产公司都已将这种方法应用于整个住宅的设计、布局、装饰和销售工作中，如图 10 - 7 所示。

 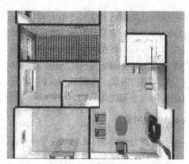

(a) 三维住宅的装饰与操作方案   (b) 三维住宅的设计与布局方案

图 10 - 7   虚拟现实在住宅设计与销售中的应用实例

10. 艺术与娱乐

娱乐是虚拟现实系统的另一个重要应用领域，包括家庭中的桌面游戏、公共场所的各种仿真等。它能够提供良好的多人之间的交互功能，提供更加逼真的虚拟环境，从而使人们能够享受其中的乐趣，带来美好的娱乐感觉。基于虚拟现实技术的游戏主要有驾驶型游戏、作战型游戏和智力型游戏，很多游戏都是联网的，因而允许许多玩游戏的人同时进入一个虚拟境界，相互之间可展开竞争，或者与计算机生成的对手竞争。

11. 遥现与遥作

虚拟现实涉及体验由计算机产生的三维虚拟环境，而遥现与遥作则涉及体验和操作一个遥远的真实环境。遥现与遥作技术在实际应用中需要虚拟环境的指导，即通过由计算机产生的三维虚拟环境，对一个遥远的真实环境进行控制和操作，使虚拟现实技术在人类不能到达的（深海、其他星球）或危险、有毒的场合，发挥其远程控制和操作的重要作用。

① 在遥控宇宙空间站的开发计划中，从安全性以及费用的角度考虑，有必要使用空间机器人。这种空间机器人的特点是由地面上的操作员进行遥控操作，或进行部分自主操作。在空间站，对于像零件更换这样的固定操作，机器人可以完全自主进行，但对于故障检修等难以预测的操作则有必要依赖于遥控操作。这时，虚拟现实技术和遥作、遥现技术的结合将发挥重要的作用。日本开发了这样一个用于宇宙开发的空间机器人的遥控操作和地面实验平台。该实验平台由人机交互、计算机系统以及机器人系统所构成。目前，它已实现了实验平台的各种基本功能，并成功地进行了零件更换等典型操作。图 10 - 8 所示为火箭发射及星箭分离的虚拟控制演示系统。

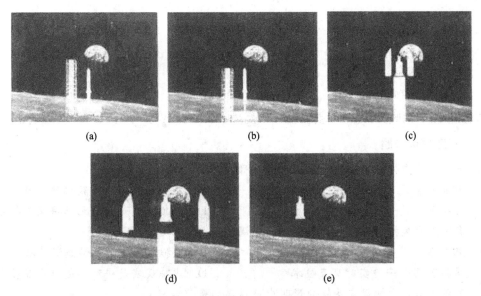

图 10-8　火箭发射及星箭分离的虚拟控制演示系统

②　在虚拟现实技术支持下的遥控操作，还可以突破现场操作的局限和避免现场操作的危险，以便用于进行远距离地区或危险地区的探测工作。例如，美国设计了一个对南极的水域进行探险的机器人，用于检验"在永久冰冻的湖下的原始生命"。

③　远距离医疗是虚拟现实技术所支撑的遥作学的最重要的应用之一，它包括远距离诊断和远距离手术。远距离诊断可以使在大城市医院里的医生或专家，利用他们身边的计算机系统与病人所在地的计算机系统取得联系，再加上当地医务人员的协助，这些医学专家就能"听见"、"看见"和"触摸"到边远地区或其他城市病人的病情，并且像位于现场一样地进行检查和诊断，从而以最佳方式、充分利用人力和物力资源、为更多的病人提供服务。

10.3.2　人机交互技术的发展

人们对人机交互系统的认识由来已久，并伴随着人们对人机关系基本观点的变化而变化。在计算机出现不到半个世纪的时间里，人机交互技术经历了巨大的变化。

①　就用户界面的具体形式而言，过去经历了批处理、联机终端（命令接口）、菜单（文本）等阶段，目前正处于以图形用户界面和多媒体用户界面为主流的阶段；未来的发展趋势是多通道/多媒体用户界面和虚拟现实系统，并且最终将进入"人机和谐"的最高形式。

②　就用户界面中信息载体的类型而言，经历了以文本为主的字符用户界面、以二维图形为主的图形用户界面和多媒体用户界面，计算机与用户之间的通信"带宽"正在不断提高。

③　就计算机输出信息的形式而言，经历了以符号为主的字符命令语言、以视觉感知为主的图形用户界面、兼顾听觉感知的多媒体用户界面和综合运用各种感官的虚拟现实系统。

④　就人机界面中的信息维度而言，经历了一维信息（主要指文本流，如早期电传式终端）、二维信息（主要指二维图形技术，并利用了色彩、形状、纹理等维度信息）、三维信息（主要指三维图形技术，但显示技术仍以二维平面为主）和多维信息空间。

思考与练习题

一、名词解释

虚拟现实   虚拟环境   交互性   沉浸感   构想性   感知   自然技能

二、不定项选择题

1. 下列关于虚拟现实技术的说法中，正确的有（   ）。
   A. 虚拟现实是一种静态交互技术   B. 虚拟现实是一种精确交互技术
   C. 虚拟现实是一种三维交互技术   D. 虚拟现实是一种无障碍交互技术
2. 下列关于虚拟现实技术的说法中，错误的有（   ）。
   A. 虚拟现实是一种自然交互技术   B. 虚拟现实是一种动态交互技术
   C. 虚拟现实是一种实时交互技术   D. 虚拟现实是一种单通道交互技术
3. 下列对各类虚拟现实系统的说明中，错误的是（   ）。
   A. 分布式虚拟现实系统可以实现资源共享
   B. 桌面式虚拟现实系统的软硬件配置需求最低
   C. 叠加式虚拟现实系统具有高度的沉浸感
   D. 沉浸式虚拟现实系统支持多种I/O交互设备并行

三、填空题

1. 虚拟现实技术具有的3个最突出的特征是____、____、____。
2. 虚拟现实系统按照浸入程度和用户规模进行分类，可分为____、____、____、____。
3. 虚拟现实系统的硬件包括____、____。
4. 虚拟现实的关键技术包括____、____、____、____、____。

四、简答题

1. 人机交互界面经历了哪几个发展阶段？它们各自的特点是什么？
2. 发展虚拟现实技术的目的是什么？
3. 何谓自然交互和实时交互？
4. 试述典型虚拟现实系统的工作原理。
5. 试举例说明虚拟现实技术三大基本特性的含义。
6. 如何提高虚拟现实系统的沉浸感？

参 考 文 献

[1] 张忠林. 多媒体技术与虚拟现实. 兰州：兰州大学出版社，2006.

[2] 吕辉，李伯成. 多媒体技术基础及其应用. 西安：西安电子科技大学出版社，2003.

[3] 马华东. 多媒体技术原理及应用. 北京：清华大学出版社，2002.

[4] 赵子江. 多媒体技术应用教程. 3 版. 北京：机械工业出版社，2004.

[5] 刘立新，刘真，郭建璞. 多媒体技术基础及应用. 2 版. 北京：电子工业出版社，2011.

[6] 钟玉琢. 多媒体技术：中级. 北京：清华大学出版社，1999.

[7] 钟玉琢，李树青，林福宗，等. 多媒体计算机技术. 北京：清华大学出版社，1993.

[8] 黄孝建. 多媒体技术. 北京：北京邮电大学出版社，2000.

[9] 姚怡，莫锋. 多媒体应用技术. 北京：中国铁道出版社，2003.

[10] 王喆. B-ISDN 与 ATM 基础理论及应用. 北京：中国铁道出版社，2005.

[11] 吴功宜. 计算机网络. 北京：清华大学出版社，2003.

[12] 吴玲达. 多媒体技术. 北京：电子工业出版社，2004.

[13] 何小海. 图像通信. 西安：西安电子科技大学出版社，2005.

[14] 朱志祥. IP 网络多媒体通信技术及应用. 西安：西安电子科技大学出版社，2007.

[15] 李小平. 多媒体通信技术. 北京：北京航空航天大学出版社，2004.

[16] HALSALL F. 多媒体通信. 蔡安妮，孙景鳌，译. 北京：人民邮电出版社，2004.

[17] 孙学康，石方文，刘勇. 多媒体通信技术. 北京：北京邮电大学出版社，2006.

[18] 林福宗. 多媒体技术基础，3 版. 北京：清华大学出版社，2009.

[19] RAO K R. 多媒体通信系统：技术、标准与网络. 冯刚，译. 北京：电子工业出版社，2004.

[20] 毕厚杰. 多媒体信息的传输与处理. 北京：人民邮电出版社，1999.

[21] 舒华英. IP 电话技术及其应用. 2 版. 北京：人民邮电出版社，2001.

[22] 冯博琴. 多媒体技术及应用. 北京：清华大学出版社，2005.

[23] 周智文. 多媒体技术应用. 北京：电子工业出版社，2005.

[24] 冯博琴. 多媒体计算机技术. 北京：电子工业出版社，2006.

[25] 吴炜. 多媒体通信技术. 西安：西安电子科技大学出版社，2008.